U0642360

教育部高等学校材料科学与材料工程教学指导委员会
金属材料与冶金工程教学指导委员会　规划教材（冶金资源造块系列）

铁矿造块研究方法

主　编　黄柱成
副主编　郭宇峰　张元波

中南大学出版社
www.csupress.com.cn

内容简介

全书共9章,系统地介绍了铁矿造块领域中的常规研究选题,研究阶段,研究计划以及常用的试验、研究方法,内容包括单因子试验设计和多因子回归设计及其回归分析,逐一阐述了铁矿造块试样的准备和烧结、球团、压团试验及相关产品性能检测等试验技术。

本书力求使读者了解铁矿造块领域中的试验研究的一般程序和内容,掌握铁矿造块研究的方法和技能,培养综合运用基础理论与专业知识分析、解决实际问题的能力。

本书可作为矿物加工工程专业(团矿方向)本科生的专业教材,也可供相关研究院、所的科研人员和厂矿工程技术人员阅读。

图书在版编目(CIP)数据

铁矿造块研究方法/黄柱成主编 .—长沙:中南大学出版社,2015.11
ISBN 978 - 7 - 5487 - 2038 - 6

Ⅰ.铁... Ⅱ.黄... Ⅲ.铁矿物 - 造块 - 研究方法
Ⅳ. TF5 - 33

中国版本图书馆 CIP 数据核字(2015)第 271176 号

铁矿造块研究方法
TIEKUANG ZAOKUAI YANJIU FANGFA

黄柱成　主编

□责任编辑	韩　雪		
□责任印制	易红卫		
□出版发行	中南大学出版社		
	社址:长沙市麓山南路	邮编:410083	
	发行科电话:0731-88876770	传真:0731-88710482	
□印　　装	长沙市宏发印刷有限公司		
□开　　本	787×1092　1/16	□印张 13.25	□字数 319 千字
□版　　次	2015 年 11 月第 1 版	□印次	2015 年 11 月第 1 次印刷
□书　　号	ISBN 978 - 7 - 5487 - 2038 - 6		
□定　　价	35.00 元		

图书出现印装问题,请与经销商调换

教育部高等学校材料科学与材料工程教学指导委员会
金属材料与冶金工程教学指导委员会 **规划教材**

（冶金资源造块系列）

编审委员会

丛书主编

邱冠周

编委会委员（姓氏笔画为序）

白晨光　　朱德庆　　杨永斌　　李光辉

沈峰满　　张建良　　范晓慧　　姜　涛

郭宇峰　　黄柱成

序 言

冶金资源造块(烧结、球团等)是处于选矿与金属提炼之间的加工作业,是以高炉 - 转炉为主体的钢铁生产流程的第一个工序,担负着为钢铁冶炼制备优质炉料的任务。

现代钢铁生产工艺可以分为以高炉 - 转炉为主体的长流程和以电炉为中心的短流程,前者以烧结矿和球团矿为冶炼炉料,后者以废钢和直接还原铁为炉料。目前,发达国家钢产量中电炉钢比已接近50%,我国因废钢和直接还原铁短缺,电炉钢比仅约10%。我国钢铁生产每年消耗各类含铁原料约10亿吨,这些原料绝大部分需要经过进行造块加工后才能进行冶炼生产,这使得铁矿造块作业成为现代钢铁联合企业中物料处理量居于第二位、能耗居于第三位的重要工序。巨大的钢铁生产规模也使得我国成为产量连续多年占世界50%以上的人造块矿第一生产大国。

进入新世纪以来,我国钢铁工业持续快速发展,对广大造块工作者提出了更高的要求。此外,钢铁高效、节能、清洁生产的需要不仅要求造块生产本身高效、清洁、低耗,而且对造块产品质量提出了更高的要求,如严格的粒度组成、理想的化学成分和优良的冶金性能等。此外,我国优质铁矿资源严重短缺和进口矿价的起伏不定,要求我国造块生产不仅能利用磁铁矿、赤铁矿等传统原料,还必须尽可能多地利用各类难处理的非传统含铁资源,如褐铁矿、镜铁矿、复杂共生铁矿以及钢铁、化工、有色冶金企业的含铁二次资源。这就要求我国造块与炼铁科技工作者努力开拓创新,深入探索和研究造块新概念、新理论,不断开发含铁资源高效清洁造块新方法、新技术。

经过多年特别是近十年广大造块工作者的努力,我国铁矿造块生产不仅在产量上遥遥领先世界其他国家,在产品质量和技术水平上也取得长足进步。设备大型化、自动化水平显著提高,造块新方法、新技术不断涌现并投入工业应用,褐铁矿等难处理资源得到大量利用,一批重点大中型企业的技术经济指标跨入世界先进行列。当今我国的造块生产及技术水平与20世纪90年代初甚至上世纪末相比,已经不可同日而语。

冶金工业的持续发展需要大批掌握现代科学技术的专业人才,教材建设是人才培养的重要基础。冶金资源造块专业目前使用的教材,大多是20世纪80—90年代编写出版的。近十年冶金资源造块理论、方法、技术和装备都得到快速发展,原有教材已无法适应新时期人才培养、科学研究和生产管理的要求。此外,过去出版的造块专业教材大多只介绍造块原理与工艺技术,而在工厂设计机械设备和研究测试方法方面很少看到公开出版的教材,相关高校一般采用自编讲义教授相关内容,这不仅影响人才培养质量,也使从事科研、设计和生产的造块工作者深感可供参考的教材太少。因此,尽快编写出版一套反映21世纪造块科学技术最新发展,包括造块原理、工艺、设备、工厂设计和研究方法等内容的冶金资源造块专业教材不仅十分必要,而且非常紧迫。

创建于1956年的原中南矿冶学院的团矿专业,经过近60年的发展,已成为我国冶金资源造块领域高级专门人才培养中心和科研开发基地。此次编写工作,集中该校造块专业(方向)的优秀教师和国内相关高校的知名专家组成编委会,确定了编写原则和要求,制订了编写大纲和编写计划,各分册均由经验丰富的专家领衔主编。在长达数年的编写过程中,编写人员参阅了大量国内外文献,并对书稿进行了多次修改、补充,形成了内容新颖、系统完善、相互独立而又相互支撑的系列教材。相信这套教材对我国资源造块领域高级专门人才的培养一定能够起到应有的促进作用,对从事造块科研、设计和生产的科技工作者也有较大的参考价值。

感谢参加教材编写工作的全体教师以及在编写过程中给予帮助和支持的所有人员,感谢中南大学出版社热情周到的服务。

邱冠周

2015 年 1 月

前　言

我国钢铁工业持续快速发展，需要大批铁矿造块科学技术的创新人才。要培养具有开拓创新能力的工程技术人才，实验教学具有不可替代的作用。实验教学不是为实验而做实验，而是通过课堂教学和实践教学向学生传授系统的实验研究方法和实验技术，对学生进行实验思维方法、实验技术、实验设计、数据处理、想象能力、观察能力、分析能力、表达能力等的全面训练，是培养学生创新意识、创新能力必不可少的途径。

铁矿造块研究方法课程的设置是为了在学生进入专业实验及其相关科学研究之前，就现代造块科学技术研究全过程所涉及的基本问题及实验技术进行系统的培训。

本书介绍了现代造块科学技术研究中常用试验研究方法、相应的试样调制与工艺性质测定的方法，突出了烧结、球团等主要造块工艺从原料准备、试验设备及其操作技术到系统的试验研究方法和试验技术及其试验效果的评价等内容，介绍了不同造块产品各种性能的检测方法，阐明了造块产品微观结构与矿相分析的基本方法。

本书由黄柱成担任主编和全书统稿工作。参加编写的有黄柱成(第1章、第2章、第3章和第6章之第3节)、郭宇峰(第4章之第1、3、4节、第5章和第6章之第1、2节)、张元波(第7章、第8章)、李思导(第4章之第2节、第9章)。

虽然编写人员做出了极大努力，但由于水平有限，书中肯定存在许多不足和不妥之处，恳望读者批评指正。

编者

2015 年 10 月

目　录

第1章 绪 论

1.1 造块试验研究的意义和任务

　　实验方法是从观察方法发展起来的，它以观察方法为基础，但又高于观察，具有观察方法所不具备的优势。从观察发展到实验，是科学认识方法和手段的一大飞跃。实验方法的确立，实验方法论原理的制定与完善，对近现代科学的快速发展起到了巨大的推动作用。可以认为实验方法的确立和实验方法论原理的制定与完善催生了一系列重大的科学发现，极大地促进了近现代科学的发展。科学理论不仅要以工业生产实践为基础，而且要依靠科学试验研究提供精确的数据，再经过分析总结、判断推理而形成；科学理论是否正确，仍需经过工业生产实践的检验。

　　试验研究同工业生产相比，通常具有下列特点：

　　(1)在实验室或试验厂中，通过样品或模型来研究整体和原型，通过小型试验然后再逐步扩大试验研究规模，试验成功后推广应用到生产上，因而可以以较少的人力和物力，进行范围广泛的探索和研究，迅速而合理地选定工艺方案，为生产和建设提供可靠和科学的决策依据。

　　(2)在实验室和试验厂中，人们可以不受现有生产条件的限制，运用各种方法，严密地控制和改变所研究的对象和工艺过程，因而能够取得许多在生产条件下不易取得，甚至不能取得的科学数据，同时对所取得的科学数据进行整理与科学分析，能深入地揭示自然规律，为高效生产开辟新的途径。

　　造块成型是将粉体物料加工成具有一定尺寸和形状的块状物料，通过粉体固结过程赋予成型制品以一定用途所要求的性能(如强度等)。不同粉体原料，采用不同的造块成型与粉体固结方式，可以生产出各种具有确定用途的产品，从而应用于不同的工业领域。如粉末冶金、耐火材料、陶瓷工业、型煤生产、高温冶金炉料等。由于金属材料，特别是钢铁冶金的高速发展，粉体造块已广泛应用于冶金工业领域中。

　　本书所涉及的造块主要是指冶金原料造块，是为冶炼工序准备"精料"，是冶炼工序高产、优质、低耗的重要保证，是冶炼前原料准备的一种方法。主要方法有烧结法、球团法和压团法，属冶金科学领域范畴，造块试验研究，是一种科学实验活动，对冶金科学和生产的发展具有重大意义。

　　造块试验研究内容主要可分为以下几种类型：

　　(1)粉体矿物原料的造块性能评定。

　　(2)新建工厂设计和原有工厂改进造块工艺条件研究。

　　(3)造块新工艺、新设备和新方法研究。

　　(4)造块基础理论研究。

（5）造块过程中原料的综合利用研究。

（6）造块过程中劳动条件保护和三废处理研究。

在冶金工业中，经常要研究基础理论、工艺技术，寻找优质、高产、低耗的冶炼方案，这些都离不开试验研究。如何进行试验研究，如何对试验结果进行科学的分析，以最大限度的减少试验费用，缩短试验周期，迅速获得明确可靠的结论，是冶金工作者经常遇到的现实问题。

进行试验研究的目的是为了获得试验条件和试验结果之间规律性的认识，试验设计方法是制定试验方案和分析试验结果的有力工具，正确地运用试验设计方法是迅速、准确地达到预期试验目的的先决条件。

1.2 试验研究的程序与课题选择

1.2.1 试验研究的基本程序

试验研究从开始到结束的基本程序包括以下几个基本阶段：

（1）选题和定题。试验课题一般可由国家和有关上级机关下达，或由委托方提出，也可自选。选题是根据国内外本专业领域和生产实践中存在的关键技术问题、专业学科长远发展方向以及有关基本理论来确定的。

（2）调查和科技情报收集。在研究课题确定后，必须实地调查和收集国内外有关科技情报，以了解课题关键技术中存在的症结和相关课题的进展情况。这对研究方向和内容的确定是极其有益的。

（3）试验方案和方法确定。为保证试验结果的准确可靠性和最大限度节省人力物力，试验前应确定切实可行的方案和方法，以保证试验效果达到预期目的。

（4）总体试验规划制定。总体试验规划包括人员组织、原料准备和试验设计，试验的主要内容和主要措施，时间安排和经费来源等项目，使整个试验落实在行之可靠的基础上，以便于试验有计划地顺利进行。

（5）试验设备和原料的准备。包括开展试验所必需的设备条件和按试验要求与规定的原料采集和处理（包括中和、缩分、破碎和取样等）各项，为后续试验创造条件。

（6）系统试验。这是试验研究的中心环节和试验的具体实施过程。其中应包括主要试验内容和具体时间安排等问题并按计划进行试验研究。一般来讲，试验内容和具体安排将成为具体执行试验工作的准绳，但若在实践中发现客观情况与原计划有差别，应对原计划作适当修正甚至改变，以得到最好的试验结果。

（7）试验结果整理。将整个试验数据和试验结果进行整理、分析并做出总结。如在整理过程中发现异常现象，还必须进行补充试验，以证明这一现象的重现性或者不再出现而予以排除。

（8）试验报告或论文编写。作为试验成果的总结形式，通常是用试验报告和论文的两种形式之一来表达。

有关的试验任务书、合同和试验计划等通常都必须经过一定的组织程序审查批准；最终试验报告亦必须逐级审核签字，有时还需组织专家评议和鉴定，然后才能作为开展下一步研究工作或建设的依据。

1.2.2　研究课题选择的原则和依据

选题的好坏是一个科研项目能否取得成功的关键环节之一。具有明确的针对性是研究课题选择的基本原则。这实际上反映出研究的目的和意义，并使研究者有明确的奋斗方向，有利于采取可靠的措施来达到预期的效果。

在通常情况下，题目的选定，是在洞悉国内外科技发展动态基础上，一方面要立足于赶超世界先进水平和解决国内生产中关键技术问题，树立勇攀科技高峰的精神，但另一方面要根据现有单位的能力和条件，从实际出发，实事求是。当然，也要考虑经过一定时间努力能使研究能力与研究条件得到改进和完善，具备承担重大科研课题能力的因素。

兼顾课题的难易和大小，在课题选择中应予以充分考虑。一般来说困难的和大型的课题通常是带有专业领域的根本性问题，需要具有较高的研究水平和较长的时间才能解决，因为这类课题会直接关系到学科和生产的进一步发展，故应首先考虑和安排。但对容易或小型的课题也绝不能忽视，特别是关系到当前生产的一些课题，应集中人力在短期内使问题得到解决，这样不仅满足了当前生产的需要，还为今后解决难题大题积累丰富经验。往往难题大题具有内容复杂性和时间长期性，可以考虑将其分成若干小题分期进行，这样能把问题的最终解决落实在可靠基础上。

一个国家如果没有较高的基础理论研究水平，科学技术就不能快速持续进步。但是在基础理论和应用技术研究这两方面，人们通常容易重视后者而忽略了前者，单纯强调应用技术的研究，其结果就会导致科学技术不能进一步发展，加强基础理论研究不仅有利于解释生产和科学研究中发生的各种现象，更重要的是有助于研究和开发新技术，并把生产技术推向新的高度，使生产技术得到不断发展。在冶金原数造块这一领域里，同样不能忽视基础理论的研究工作。

此外，具有独创性的理论见解和科研成果所编写出的教科书或参考书、新的实验仪器设备研制、现有生产技术革新的总结等项目也应属科研选题范围。

根据研究课题的来源，研究课题可分为自选题和委托题。但不管课题的来源如何，在作出决策时都应该考虑到研究领域的科学技术发展的趋势，本单位和研究人员本身的科研能力和特长以及研究成果的社会效益。

每个单位选题应有所侧重，重点发展，逐步形成特色，这样将给我国有关专业的发展带来极大好处。例如设计单位侧重工艺流程改进和设备创新，研究单位侧重工艺因素兼顾基础理论研究，高等院校侧重基础理论兼顾工艺因素研究，在现有人力物力条件下各自重点发展，既使各项研究得到深化，又有利于本专业科学技术水平全面提高。有些重大课题，在我国条件下应有组织地通力协作，共同攻关。这种方法在建国以来科学研究中成效卓著，对促进我国社会主义建设发展起了重大作用。

当课题选定之后，应按课题难易程度合理组织相关人员进行研究工作，课题的分配要考虑到研究者的水平和能力，也要注意到对新生力量的培养，这样在有经验和经验不足的人员互相搭配下展开工作，使新生力量的研究能力和水平不断提高，从而壮大科技队伍并使科技队伍后继有人，为我国科学技术发展做出更大的贡献。

1.2.3 选题计划的制定

一般地说，选题计划需要取得上级主管部门或者委托单位审查批准。因此，选题计划应全面论述课题的意义，国内外研究的现状和可能达到的目标。选题计划一般包括以下内容：

①项目名称（如一个题目内包括几个子题目，则应列出子题目）。

②课题来源和意义。

③有关本课题国内外研究现状，已有成就以及存在问题。

④解决问题的大体方案，所能达到的指标和预期效果。

⑤为完成此课题的主要关键技术措施。

⑥预计试验开始和完成时间。

⑦经费来源和预算。

⑧课题负责人和参加人员数量、专业和工种。

⑨协作单位（包括人员及数量）。

⑩其他（补充说明）。

课题的名称以概括出研究内容和方法来确定，但有的在任务下达时就确定了试验方向，也确定了名称，如《优化鞍钢烧结配矿试验研究》等。若需多方案比较试验，则应逐项落实具体执行计划，有时为了表明试验工作的性质和范围，往往在题目的名称前加上"初步"、"探索性"、"半工业性"和"工业性"等限制性词来区别。

1.3 试验研究计划的制定与实施

1.3.1 试验研究工作阶段的划分

造块试验是科学试验的一个分支，其试验方法和手段也总是随着科学技术的发展不断地改进和完善。但就试验规模而言，它总是遵循试验发展的三个阶段，即实验室试验—中间（半工业）试验—工业试验，其中实验室试验是基本的和主要的。这是因为实验室试验的试验规模小，原材料消耗少，试验因素易于控制，能全面有效地研究事物的各种影响因素，从而能充分地反映客观事物的变化规律。

（1）实验室试验，简称小型试验。其特点为：

①试验内容是探索性的，主要是解决技术上可能性问题。具体作法上又可分两步：先进行初步探索试验以确定技术上的可能性，再进行条件试验；在小型试验的规模下找出最佳的技术经济指标，初步确定经济上的合理性，然后再进行扩大试验。

②试验装置应尽量利用小型标准设备或实验室现有设备进行组装，并力求简单，可暂不考虑将来的生产设备与设施问题。

③试验规模（即每次试样用量），在试样具有代表性的前提下，以所得的产物足够供化验分析和性能检测之用为原则，这样既容易控制试验条件又可减少消耗，化验分析和性能检测工作亦应力求减少至必要限度。

④试验操作一般都是间断性的，但对各种因素的测定和控制则要求全面和严格，以便获得最可靠的试验数据。

（2）扩大试验或半工业试验（中间试验）

扩大试验和半工业试验相比，前者的试验规模较后者为小，且试验仍可间断地进行。而后者的试验规模较前者大，且试验应是连续进行的。半工业试验的设备常常是工业生产设备的缩小。但就其试验内容来看，都是小型试验的放大，其目的在于查明小型试验规模下所不能肯定的重要工艺条件，进一步确认小型试验的结果，寻找接近工业生产条件下可能达到的技术经济指标，在一般情况下，造块领域内扩大试验可代替半工业试验，将研究成果直接用于工业生产。

扩大试验或半工业试验的特点为：

①试验所用设备应适当考虑到工业生产的要求和可能性，在条件允许时，应尽可能采用连续运行的装置，但试验规模仍宜小。

②数据的收集要求全面，以便于物料平衡和热平衡的计算，便于对主要设备的生产能力和生产成本作出估计，对产品的质量作出全面的评价。

③扩大试验得到的数据，应能满足工业生产设计的要求，只有通过扩大试验或半工业试验验证所研究的工艺不仅在技术上可行而且在经济上合理之后，才允许进行工业试验。

（3）工业试验

工业试验是在实验室试验和中间试验的基础上进行的，其特点为：

①小型试验和中间试验获得的试验结果，由于实际工业生产过程模拟困难，连续生产和间断试验的差异和边缘效应等原因，在直接用于工业生产时，常常会出现一些偏差。因此进行工业试验时，根据小型试验和中间试验的结果，应对设备和工艺参数进行调整，以期获得最佳的技术经济指标。

②分析小型试验、中间试验和工业试验结果之间的关系，也是工业试验的目的之一，这些数据和资料的积累，对以后试验和生产的工艺设计和设备设计有极高的参考价值。

③工业试验的规模大、费用高，而且其成败对小型试验和中间试验成果的应用与推广有深刻的影响。因此，是否进行工业试验，如何组织进行工业试验，都应慎重考虑。

1.3.2　试验计划的制定与实施

在选定或接受一项科研任务后，第一步工作总是按照科研的要求，查阅有关的文献资料，充分吸取已有的经验，从中得到启发，避免走弯路或做重复工作。

试验研究方案的制定是科研人员将文献资料与自己的知识经验相结合并进行判断、综合的结果。研究方案决定科研的方向，对试验工作起着关键作用，极其重要。

试验工作，包括试验前的准备工作及进行试验。准备工作有：试验原料、试剂、设备及化验工作的准备，这些准备工作都是事前依据研究方案制订出试验计划进行的，因此试验计划要周密而详细，其中试验原料的准备在确定科研任务后就应着手进行，因为试验原料的化验工作需要时间。

试验工作是科研工作中最重要的组成部分，科研人员要通过试验数据，以检验科研方案能否达到预期的目标。在试验进行过程中，有时需部分修改甚至完全改变原来的方案。试验工作中如何以最少的人力物力财力消耗，用最短的时间来达到预期的目标，所得数据的可靠性以及从所得数据中找出规律性并利用这些规律来指导进一步的试验工作或工业生产，这些都是需要科技工作者在试验过程中不断思考并予以解决的内容。

实验室总体试验计划通常包括从试验开始到报告编写过程中的工作内容和时间规划。这一计划的概述可用列表的形式来说明，表 1-1 便是这种计划概况的例子。

表 1-1 中所列的工作项目，往往是交叉进行的，例如文献工作不仅在制订科研方案时要集中一段时间进行，整个科研进程中随时都应根据需要进行有关文献的查阅。数据的整理和分析也应及时进行，以便随时了解试验结果和调整试验计划。

表 1-1　×××试验计划

工作项目	开始时间	结束时间	工作量/%
1. 科技情报收集和整理（文献工作）			
2. 试验计划制定（包括分段执行计划）			
3. 试样的采集和准备			
4. 设备准备和调试			
5. 预先试验			
6. 系统试验			
7. 扩大试验（包括合适工艺流程选定）			
8. 数据整理和分析			
9. 补充试验			
10. 报告编写			

时间安排上，当然以试验工作占用时间最多，在小型试验中，一般占整个科研时间的 60% ~70%，在扩大试验和半工业试验中占用的时间比例则更多。

一个详细的试验计划，对表 1-1 中各项工作的具体内容都应有详细的论述，包括试验流程、试验设备、检测方法与设备等的确定；工作人员的安排与分工；技术关键及可能解决的方案；经费的来源与使用的分配等。

但是，总体试验计划还不能指导具体试验过程进行，而只是一个大体轮廓。因此必须在总体试验计划基础上订出具体执行计划，在具体执行计划中应包括试验因子和水平，检测内容和产品质量检验等项目。

值得注意的是，在整个试验过程中，随着试验结果的取得并进行分析后，具体试验计划还可能按新出现的情况作适当修改或更正。

1.4　科技报告和科技论文的撰写

在进行试验研究之前，需要查阅文献资料，写出文献综述。在此基础上，提出开题报告。在试验进行过程中，为了及时总结试验进展情况，发现问题，改进工作，常常需要写出试验研究简报或试验研究报告。一项试验研究工作结束后，要将研究获得的新认识、新规律和新发现撰写成科技论文，供他人参考和共享，使其在此基础上做进一步的深入研究，而不要再去做无谓的重复劳动，浪费人力、财力和时间。下面简介几种科技报告和科技论文的撰写内容和方法。

1.4.1　文献综述的撰写

文献综述是属于综合评述性论文，它既是总结在一定时期内某一科技领域进展情况的综合性情报资料，也是在一定程度上反映作者本人见解的科技报告。但它不是某一阶段的一般性动态报告，而是经过作者阅读了大量文献资料后，以自己的经验和研究基础作背景，系统地总结某一领域在一定阶段的进展，并通过分析归纳、纵横比较，即从历史发展纵观和从国内到国外的横览，对资料进行分析、鉴别、去粗取精、归纳整理撰写而成。一篇好的文献综述，总结过去，开创未来，既找出发展规律，又预测今后发展趋向，对研究工作的选题和开题，将发挥很重要的作用，而且也常常可以起到孕育和产生新课题的作用。总之，文献综述不仅可以指导自己今后的研究工作，而且对其他相关科技工作者也是一篇可以起到学科交叉、触类旁通作用的参考文献，此外，亦可供科技领导干部制定规划时作参考。

（1）文献综述的格式和内容

由于选题不同、所查阅的资料不同、综述的出发点不同，综述的内容没有统一的格式。一般包括以下主要内容：

①问题的提出。为什么要撰写这篇综述，它的意义和必要性。阐明对国民经济发展的重要意义。

②历史发展回顾。对所综述的问题按时间顺序说明各个阶段的发展状况、特点及产生的影响，阐明已经研究解决了哪些问题，采用什么方法解决的，还遗留下什么问题有待解决。历史回顾为后面的分析准备了背景材料。

③现状分析。历史回顾是进行纵的对比，现状分析是从横的方面对比。对于各国、各学派关于该问题的观点、情况等进行分析比较，客观地进行评价找出存在的问题，从而提出比较中肯的改进意见。

④趋向预测和改进建议。通过历史发展回顾和现状分析，结合我国实际情况，提出该问题有利于我国经济发展的研究途径，指出所产生的经济和社会效益，以及对本学科领域和相关学科领域的价值和意义。提出新的方案、设想或改进建议等。

（2）文献综述的特点和要点

①文献资料和观点的统一，文献综述既有纵的历史回顾，又有国内国外横的情况论述。但是一定要避免综述的内容太多，而评述太少；也要避免综述的文献太少，而议论过多。

②"综是基础"，"评是关键"。文献综述不同于一般动态情况汇编，只是平铺直叙，罗列各家之言，而是要有自己的见解和观点，要评述。

③提纲挈领，突出重点。综述不能平铺直叙地罗列国内外的情况，要纲目清楚，重点突出。

④文献资料是依据，指出方向才是目的。通过综述，总结和借鉴前人的经验，以翔实的资料为依据，通过分析评述，提出有远见和指导性的论断。

⑤不能在别人综述文章的基础上添加个人的见解而捏合成第二手综述；也不要把综述与自己的某项研究工作混杂在一起，弄不清是综述，还是科研论文。

1.4.2　试验研究报告的撰写

（1）试验研究报告的写作格式

①课题名称。

②作者姓名及工作学习单位。

③试验研究目的。

④试验研究原理和方法。

⑤试验原料性质、试验流程和设备。

⑥试验操作步骤、分析方法。

⑦试验情况记录，列出实验的原始数据及观察到的各种实验现象。

⑧试验数据处理，将原始数据进行计算和整理，得到试验结果。通常结果以表、图等形式表示。

⑨试验研究结果的分析和讨论，根据试验现象的观察，结合有关理论和实践，对所得试验结果的可靠性、规律性等进行分析和讨论，阐明自己的观点和见解。

⑩参考文献，列出试验报告中引用的文献出处。

（2）撰写试验研究报告的特点和要点

①纪实性。撰写试验研究报告实质上是对试验进行系统、全面的记录和总结，因此"纪实性"强。对试验流程、设备、操作步骤、分析方法、试验内容等均要作详细的叙述。

②客观、真实性。撰写试验研究报告不要求理论上作许多分析和论述，但要求"客观、真实"反映试验结果和问题，列出的数据多为原始数据，对观察到的试验现象记录得比较详细。

③整理好试验数据是关键。一项试验研究会做出许多实验数据。如何将试验数据整理归纳出有规律、有意义的结果，并用适当的方式（如图、表等）表达出来，是撰写好一篇试验研究报告的关键所在。

1.4.3　科技论文和科技报告的撰写

科技论文是以一种特定的概念和严密的逻辑论证，用科技术语来表达某一科研成果的文字材料，它通常发表在各种公开发行或内部发行的期刊上；科技报告则是关于某项研究成果的正式报告，或者是研究过程中每个阶段进展情况的总结。科技报告大都具有保密性，通常都控制发行。科技论文和科技报告论述的内容都是科学研究中的新发现、新规律，以客观事实作为报道的依据，都是研究成果的直接总结。科技论文和科技报告在体裁结构方面大致相同。

（1）科技论文和科技报告的格式和内容

科技论文和科技报告常常因学科不同、研究项目、研究过程与研究结果等不同，可以有多种体裁结构。下面介绍最常见的科技论文和科技报告的结构格式。

1）标题

标题就是论文的题目。它应当是文章内容的高度概括，是文章内容的"窗口"，是读者寻觅有用资料的向导，同时也是图书、资料管理人员进行分类时的重要依据。为此，标题应准确、简洁和鲜明，一目了然并反映问题的实质。

2）作者姓名、工作（学习）单位、邮政编码

3）目录

对于大型长篇论文，如学位论文、研究报告等，一般都列有目录。目录是反映论文的提纲，就是论文组成部分的小标题，逐项标明页码。翻阅目录就可清楚地看出论文的内容，各个论点如何联系和如何逻辑发展的大致轮廓。目录还可以帮助读者查阅所感兴趣的内容之所在。但发表在学术刊物上的论文，因文章通常比较短，不用编写目录。

4）摘要

摘要又叫提要、概要、简介等，是文章内容的概括，放在正文的前面。

撰写摘要时，要求简短、精粹和完整。一般摘要字数约为正文的 5% ~ 10%。国际标准化组织 5966 号文件建议，一篇论文摘要不要超过 250 个单词。

摘要的种类很多，有报道性摘要、指示性摘要、倾向性摘要、题录式摘要、电报式摘要以及分析性摘要等。最常用的是前两种摘要。

报道性摘要适用于应用型研究的科学论文，一般字数在 100 ~ 300 字。摘要中包括：研究的目的、范围、实验方法和装置、实验结果和结论。其中结果和结论是重点。

指示性摘要只叙述报告或论文的精华而不涉及研究方法、结果和结论，一般只有 30 ~ 50 个字。数学论文和以数学解析为主的论文，以及综述、科研总结报告等，一般都写成这类摘要。

5）关键词

在摘要之后写的关键词一定要最能反映文章特点，是文章中最精粹的词和术语。以便图书资料人员进行义章分类和方便读者查询。 篇文章一般要求 3 ~ 5 个关键词。

6）前言

前言又名引言、绪言、引子等，是科技论文和科技报告的帽子。它的作用是引出所论问题的来龙去脉，回答为什么要写这篇论文，向读者解释论文的主题、目的、背景及意义。

前言中应包括以下主要内容：

①说明论文的主题、目的、性质和范围。

②说明研究论文的背景，即指明该项研究前人近年来已经做了哪些工作，现在进展到何种程度，以及还有哪些问题尚待解决。即对有关文献进行评述，使读者了解该项研究在所属领域中所处的位置和重要程度，目的是回答为什么要开展这项研究，使读者可以据此判断是否有必要阅读此文。

③概述研究所采用的实验方法或实验途径，只需写出实验方法或途径的名称，不用展开论述。

④主要研究结果及成果的意义，即对研究进行自我评价。这要求措辞恰当，实事求是，既不要过分谦虚，又不要夸大其词。在前言中太谦虚也是写作上的错误。

前言的篇幅因文章的性质而异，一般学位论文的前言较长，有的可近万字，而在杂志上发表的科技论文，其前言都比较短，一万字的文章只需 300 ~ 500 字即可。总之，前言要求简明扼要，条理清楚，容易理解。

7）正文

正文是科技论文的主体，是其核心部分，需要花力气去组织撰写，做到既准确，又鲜明生动，观点与材料需有机统一起来，逻辑性强。

正文的撰写与文章的内容有关，没有固定的形式，以实验研究为主的科技报告和科技论文，其正文一般包括以下内容：

①说明实验所用原材料，包括实验材料的来源、数量、技术要求。若实验原材料需经过处理才能使用时，需说明处理的方法及处理过程，必要时还需列出材料的化学组成和物理性质。

②实验所用设备、仪器和装置等。如果是通用设备，只需说明规格型号即可。如果是自制设备，则需要给出试验装置图，并详细说明测试、计量所用仪器的精度。

③实验方法及过程。若是采用他人的方法，只需写出方法的名称，并在右上角注出参考文献的序号，以备读者查阅。如果是自己设计的新方法或新流程，应作比较详细的介绍，但亦要突出重点，写出主要操作步骤即可。

叙述实验过程时，通常采用研究工作的逻辑顺序，而不采用自己实验时间先后顺序。

如果研究工作是由一系列实验组成，那么每项实验都将编排序号，逐项都有"材料说明"、"实验过程的说明"等内容，都按要求逐一说明。

在叙述实验材料、实验设备仪器及实验方法时，其详略程度应以读者能再现实验，得出的结果与文中结果相符为准。如果是公开发表的文章，凡属于专利及保密方面的内容应该删去，或使用代号等方式表示。

④实验结果与分析。这部分内容是论文的关键和核心。一是要本着实事求是严肃的科学态度来写，要注意划清事实与推理的界限；二是要将作者本人的研究结果和观点与他人的研究结果与观点严格区别开来。

实验结果包括实验中测得的数据和观察到的现象。但应该是其中经过整理和加工，最能反映事物本质的数据或现象，并制成图、表，或拍成照片。分析是指从理论上或从机理方面对实验所取得的结果进行剖析或解释，阐明自己的新发现或新见解。在实验结果与分析中还要说明结果的可信度、再现性、误差，与理论或解析结果的比较，经验公式的建立，指出尚存在的问题及今后发展的可能性等。

实验结果与讨论通常要逐项探讨，综合起来写。内容较多时，也可分开写，自成一节。在理论性和解析性文章中，这部分内容主要是论证。

8）结论和建议

结论又名总结或结束语，是研究结果的逻辑发展，是整篇文章的归宿，是研究过程的结晶，也是读者最关心的部分。结论必须完整、准确和鲜明。

写结论时应注意以下几个要点：

①抓住本质，揭示事物发展的客观规律和内在联系。结论不是研究结果与分析的重复，而是在研究结果与分析的基础上，经过概念、判断、推理的过程而形成的总的观点。

②突出重点，观点分明。

③大胆而严肃地评价研究成果的理论意义和应用价值。但措辞要恰当，不要任意夸大。

④文字要精炼、准确。不要使用"大概"、"可能"、"大约"、"差不多"之类模棱两可的词。

⑤没有确实的结论或建议时，不要勉强杜撰凑合，但也切不要漏过任何一条真正的结论。若得不出明确的结论时，要指明有待进一步探讨。

9）参考文献

论文中列出的参考文献，是反映作者严肃的科学态度和作者进行科学研究工作的广泛依据,是科技论文和科技报告的重要组成部分。

在论文中列出参考文献的目的是:

①分清成果的归属,明确哪些成果是自己取得的,哪些成果是引用他人的,以免造成都是作者研究成果的错觉;

②为读者提供查找原著的线索;

③提供科学依据,使读者确信文章的内容。

参考文献的书写格式:

①文中引用的文献依次编序,其序号用方括号括起,如[5][6],置于右上角。

②期刊文献书写示例:

作者. 论文篇名[J]. 刊物名. 出版年,卷(期):论文在刊物中的页码 A~B

如:Jiang Tao, Zhang Yuanbo, Huang Zhucheng, et al. Fundamental study on utilization of tin, zinc – bearing iron concentrate by selective chlorination[J]. Trans. Nonferrous Met. Soc. China, 2005, 15 (4):902 –907

③图书文献书写示范:

作者. 书名[M]. 出版地:出版社,出版年

如:傅菊英,姜涛,朱德庆. 烧结球团学[M]. 长沙:中南工业大学出版社,1996

④文集论文集文献书写示例

英文:名 姓缩写。如:Sander E. M.

作者. 论文篇名[C]. 论文集名. 出版地:出版社,出版年

如:黄治家,张韵华,何芬,等. 固体碳还原二氧化锡机理 [C]. 第二届冶金反应动力学学术会议论文集. 沈阳:东北工学院出版社,1984

⑤学位论文参考文献的写法

作者. 题名. 保留地:保存单位,年份

例:康思琦. 关于用固体碳还原攀枝花红格矿球团的研究:[硕士学位论文]. 长沙:中南工业大学,1984,5

⑥新闻文献书写示范

作者. 文献名[N]. 报刊名,时间

如:李劲松. 21 世纪的光电子产生[N]. 科学时报,2001.02.19

⑦专利文献书写示范

作者. 专利名[P]. 专利国别:专利号,出版日期

⑧电子文献书写示范

作者. 电子文献题名. 出版者或网址,发表时间

10)致谢

通常在文章结尾之后,对在研究过程及文章撰写过程中曾给予资助、指导、支持和帮助的人或部门致以谢意。要求措辞诚挚、谦虚有礼。

11)附录

附录是文章正文的补充项目。有些材料编入正文会有损编排的条理性和逻辑性,但对正文内容又是非常重要的补充,为了整篇文章的完整性,这些材料可以作为附录编排于参考文献之后。

放入附录的内容主要有：详细数据、数学推导、实例、证明、照片、辅助表格及图、推荐的附属读物及其他与主要内容密切相关的资料等。总之，凡是放在正文中显得臃肿、累赘，而舍去又不利于深入理解文章内容的部分，以及必要的说明性资料等，均可放入附录之内。

附录的序号用 A，B，C 等表示，如附录 A，附录 B。附录中的公式、图和表的编号分别用式 A_1、式 A_2，图 A_1，图 A_2，表 A_1，表 A_2 等表示。

（2）撰写科技论文和科技报告的特点和基本要求

科技论文和科技报告的目的主要是为了科学积累和进行学术交流。其主要特点和基本要求如下：

①科学性。所谓科学性就是要尊重客观规律，尊重事实，实事求是。试验数据应精确可靠，重现性好，经得起反复的验证。证据要充分，论点应正确，符合逻辑。

②新颖性。即指每一篇科技论文或科技报告都应该有独特的见解，有新的发现。

③适用性。即指科技论文或科技报告所得到的新的发现、发明和创造，可以用来认识世界、改造世界，有益于人类的进步和社会的发展。

另外，在撰写科技论文和科技报告时还应注意以下问题：

①文章中所用的科技名词和术语，应采用通用的统一名词，避免用俗名或地方性名称。注意同一份文稿中科技名词和术语要前后统一。各种数学符号以及其他符号、代号，也应符合有关标准。在书写各类符号、代号时，不能与文字夹杂使用。如"磷矿中五氧化二磷的百分含量为50%"，其中"五氧化二磷"不能写成"P_2O_5"而"百分含量为50%"不能写成"% 为 50%"。又如"该零件的长度大于其宽度"，不能写成"该零件长度 > 宽度"等。

②计量单位应按国家规定，采用国际单位制。计量单位在文字叙述中用中文名称，在公式、图表中则用符号。如果有同一计量单位的一系列数值时，可仅在最末的数字后面列出计量单位的符号。如 100，200，300 kg；50，60，70℃。

第2章 试验设计与数据处理

当今世界是一个科技飞速发展的时代，人类的知识正以前所未有的速度扩张。随着科学技术的发展，人类对客观世界的视野不断扩大，对科学技术的需求空前增加，因此认识世界和改造世界的任务日益繁重。在这种快速变化环境下，科学研究方法的重要性愈显重要和突出。科技人员在研究工作中要不断更新知识，吸纳新的思维方式，总结、分类、归纳、关联已掌握的研究工具和认识方法，并不断学习掌握新的研究工具和认识方法，这样才能跟上时代快速前进的步伐，始终立身于科学研究的前沿。

科学技术研究必须要有正确的试验研究方法才能有效地进行。探索未知科学技术领域的问题，没有现成的答案可以遵循，也不可能是阳光大道一路顺风，需要科技工作者在黑暗中摸索前进，在崎岖的小路上攀登。人们在认识世界和改造世界的实践中，切身体会到，无论做什么事情，都需要一定的方法。若方法适用得当，则事半功倍；若方法牵强有误，则劳而无功，甚至损失惨重。正确的研究方法对于科学技术研究而言，就是确定正确的研究路线。

一个良好的试验研究应该包括三个组成部分：设计、试验、分析。首先要明确试验目的，即追求的目标是什么、要考察的因子有哪些以及这些因子的变动范围如何。根据试验目的合理地制定方案，即进行试验设计。然后按设计好的方案进行试验。第三步，对试验结果进行分析，确定所考察的因子哪些是主要的，哪些是次要的，并确定最佳的试验条件。试验方法是指如何安排和组织试验的方法。这是所有试验研究工作必须考虑的一个带普遍性的问题，并不涉及到专门试验的具体试验技术和工作程序。所谓试验设计方法，是把数学上优化理论与技术应用于试验设计中，科学地安排试验、处理试验结果的方法。试验设计是数理统计学的一个重要的分支。多数数理统计方法主要用于分析已经获得的数据，而试验设计用于决定数据收集的方法。试验设计方法讨论如何合理地安排试验以及对试验所获得的数据进行分析等。也就是采用科学的方法去安排试验和处理试验数据，以最少的人力和物力消耗，在最短的时间内取得更多、更好的生产和科研成果的最有效的技术方法。试验设计在许多行业都有广泛的应用。

2.1 试验方法的分类

常用的试验方法有许多种，从不同的角度出发可用不同的分类方法。

（1）根据因子的数目分类

①单因子试验。单因子试验往往根据科技工作者的经验和知识确定所研究的各因子大概的最佳水平并以此作为基准，对其中一个因子进行多个水平变化的试验，寻找该因子在其他因子不变情况下的最佳水平。当第一个因子试验完成以后，找到其最佳水平，作为该因子新的基准，然后对第二个因子进行试验，找出第二个因子的最佳水平，作为第二个因子的新的基准……，直到所有的因子都作一组单因子试验，获得各个因子的最佳水平。

②多因子试验。多因子试验又称为组合试验。即同时改变所研究的因子中部分或全部因子的水平的试验研究。正交设计、回归设计是常用的多因子试验设计方法。

(2)按一个试验的结果,对另一个试验安排的影响分类

①同时试验法。当试验计划制定以后,只要条件允许,所有试验可以同时进行,一个试验的结果不影响另一个试验的安排。同时试验法能缩短试验周期,尽早获得试验结果。

②序贯试验法。序贯试验法多用于单因子试验,一个试验的安排必须由另一个试验的结果决定,例如0.618法(优选法)。序贯试验法的试验安排往往更具有针对性,但试验周期可能相应长一些。

(3)根据试验的目的分类

①析因试验(预备试验)。析因试验是试验初期的探索试验,其主要目的是从众多的因子中,寻找对判据有较大影响的因子,并查明它们对判据的影响程度,以便为正式试验提供制定研究计划的依据。

②正式试验。正式试验是根据预备试验结果、任务书或合同要求,有计划、有目的安排的全面试验。

③调优试验。调优试验是根据正式试验的结果,在最佳水平附近的较小的范围内,进一步寻找更好的工艺参数以达到更优的试验指标而进行的试验。

④验证试验。根据正式试验或调优试验的结果安排少量的试验,以验证试验结果的可靠性。

(4)按误差控制的方法分类

①规则设计,规则设计易受系统误差的影响。

②完全随机化试验设计,能将系统误差转化为随机误差。

③随机区组试验设计,能将系统误差分离出来。

④拉丁方试验设计,能将多个系统误差分离出来。

⑤二次回归的正交设计,不同试验点上的误差不同。

⑥二次回归的旋转设计,同一球面上试验点的误差相同。

试验设计方法是决定收集试验数据方法的有效手段,是制定试验方案和分析试验结果的有力工具。

任何一种试验设计,在特定条件下有其各自的优越性。因此,在选择试验设计方法时,应根据具体的试验对象、试验目的和试验条件,对不同设计方法的适应性、灵活性和工作量的大小加以分析比较,最后确定适合于研究对象的设计方法。

目前常用的试验设计方法有单因子轮换法、优选法、正交试验设计、序贯试验设计、回归试验设计、旋转设计等。

单因子轮换法是固定其他因子不变,把多因子试验转化为多个单因子试验,对每个单因子进行水平的改变并考察其影响,从而获得该因子的较佳水平,然后把各个因子的较佳水平进行组合的试验设计方法。其优点是方法简单、易行,一般也能达到良好的效果;缺点是不能综合反映各种因子、水平间的交互作用。当因子之间存在交互作用时,这种方法往往不能找到最佳的工艺参数组合,优化结果可能是局部优化,未必是最佳结果。

优选法是指研究如何用较少的试验次数迅速地找到最优方案的一种科学方法。寻找最合适、最好、最合理的方案,一般总称为最优方案。研究的目标是通过研究寻找和选取最合适

的配方、配比，寻找最好的操作和工艺条件，给出产品最合理的设计参数，所以叫做优选法。优选法是以数学原理为指导，合理安排试验，以尽可能少的试验次数尽快找到生产和科学试验中最优方案的科学方法。

序贯试验设计方法以数学模型参数估计和模型筛选为目的，主要是在试验过程中根据抽样中出现的情况来决定何时停止抽样（即样本量是一个随机变量），先做少数几个初步选定的试验，以获得初步信息，丰富试验者对过程的认识，然后在此基础上做出判断，以确定和指导后续试验的条件和试验点的位置。这样，信息在过程中有交流和反馈，因此能最大限度地利用已进行的试验所提供的信息，使后续的试验安排在此刻最优的条件下进行。

正交试验设计是通过正交表来安排试验因子及其交互作用，再通过直观分析、方差分析等进行分析和结果讨论。正交设计安排的试验次数至少应为水平数的平方。利用正交设计安排试验次数比全面试验次数大为减少，但是对于多因子多水平的试验（考察多因子或水平数大于 5 时）来讲，其安排的试验次数迅速增多。尽管如此，正交试验设计仍然是目前最流行、效果也相当好的方法。

回归试验设计也称为响应曲面设计，是在多元线性回归的基础上用主动收集数据的方法获得具有较好性质的回归方程的一种试验设计方法。目的是寻找试验指标与各因子间的定量规律，考察的因子都是定量的。如果一次回归拟合得不好，则需做二次或高次回归的试验设计，所得回归方程也较复杂，常与正交设计联合起来使用。其优点是试验次数较少、计算简单方便和消除了回归系数间的相关性；其缺点在于回归预测值的方差依赖于试验点在试验区域中的位置。所求最优区域在一定试验设计和研究区域下是有意义的，可能在相应试验设计和研究区域之外试验研究精度无法保证。

回归试验的旋转设计与分析可以部分地克服回归设计的缺点。所谓回归的旋转设计是指为了做回归分析所选取的试验点，能使回归预测的方差在以试验中心为原点、半径为 r 的球面上相等所做的设计。由于方差相等可减少对预测的干扰，因此这种方法颇受人们的关注。

2.2 试验研究中因子、水平和判据选择

2.2.1 因子、水平和判据

（1）因子——进行研究的试验因素。试验因素是影响产量和质量指标的基本条件，在试验中是一种可为科技工作者控制和掌握的变量。例如，对烧结试验而言，原料的种类、粒度、化学成分，以及混合料配比，制粒和工艺操作制度，点火时间、料层高度、抽风负压等都是影响烧结试验结果的因素。因此，因子选择时必须考虑试验要求和起主要作用的试验因素作为因子，做到有的放矢。

从所起的作用来分，因子可分为四类：

①可控因子。可以人为控制的因子，如温度、时间、压力、水分、添加剂种类、用量等。

②不可控因子。指研究者暂时尚无法控制或预见的因子，如气温变化、电压波动等。

③区组因子。指参与试验的环境因子。在实际过程中，为了减少试验误差，常将某些影响试验指标的环境因子分成若干水平参与试验，然后再从试验指标值中消除环境因子所产生的效应。

④组合因子。指为了减少试验工作量，将两个或两个以上的因子组合成一个因子进行试验。

(2) 水平——用来表示因子在试验时所处的状态。例如：造球水分 6.0%，7.0%，8.0%，9.0% 四种状态，称为四个水平。在试验工作中，因子水平范围和水平间隔的选定是极为重要的。主要可通过下述三方面来确定：①根据前人从事有关试验的经验和所掌握的专业知识。②参考国内外有关生产和试验的实际数据。③在无现成的经验和资料时，通过预先探索试验，一旦取得因子影响最大时因子水平中心点后，就可向前后按一定的水平间隔延伸，并可定出任一因子的不同水平的试验点数目。水平间隔在试验中一般按等值增大或缩小。

(3) 判据——判断试验结果好坏的依据叫判据。常用判据就是技术经济指标。经济指标包括：水、电、燃料、材料单耗、单位成本、单位投资等。由于通常只在大方案比较时才进行经济核算，因而大部分试验的主要判据是技术指标，技术指标分产量指标和质量指标。烧结、球团产量指标包括：生产率、利用系数等，质量指标包括：化学成分、强度指标(落下强度、转鼓强度、抗压强度)、热态性能(还原性、还原膨胀指数、低温还原粉化性、荷重软化温度、软熔性能等)。应该说明的是，在不同情况下，可能需要不同判据，因而判据选择，也是试验设计时必须考虑的问题之一。

2.2.2 因子和水平的选择

试验设计中因子和水平的个数决定了试验工作量，工作量是随因子和水平的增加而成倍增加的，因此因子和水平的选择至关重要。选择因子时应注意两个原则：一是选择的因子不能太多，尽量只选对所考查指标产生影响较大的主要因素；二是不能忽略那些虽然单独作用不明显，但联合作用明显的因素。

因子和水平的选择是试验设计中首先需要解决的问题，一个试验成功与否基本上取决于研究者所选择的因子和水平是否恰当，因此，研究人员应尽可能收集过去的情报资料，进行分析比较，以提高自己的科研能力。

因子和水平的选择主要有以下几种方法：

(1) 因子轮换法。将一个因子固定在某水平下，改变另一因子的各水平，逐一进行试验，以获得较佳组合的试验方法。这种方法思路清晰，操作简单，但结果不一定可靠，有可能遗漏最佳组合。

(2) 全面试验法。所有因子的水平全部进行试验的方法。这样不会遗漏最佳组合，但试验实施起来工作量很大。

(3) 选择试验法。根据经验，选择部分因子进行试验的方法。这种方法工作量小了很多，但会遗漏交互作用。

在选择因子和因子水平时应全面考虑试验的目的和试验的工作量。前者决定了选择哪些因子和怎样选择因子的水平范围，而后者决定了因子个数和每个水平数的选择，因子个数和水平数越多，则试验次数也越多，工作量也越大，一般作 a 个因子及每个因子 m 个水平的全面试验，其试验次数为 m^a 次试验，例如三因子二水平试验为 $2^3 = 8$ 次，三因子三水平的试验

为 $3^3 = 27$ 次,四因子二水平试验为 $2^4 = 16$ 次,四因子三水平试验次数为 $3^4 = 81$ 次。

对因子的选择而言,有些因子影响的研究,是任务书或者合同已经规定了的,必须选作因子,例如《在碱度 0.8~1.2 的范围内,两种铁精矿在不同配矿比时,球团焙烧特性的研究》这样一个课题,就必须研究球团的碱度和配矿比这两个因子。而焙烧工艺条件中,哪些选作因子来进行研究,则由研究者根据自己的经验和知识来决定,或者进行"析因试验"来决定。

当试验的因子确定之后,试验可能有两种安排,即单因子试验法和多因子试验法。下面我们用一个例子来说明:研究球团焙烧温度和球团碱度对成品球强度的影响,焙烧温度取 1300℃ 和 1350℃,碱度取 $R = 0.3$ 和 $R = 1.2$。作为单因子试验可以这样安排:第一步取 $R = 0.3$,作两个温度的焙烧试验,结果表明 1300℃ 焙烧时,球团强度为 2000 N/个,1350℃ 为 2400 N/个。根据这一结果,取焙烧温度为 1350℃,作 $R = 1.2$ 的试验,试验结果为抗压强度 1800 N/个。于是得到结论:球团强度随着焙烧温度的提高而提高,随着碱度的提高而降低。根据试验结果,我们可以推测,对于 $R = 1.2$,1300℃ 焙烧的结果球团强度将为 1400 N/个左右[图 2-1(a)]。

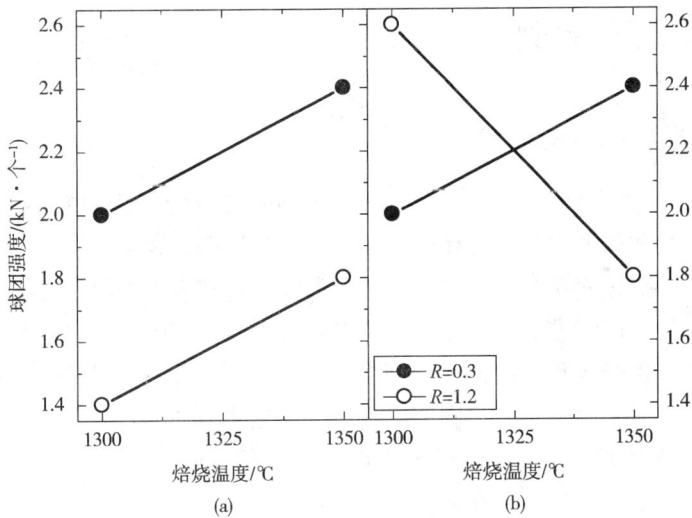

图 2-1 单因子试验和多因子试验比较

(a)单因子试验法;(b)多因子试验法

作为多因子的试验安排,按不同因子和因子的不同水平组合来进行试验,即进行 $R = 0.3$,1300℃ 焙烧;$R = 0.3$,1350℃ 焙烧和 $R = 1.2$,1300℃;$R = 1.2$,1350℃ 焙烧四次试验。试验结果依次为 2000,2400,2600 和 1800(N/个)[图 2-1(b)]。这就是说随着焙烧温度的升高,对 $R = 0.3$,强度提高,对 $R = 1.2$ 的试样,强度降低。试验结果以 $R = 1.2$,1300℃ 焙烧时强度最好。这种因子在试验中的相互影响,我们称为两因子间有交互作用,当两个因子分别用 A 和 B 来标记时,其交互作用用 $A \times B$ 来表示。在烧结球团试验中,许多因子常常有交互作用,从获得准确的结论这个角度考虑,在通常情况下,按其水平组合构成多因子试验,比做几个单因子试验要好。

对于因子的水平而言,有些可以用数量来表示,如烧结混合料的水分和燃料量,球团的焙烧温度和焙烧时间,这些因子称为"数量因子"。有些不能用数量来表示,如原料的种类,称为"质量因子"。因子水平范围的选择也是由研究者的经验和知识,或者预先试验的结果来确定的。在情况不明时,水平范围可取宽一些,以期获得准确的结论。

关于水平数的确定,对"质量因子",通常是早就确定了的。例如,《5种膨润土对生球质量影响的研究》这样的课题,对膨润土种类这一因子,其水平数只能是5。对于"数量因子"的水平数,则可灵活一些。不过,从试验次数这个角度考虑,除非任务书或者合同有明确的要求,否则一般只取2个水平或者3个水平。前者用于对判据呈线性关系影响的因子,后者用于呈二次曲线关系影响的因子。当然在某些特殊要求的场合,也可以取4以上的水平。例如单因子试验的回归分析。当需要作图分析时,应取4个或更多个水平才行。

我们在对试验进行多因子分析时,总是希望进行全面试验,把所有的组合都考虑进去。但随着因子、水平的增加,其试验次数将成倍增加。这就需要一种工作量不是太大、操作不复杂又能全面考察各因子的试验方法,而正交试验法恰能满足这些条件。该方法巧妙地解决了试验中的矛盾,我们后面将对正交试验设计法做详细介绍。

2.3　误差与误差的控制

2.3.1　试验结果精确度的概念

在科学试验中,为了说明事物的性质,分析和判断过程的变化和效率,必须要有能定量地反映这些性质、变化和效率的数字做依据,这些数字依据,就叫做数据。

在科学试验中,通过直接测试所得到的原始数据,尽管从整体上来说,应是客观事物的真实反映,但对每一个(组)具体数据而言,它仅仅反映了事物的某一个侧面,仅仅反映了事物的外部联系,并且由于各种不可避免的原因,以及某些过错或客观条件的限制,实验中总会不同程度地产生各种各样的误差,它们会混淆或掩盖事物本身的规律性差异或变化。因而在试验结束以后,还必须对所得到的原始数据加以去粗取精、去伪存真,进行由此及彼、由表及里的整理,才能对事物的本质获得正确的认识。

为了正确而科学地处理试验数据,首先必须了解试验结果的精确度。测试结果的精确度通常就用测试误差的大小来度量。误差愈小,表示精确度越高。

严格说来,精确度指的是测试结果的重复性,准确度指的才是测试结果同真值的相差程度。因而二者是有区别的。但是,在实际试验工作中,真值一般是难以或无法得知的,常常只能用平均值代替,因而试验者对于准确性和精确度这两个概念往往不注意区别。

单项测试结果的精确度,通常取决于测试器具本身的精度。例如,用量程为100 g、感量为1 g的台秤称重,测量结果的精确度就是±1 g;用最小分度为1 mL的100 mL量筒取溶液,精确度就是±1 mL。在科学实验中,正确地选用测试仪表和度量衡器,是一件非常重要的事。例如,在试验中,用称量为1 kg、感量为1 g的台秤来称量重0.5 kg的原矿试样,相对误差仅为1/500,即0.2%,精确度是足够的;但若同一台台秤称量重仅10 g的精矿,相对误差就高达10%,超过允许误差,因而此时应换用感量小一些的台秤,如称量为100 g、感量为0.1 g的小台秤。

烧结球团试验是由多项直接测试和工艺操作组成,试验结果的精确度是各个单项测试误差和各种操作条件下不可避免的随机波动的综合反映。例如,从原矿取样、缩分、称量到产品的截取、称量、缩分和化验,都可能产生误差,操作因素的随机波动,也必然导致试验指标相应地波动。因而试验结果的精确度,不仅不可能直接根据测试器具精度推断,也难以利用误差传递理论间接地推算。

2.3.2 试验误差

试验误差的概念为:

$$\delta_i(误差) = 测量值(y_i) - 真值(\mu)$$

很明显,试验的目的是希望通过测量的结果对真值作出估计,因为在一般情况下,真值是无法得到的,我们只能从多次重复的测量中得到真值的最佳估计,这就是测定值的数学期望:

$$E(y) = (\sum_{i=1}^{n} y_i)/n = \bar{y}$$

即 n 次重复测定值 y_i 的算术平均值。

则 $$\delta_i = y_i - \bar{y}$$

按照误差的性质和特点,误差可分为系统误差、随机误差和过失误差三类。

(1)系统误差。在同一条件下,多次测量同一量时,绝对值和符号保持不变,或在条件改变时,按一定规律变化的误差称为系统误差,又叫恒定误差。如测试仪器不准确、环境变化和个人操作习惯都会导致这类误差出现,经查明原因改进后可以消除或减少。

(2)过失误差,它是由试验者本身的过失引起的,如测量对错了标志,读错了数,记错了数,或者测量时因操作不小心而引起的过失性误差,这种误差是毫无规律性的,应该绝对避免。

(3)随机误差又叫偶然误差。在同一条件下,多次测量同一量时,表现为绝对值的大小和符号各不相同,以不可确定的方式变化着的误差,称为随机误差,产生原因一般不详,它是由很多暂时未能掌握或不便于掌握的微小因素影响所构成的,如仪器装置的不稳定性或变形;周围环境的温度、湿度和气压变化;工作人员读数不准确性等,但就误差的总体而言,随机误差具有统计规律性。

一般来说,系统误差的大小,反映了试验结果的可靠程度。系统误差小,试验结果接近真值,试验的准确度高。系统误差大,试验结果偏离真值较远,试验的准确度低。偶然误差的大小,则反映试验的可重现性,偶然误差大,试验结果分散,试验的重现性差,其精确度低。反之,则重现性好,精确度高。对此,我们可以用图 2-2 来加以说明。

图 2-2 中,试验 1,测定值比较集中,其均值接近真值,我们说该试验偶然误差小、精确度高,系统误差也小、准确度高。试验 2,数据比较分散,但其均值接近真值,我们说试验 2 的偶然误差大、精确度低,而系统误差小、准确度高。试验 3,数据比较集中但其均值远离真值,我们说试验 3 偶然误差小,精确度高,但系统误差大,准确度低。试验 4,数据分散且均值远离真值,我们说该试验的偶然误差和系统误差都大,精确度、准确度均低。试验 5,数据多数较为集中且在真值附近,但数据 A 却远离数据群体,我们说数据 A 可能是由于过失所引起的误差,称 A 为可疑数据。

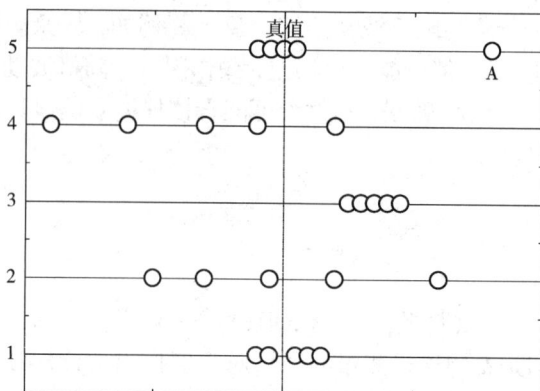

图 2-2　准确度与精密度的比较

（1）偶然误差（随机误差）

1）偶然误差的特征

多数情况下，偶然误差是服从于 $N(0, \sigma^2)$ 正态分布的随机变量，因而具有如下特征：

①对称性：绝对值相等的正误差和负误差出现的几率相同。

②单峰性：绝对值小的误差出现的几率较绝对值大的误差大。

③有界性：在一定的测量条件下，偶然误差的绝对值不会超过一定的界限。

④抵偿性：随着试验次数的增加，偶然误差的算术平均值趋近于零。

2）偶然误差的度量

假设我们在某一条件下进行 n 次试验，试验结果为 $y_i(i=1, 2, \cdots, n)$，其均值为 $\bar{y}$。当我们用 $\bar{y}$ 作为试验结果真值的最佳估计时，则每次试验的误差为：

$$\delta_i = y_i - \bar{y}$$

如果 δ_i 是服从于 $N(0, \sigma^2)$ 的偶然误差，则试验误差的度量，可以采取如下几种方式表达：

平均偏差：

$$\bar{\delta} = \left(\sum_{i=1}^{n} |\delta_i|\right)/n$$

相对平均偏差：

$$\bar{\delta}_r = \bar{\delta}/\bar{y}$$

标准差：

$$\sigma = \sqrt{\sum_{i=1}^{n} (y_i - \bar{y})^2/(n-1)}$$

相对标准差（又称变动系数）：$\sigma_r = \sigma/\bar{y}$

下面我们通过一个例题来理解上述的几种度量方法。

球团在某一工艺条件下进行焙烧试验，试验进行了六次，试验成品球的抗压强度分别为：227，205，217，252，250，236，（单位为 10 N/个）。

①求平均值。

$$\bar{y} = \left(\sum_{i=1}^{n} y_i\right)/n = (227+205+217+252+250+236)/6 = 231$$

②求每次试验的误差 δ_i。

$$\delta_i = y_i - \bar{y}$$

$$\delta_1 = 227 - 231 = -4$$
$$\delta_2 = 205 - 231 = -26$$
$$\delta_3 = 217 - 231 = -14$$
$$\delta_4 = 252 - 231 = 21$$
$$\delta_5 = 250 - 231 = 19$$
$$\delta_6 = 236 - 231 = 5$$

③求平均偏差。

$$\bar{\delta} = (\sum_{i=1}^{n} |\delta_i|)/n = (|-4| + |-26| + |-14| + |+21| + |+19| + |+5|)/6 = 14.8$$

④相对平均偏差。

$$\bar{\delta}_r = \bar{\delta}/\bar{y} = 14.8/231 = 6.4\%$$

⑤求标准差。

$$\sigma = \sqrt{\sum_{i=1}^{n} (y_i - \bar{y})^2/(n-1)} = 18.7$$

⑥求相对标准差。

$$\sigma_r = \sigma/\bar{y} = 18.7/231 = 8.1\%$$

平均偏差的计算较简单,如果在一个数据集合中,大偏差和小偏差所起的作用相同,那么,采用平均偏差是有效的。标准差反映了大的偏差比小的偏差对结果有更大的影响,它通常是真正的随机误差的最佳估计,可以证明,当测量次数很多时,标准差和平均偏差之比为一常数:

$$(\sigma/\bar{\delta})_{n\to\infty} = 1.25$$

对上面的例题而言,$n = 6$,$\sigma/\bar{\delta} = 1.26$。

对于标准差的计算,不要考虑正误差或负误差,计算简便。因此,在数理统计中一般采用标准差来进行运算。

3)重复试验的结果表达

我们知道,对于一个服从于 $N(\mu, \sigma^2)$ 的正态分布整体,其平均值 $\bar{y}$ 服从于 $N(\mu, \sigma^2/n)$ 的正态分布。在烧结球团试验中,我们经常遇到的是 σ 未知,对于重复试验结果为 $y_1, y_2, \cdots, y_n$ 的样本,此时作为 μ 和 σ 的估计值分别为:

$$\bar{y} = (\sum_{i=1}^{n} y_i)/n$$

$$\sigma = \sqrt{\sum_{i=1}^{n} (y_i - \bar{y})^2/(n-1)}$$

一组重复试验的结果表达为真值估计:

$$\mu = \bar{y} \pm \Delta y$$

$$\Delta y = t_{\alpha/2}(n-1) \cdot \frac{\sigma}{\sqrt{n}}$$

Δy 称为试验(或测量)精度;$t_{\alpha/2}(n-1)$ 为置信度为 α,自由度为 $(n-1)$ 时之 t 分布函数,可查附录1。

一般情况,取 $\alpha = 0.05$,即 $\alpha/2 = 0.025$

从 Δy 计算可看出：

次数 n 增加， $t_{\alpha/2}(n-1)$ 和 $1/\sqrt{n}$ 将会减少， Δy 值减小，试验精度提高，但工作量增加，且可能形成新的误差。一般 n 在 $6 \sim 20$ ，且多为 $n < 10$ 即足够。

当试验重复性良好，则 σ 降低， Δy 减小，试验精度提高。因此，改进试验方法，提高试验准确性，远比重复次数增加的效果好，例如：

球团抗压强度检测时，要求 $\Delta y < 200$ N/个，工业生产中， $\sigma = 750$ N/个

令 $t_{\alpha/2}(n-1) = 2$ ，则测量次数为：

$$n = \left(\frac{\sigma x^2}{\Delta y}\right)^2 = \left(\frac{750 \times 2}{200}\right)^2 = 56.25$$

球团抗压强度测量次数可取 60 次。

试验时，若 σ 能控制在 400 N/个以内

$$n = \left(\frac{400 \times 2}{200}\right)^2 = 16 \approx 20 \ \text{次}$$

球团抗压强度测量次数取 20 次即可。并能保持同样的测量精度 Δy ，而明显地减少测量重复次数。

（2）系统误差

1）系统误差的特征

系统误差往往是由于试验方法和试验设备的某些确定因素或操作人员的特有习惯所引起的，因而系统误差具有下列特征：

①在每次试验中都重复出现，且具有一定的规律性。这种规律性，可以通过分析、比较找出，并给以校正。

②无抵偿性，因而不能用增加试验次数的方法来予以消除。

2）减少系统误差的方法

研究人员对试验所采用的方法，设备应该有全面的了解，以清楚产生系统误差原因和可能减少或消除系统误差的方法。这些方法通常包括：

①分析和查找原因，减少系统误差。例如，旋转式指示仪表，由于指针旋转中心和刻度盘中心的不重合，将产生一个周期性变化的系统误差，如有可能，刻度盘尽可能设计在 $\pm 45°$ 以内，以减少读数误差。如果必须采用 $0 \sim 360°$ 的刻度盘，则使用时，应尽可能选择恰当的量程，使指针在 0 或 180° 附近读数。

②以空白试验或采用标准试样试验来检测试验方法或试验设备，标定系统误差，并予以校正。例如，测温仪表和热电偶的校正、化学分析中的空白试验和标样试验等。

③运用正确的试验设计，将系统误差转化为随机误差，或者从试验误差中分离出系统误差。

④养成良好的操作习惯，减少某些特有习惯所引起的系统误差。

（3）过失误差

1）过失误差的特征

过失误差的特点是某一数据远离其他的数据群，它常常是由于操作失误，或者外界条件的意外变化所引起的。

2）过失误差的处理

严格地说,过失误差便是错误,应予舍去,但对于一个远离数据群的可疑数据,由于试验时产生的原因是复杂的,因此应谨慎对待。

①对确有证据的错误数据,应予舍去。但当产生错误的原因已经查清楚时,则可作为一个独立试验条件下得到的试验结果来保留。

②对待原因不明的可疑数据,当把握不住时,宁可保留在案,写出处理意见,也不应舍去,特别是试验报告。

③按可疑数据判断准则来处理,常用的判断准则有:3σ 准则(莱以特准则);乔威尼特准则;格罗布斯准则;狄克松准则;Q 准则。

在造块试验中,由于重复试验次数较少,可采用 Q 准则检验法,其方法为:

第一步:将数据按大小顺序排列,求出极差。

第二步:计算统计量。$Q = |(可疑数据 - 相邻数据)/极差|$

第三步:由选定的可信度和试验次数查 Q_α 值,如表 2 - 1 所示。在造块试验中,常选 $\alpha = 0.05$ 时:

表 2 - 1　可信度和试验次数对应表

试验次数	3	4	5	6	7	8	9	10
Q_α	0.94	0.76	0.64	0.56	0.51	0.47	0.44	0.41

第四步:比较 Q 和 Q_α,当 $Q > Q_\alpha$ 时,则弃去可疑数据。

例:对某烧结矿低温还原粉率进行 3 次测定,结果为 31%,39%,29%,求其均值。观察这三个数据,39% 离 31% 和 29% 较远认为该数据可疑,按 Q 准则予以检验:

第一步:排队 29%、31%、39%

极差 39% - 29% = 10%

第二步:$Q = (39\% - 31\%)/10\% = 0.8$

第三步:当 $\alpha = 0.05$,$n = 3$ 查得:$Q_\alpha = 0.94$

第四步:$Q < Q_\alpha$,故不能弃去

故测定结果的均值应为三个测定值的平均值:

$$\bar{y} = (31\% + 39\% + 29\%)/3 = 33\%$$

其他准则常用于试验次数较多的情况,可参考有关的书籍。

④对于由可疑数据判断准则判断予以舍去的数据,也应作出细心的分析或重复试验,也许新的发现就在这可疑数据之中。卢瑟夫原子模型的建立,就是对可疑数据细心分析的一个典型例子。

2.3.3　误差的控制

我们已经对各种误差的特征和处理办法进行了讨论。从试验设计的角度,则通常采用下面的几个原则来控制和减少误差,即:

①重复试验——了解、控制偶然误差;

②随机化——把系统误差转化为随机误差;

③局部管理——分离、消除系统误差。

在 2.4 节误差和效应的讨论中,我们知道误差在试验研究中的作用,了解试验中随机误差的大小,并对试验结果作出判断,进行重复试验是必要的。一方面,在同一条件下进行重复试验,能提高试验的精度。另一方面,对随机误差的了解,能促使试验者对试验方法进行改进,以减小随机误差。

在试验设计中,重复试验有如下几种方法:

(1)对各种条件的试验,均进行相同次数的重复试验。

(2)对各种条件下的试验,进行重复次数不同的重复试验,甚至只对其中一个条件进行重复试验。

(3)在多因子试验中,不单独重复某一因子的试验,而是在和其他因子的不同组合中,构成该因子各水平的重复次数相同的重复试验,如一般的正交设计。但这种重复不能避免随机误差。

一般讲,重复次数越多越好,从数学上说,平均值的误差随着重复次数的增加而减小。不过重复次数过多,必定会增加试验的工作量,增加人力、物力的消耗,试验所需的时间、费用也会增加。另一方面,重复次数过多效果并不好。根据经验,也有一些数学上的根据,重复次数以误差的自由度为 6~20 为宜。必要时甚至还可更少一些,以减小试验的费用、缩短试验周期。

正如误差分析时所指出的那样,重复能了解试验的随机误差,提高均值的精确度,但是重复却不能减少系统误差。系统误差有些是不能作出准确的数据修正,而有些则可作出准确的数据修正。对于那些不能找出原因并进行准确的数据修正的系统误差,提出了"随机化"原则和"局部管理"的原则。前者能将一些不能作出修正的系统误差转化为随机误差,后者能将系统误差从总误差中分离出来,从而消除系统误差。一般地说,在有可能产生系统误差的场合,总是需要按随机化来安排试验的。随机化最简单的办法是抽签法,次之是使用随机数表或随机配置表,也可使用计算器上的随机数。

例如,由三个实验小组来做三个不同水平的烧结试验,每个试验重复三次,分别以 A_1,A_2,A_3;B_1,B_2,B_3;C_1,C_2,C_3 表示,我们可以安排第一组来做实验 A,第二组做实验 B,第三组做试验 C,即形成规则的试验安排,如表 2-2。

表 2-2　规则试验安排

第一组	第二组	第三组
A_1,A_2,A_3	B_1,B_2,B_3	C_1,C_2,C_3

这时,试验结果会因为试验条件的不同而可能不同,也可能会因为三个组的操作水平不同而不同,因而产生试验条件和操作水平的混杂,为了避免这种混杂,必须采取随机化的试验安排。

第一步,确定三个组的试验顺序,例如,按第一组到第三组的顺序进行。

第二步,对九个试验,每一试验查了一个随机数与之对应。

第三步,按随机数的大小顺序,由大到小或由小到大进行试验,如表 2-3。

表 2 - 3　随机化的试验安排

试验	A_1	A_2	A_3	B_1	B_2	B_3	C_1	C_2	C_3
随机数	0.42	0.28	0.11	0.34	0.93	0.12	0.16	0.59	0.55
试验顺序	4	6	9	5	1	8	7	2	3

于是构成完全随机化的试验设计，如表 2 - 4。

表 2 - 4　完全随机化的试验设计

第一组	第二组	第三组
B_2，C_2，C_3	A_1，B_1，A_2	C_1，B_3，A_3

上述试验安排，在三个组的操作水平差异很大时，仍会引起一些系统误差，因为第一组进行了两次 C 试验，第二组进行了两次 A 试验。

局部管理的方法是每个组各做 A，B，C 试验一次，即将"组"作为一个因子来看待，这种因子称之为区组因子。这种的设计称之为随机区组试验设计，在组内，各试验的顺序是随机的，如表 2 - 5 随机区组试验设计。

表 2 - 5　随机区组试验设计安排

第一组	第二组	第三组
C_1，A_1，B_1	B_2，C_2，A_2	B_3，A_3，C_3

在造块试验中，可作为区组因子进行局部管理的有：实验的日期、实验的顺序、操作人员、装置设备、原料的批量等。一般认为，区组因子与试验因子间没有交互作用，当考虑的区组因子较多时，可采用拉丁方试验设计和正交设计。

例如将实验顺序也作为区组因子用拉丁方法来安排试验，如表 2 - 6。

表 2 - 6　拉丁方试验设计安排

第一组	第二组	第三组
A_1，B_1，C_1	B_2，C_2，A_2	C_3，A_3，B_3

当区组因子较多时，采用正交设计则更方便。

现将几种设计比较如下表 2 - 7。

表 2 - 7　几种设计试验安排比较

试验方法	第一组	第二组	第三组
规则安排	A_1，A_2，A_3	B_1，B_2，B_3	C_1，C_2，C_3
完全随机化	B_2，C_2，C_3	A_1，B_1，A_2	C_1，B_3，A_3
随机区组	C_1，A_1，B_1	B_2，C_2，A_2	B_3，A_3，C_3
拉丁方法	A_1，B_1，C_1	B_2，C_2，A_2	C_3，A_3，B_3

2.4　试验数据处理与结果的评价

一个试验，不管所使用的仪器是如何精密，方法如何完善，操作者如何小心谨慎，当试验重复进行时，试验结果总难避免出现波动，这种波动就是前面所说的随机误差。另一方面，当人为地改变试验的某些条件时，试验结果也会发生变化，这是研究者研究某些因子处于不同水平时对试验结果的影响，以确定各因子的最佳操作水平。这种因子处于不同水平时对试验结果影响的程度就是试验因子变动产生的效应，称为因子的水平效应。如何对试验的水平效应进行度量，如何评价试验的水平效应，并对试验结果作出分析与相应的数据处理，从而确定各因子的最佳水平。

例如，当某因子处于 a 个水平，每个水平下进行 b 次试验时，研究因子对一个判据的影响程度，其试验结果如表 2-8 所示，通常采用直观分析和方差分析方法对试验结果进行分析。

表 2-8　a 个水平和 b 次重复试验的结果

因子水平	试验结果						$\bar{y}_i$（水平均值）
x_1	y_{11}	y_{12}	$\cdots$	y_{1j}	$\cdots$	y_{1b}	$\bar{y}_1$
x_2	y_{21}	y_{22}	$\cdots$	y_{2j}	$\cdots$	y_{2b}	$\bar{y}_2$
$\vdots$	$\vdots$	$\vdots$	$\vdots$	$\vdots$	$\vdots$	$\vdots$	$\vdots$
x_i	y_{i1}	y_{i2}	$\cdots$	y_{ij}	$\cdots$	y_{ib}	$\bar{y}_i$
$\vdots$	$\vdots$	$\vdots$	$\vdots$	$\vdots$	$\vdots$	$\vdots$	$\vdots$
x_a	y_{a1}	y_{a2}	$\cdots$	y_{aj}	$\cdots$	y_{ab}	$\bar{y}_b$

2.4.1　直观分析法

水平均值 $\bar{y}_i$ 是当因子处于水平 x_i 时进行的 b 次重复试验的试验结果之最佳估计，因此，作为试验结果比较的最简单的办法，就是比较水平均值的差异。将 $\bar{y}_i$ 与 x_i 的关系制成表或做成图，就可判断出试验结果随因子变化而变化的趋势，变化的数值，可以用总均值 $\bar{y}$ 作为基准进行比较：

$$\bar{y}_i - \bar{y}$$

其中

$$\bar{y} = \left(\sum_{i=1}^{a} \sum_{j=1}^{b} y_{ij} \right) / (a \cdot b)$$

显然这个差值的绝对值越大，因子在该水平时对试验结果的影响也就越大。

2.4.2　方差分析法

直观分析法简捷而且直观，但仍有不足之处。即因子的水平效应是由因子水平的改变所引起的呢？还是由于误差引起的呢？直观分析没有给出回答。

方差分析是从试验结果的变化分析入手，将试验过程中产生的误差和因子水平改变所引起的效应分别开来，加以比较，从而对试验结果作出判断。

一个数据的波动情况可用 $y_{ij} - \bar{y}$ 来描述:

$$y_{ij} - \bar{y} = (y_{ij} - \bar{y}_i) + (\bar{y}_i - \bar{y})$$

$$\text{误差} \qquad \text{效应}$$

从统计学的观点看,应尽可能利用所有的数据来进行统计分析。

但　　　$\sum(y_{ij} - \bar{y}) = 0$

　　　　$\sum(\bar{y}_i - \bar{y}) = 0$　　　　将无法比较。

　　　　$\sum(y_{ij} - \bar{y}_i) = 0$

其他方法有:①采用绝对值和,但运算不方便。

　　　　　　②采用平方和,运算方便。

令 $S_T = \displaystyle\sum_{i=1}^{a} \sum_{j=1}^{b} (y_{ij} - \bar{y})^2$ 称为总平方和或总的变动。

将 $y_{ij} - \bar{y} = (y_{ij} - \bar{y}_i) + (\bar{y}_i - \bar{y})$ 代入,可以证明:

$$S_T = \sum_{i=1}^{a} \sum_{j=1}^{b} (y_{ij} - \bar{y}_i)^2 + \sum_{i=1}^{a} \sum_{j=1}^{b} (\bar{y}_i - \bar{y})^2$$

令 $S_e = \displaystyle\sum_{i=1}^{a} \sum_{j=1}^{b} (y_{ij} - \bar{y}_i)^2$,称为误差平方和

$S_{fc} = \displaystyle\sum_{i=1}^{a} \sum_{j=1}^{b} (\bar{y}_i - \bar{y})^2$,称为因子平方和

即　　　　　　　　　　　$S_T = S_e + S_{fc}$

总平方和可以分解为误差平方和与因子平方和,但直接比较仍有困难,原因是 S_e 或 S_{fc} 不仅与变动大小有关而且与数据的个数有关,为此引入均方(又称方差或均方和)的概念。

$$\bar{S} = S/f$$

这里,f 称为自由度,一般情况下,f 为计算相应的 S 值时采用的数据个数减去数据间的约束条件数。

总自由度:

$$f_T = a \cdot b - 1 = n - 1$$

其中 n 为试验总个数。

约束条件　　　　　　$\sum\sum(y_{ij} - \bar{y}) = 0$

误差的自由度　　　　$f_e = a \cdot b - a = n - a$

约束条件　　　　　　$\sum(y_{ij} - \bar{y}_i) = 0$

由于 $i = 1 \sim a$,所以共有 a 个约束条件。

因子的自由度　　　　$f_{fc} = a - 1$

约束条件　　　　　　$\sum(\bar{y}_i - \bar{y}) = 0$

$$f_e + f_{fc} = n - a + a - 1 = n - 1 = f_T$$

即　　　　　　　　　　$f_T = f_e + f_{fc}$

误差的均方　　　　　$\bar{S}_e = S_e/f_e$

因子的均方　　　　　$\bar{S}_{fc} = S_{fc}/f_{fc}$

现在可直接比较：若 $\bar{S}_{\text{fc}}$ 接近 $\bar{S}_e$，效应在误差范围之内；若 $\bar{S}_{\text{fc}}$ 远大于 $\bar{S}_e$，则因子的水平变化产生了效应。可作定量分析，采用 F 分析即方差分析：

$F = \bar{S}_{\text{fc}} / \bar{S}_e$ 服从 $F_\alpha(f_{\text{fc}}, f_e)$ 分布。

查 $F_\alpha(f_{\text{fc}}, f_e)$ 分布的临界值，α 为置信度。如果 $F > F_\alpha(f_{\text{fc}}, f_e)$，若：

$\alpha = 0.01$ 有显著影响   可信度 99%；

$\alpha = 0.05$ 有较大影响   可信度 95%；

$\alpha = 0.10$ 有一定影响   可信度 90%；

$\alpha = 0.20$（或 0.25），只有当 f_e 很小时如 1 或 2，才能认为有一定的影响。否则没有影响，因子效应不显著，在误差范围之内。

第 3 章　常用试验研究方法

　　在科学研究和生产中，经常要做许多试验，试验中所考察的指标一般是受多个因子的影响，要通过试验研究来确定各个因子同时处于最佳状态的试验条件，从而进一步深入研究和指导工业生产。当因子及其水平比较多时，做全面试验从人力、物力、财力及时间等方面来说是不现实的，因此，选择其中的一部分试验条件进行研究，通过试验设计，能较好地反映可能出现的各种情况。即通过少量的试验研究反映出更多的信息，这就是试验设计的目的。试验设计方法在指导生产、科学试验、工程设计中均得到了广泛的应用，并取得了显著的效果。随着科学研究和试验技术的发展，试验设计方法的研究和应用也经历了由经验向科学的发展过程。

　　本章重点叙述有代表性的单因子试验设计、正交试验设计、数学模型和回归试验设计等几种常用的试验研究方法。

3.1　单因子试验设计

　　单因子试验设计法又称网络法，该方法的特点是以各因子和各水平的全面搭配来组织试验，逐一考察各因子的影响规律。通常采用单因子试验，即每次试验只改变一个因子的水平，其他因子的水平保持不变，以考察该因子的影响规律。

　　单因子试验一般有两种情况：

　　①考察某一因子 x 对判据指标 y 的影响规律，即求 $y = f(x)$ 的规律，此时试验因子的水平可按均匀法安排。

　　②不要求了解因子 x 对指标影响规律的全貌，而只要求搜索到使指标 y 为最大或最小值的因子最佳 x 水平。此时可采用优选法安排试验。下面对这两种方法作一简单介绍。

　　（1）均分法

　　均分法安排试验应解决三个问题。

　　①确定因子的试验范围。试验范围（ΔL）是指在试验中因子 x 取值的最大值（L_{max}）与最小值（L_{min}）间的差值，即 $\Delta L = L_{max} - L_{min}$。试验范围应根据试验要求、基础知识、文献资料及个人的工作经验综合确定。一般以常用条件或最佳条件为中心向两端延伸。

　　②确定试验点数和试验间距。因为函数 $y = f(x)$ 可以是直线关系，所以根据具体情况确定试验点数。也可以是曲线关系，如为直线，试验点可安排较少；如果是曲线，根据统计规律，至少安排 5 ~ 6 个点。

　　试验间距（D）等于试验范围（ΔL）除以试验点数 $n - 1$，即 $D = \Delta L / (n - 1)$。试验范围宽，试验点数少，间距太大，容易漏过最优点。试验范围窄，间距太小，不仅工作量增加，而且容易落入误差范围内，影响结果判定。所以应当正确确定试验点数和试验间距。

　　③试验顺序的安排。均分法布置的试验点可以同时进行试验，不必等前一个试验结果出

来再进行下一个试验。当间距太大时，发现最优条件可能在某一范围内，为获得更好的指标，应该在此范围内再安排一组间距较小的试验。如果出现奇异点，应在奇异点两旁安排间距较小的试验，以确定因子对指标的影响规律。

均匀法试验结果应该列成表、绘成图或求出回归方程，以便找出规律性或确定最优值。

（2）优选法

在单因子试验中，若只需找出因子 x 的最适宜值，使试验指标最好，可采用优选法。数学上，就是求极值的问题。

对于单峰函数 $y = f(x)$，若只有一个最高点，则在最高点处，$x = x^*$，$dy/dx = 0$；在最高点之左，$x < x^*$，$dy/dx > 0$；在最高点之右，$x > x^*$，$dy/dx < 0$。对于一般的单峰函数，可按黄金分割法序贯布点试验，即采用 0.618 法安排试验点。比较每次试验结果，然后改变试验范围，使试验范围逐渐缩小，直至找出满足要求的最优点为止。

0.618 法：将第一、二个试验点安排在试验范围内的 0.618 和 0.382 位置上，使两个试验点的点间距之比为 0.382/0.618 = 0.618，以后新加的试验点的点间距与保留点的点间距之比仍维持在上述比例，此法称为 0.618 法，也叫黄金分割法。

3.1.1 完全随机化单因子试验设计

下面以课题 1 作为一个例题，以了解完全随机化单因子试验设计的应用。

课题 1：研究焙烧温度对冀东赤铁矿球团成品球强度的影响。

1）试验准备与试验设计

1）设备选择：用两台 ϕ50 mm 卧式管炉对接，组成焙烧设备，其中一台作为预热、均热用炉，一台作焙烧用炉。

2）试样：由造球试验的结果，确定合适的造球工艺参数，制成直径为 9 ~ 15 mm 的球团，在烘箱中于 (105 ± 5)℃ 干燥 2 h，每次取 20 个球进行等温焙烧试验。

3）焙烧制度：根据经验，确定下述焙烧制度：900℃ 预热 8 min，1200℃ ~ 1350℃ 焙烧 10 min，1000℃ 均热 2 min，炉外冷却至室温，试验气氛为空气气氛。

4）因子、水平和判据

因子：焙烧温度。

水平：四个水平，1200℃，1250℃，1300℃，1350℃。

判据：成品球抗压强度。

重复次数：每水平各做 2 次试验。

5）完全随机法试验设计如表 3 - 1 所示。

表 3 - 1　试验内容与标记

焙烧温度	1200℃	1250℃	1300℃	1350℃
标记	X_{11}，X_{12}	X_{21}，X_{22}	X_{31}，X_{32}	X_{41}，X_{42}

由抽签决定随机化试验顺序如表 3 - 2 所示：

表 3 - 2　随机化试验顺序

试验顺序	1	2	3	4	5	6	7	8
试验	X_{32}	X_{12}	X_{41}	X_{22}	X_{41}	X_{11}	X_{31}	X_{21}

（2）试验及试验结果

试验结果有时又称为响应，用列表的形式表示，试验结果见表 3 - 3。

表 3 - 3　球团焙烧试验结果（10N/个）

标记	焙烧温度/℃	第一次	第二次	平均值
X_1	1200	209	199	204
X_2	1250	241	249	245
X_3	1300	334	364	349
X_4	1350	366	390	378
			总均值	294

（3）数据的分析与处理

1）直观分析法

直观分析可采用列表法和作图法来描述（表 3 - 4，图 3 - 1）。从直观分析中，可以看到球团的抗压强度有随着焙烧温度的升高而升高的趋势。

表 3 - 4　焙烧温度对冀东赤铁矿球团抗压强度的影响

焙烧温度/℃	1200	1250	1300	1350
抗压强度/（10N·个$^{-1}$）	204	245	349	378

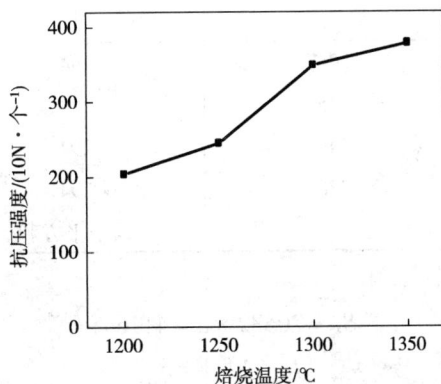

图 3 - 1　焙烧温度对球团强度的影响

2)方差分析

①求误差平方和和自由度(S_e, f_e)。

误差平方和 = 各水平试验的(重复试验值 - 水平均值)^{2}之和(见表3-5)

误差自由度 = 水平数·(重复次数 - 1)

表3-5 S_e 计算表

x_i	y_{ij}	$\bar{y}_i$	$(y_{ij} - \bar{y}_i)^2$
1200	209	204	25
	199		25
1250	241	245	16
	249		16
1300	334	349	225
	364		225
1350	366	378	144
	390		144
		误差平方和	820

$$S_e = 820$$
$$f_e = 4 \times (2 - 1) = 4$$

所以
$$\bar{S}_e = S_e / f_e = 820/4 = 205$$

②求因子平方和和自由度(S_X, f_X)。

因子平方和 = 重复次数 $\times$ [(水平均值 - 总均值)^{2}之和](见表3-6)

因子自由度 = 水平数 - 1

表3-6 S_X 计算表

x_i	$\bar{y}_i$	$\bar{y}$	$(\bar{y}_i - \bar{y})^2$
1200	204	294	8100
1250	245	294	2401
1300	349	294	3025
1350	378	294	7056
		因子平方和	20582

$$S_X = 20582 \times 2 = 41164$$
$$f_X = 4 - 1 = 3$$

所以
$$\bar{S}_X = S_X / f_X = 41164/3 = 13721$$

③求 F 值

$$F_X = \bar{S}_X / \bar{S}_e = 13721/205 = 66.93$$

④查 F 分布表(表 3 – 7)。

表 3 – 7   F 分布表

α	0.01	0.05	0.10
$F_\alpha(3, 4)$	16.69	6.59	4.19

⑤结论:

因为 $$F_X > F_{0.01}(3, 4)$$

所以,焙烧温度对球团抗压强度有非常显著的影响。

方差分析的结果用方差分析表表示(表 3 – 8)。

表 3 – 8   方差分析表

方差来源	S	f	$\bar{S}$	F	显著性
X(焙烧温度)	41164	3	13721	66.93	99%
e(误差)	820	4	205		

3)数据的构造模型

数据的构造模型是根据试验设计提出的假设,完全随机化试验设计的试验数据一般可用表来记录整理(表 3 – 9)。

表 3 – 9   完全随机化单因子试验数据

因子水平	重复试验结果					$\bar{y}_i$(水平均值)
X_1	Y_{11}	Y_{12}	$\cdots$	Y_{1j}	$\cdots$ Y_{1b}	$\bar{y}1$
X_2	Y_{21}	Y_{22}	$\cdots$	Y_{2j}	$\cdots$ Y_{2b}	$\bar{y}2$
$\vdots$	$\vdots$	$\vdots$	$\vdots$	$\vdots$	$\vdots$	$\vdots$
X_i	Y_{i1}	Y_{i2}	$\cdots$	Y_{ij}	$\cdots$ Y_{ib}	$\bar{y}i$
$\vdots$	$\vdots$	$\vdots$	$\vdots$	$\vdots$	$\vdots$	$\vdots$
X_a	Y_{a1}	Y_{a2}	$\cdots$	Y_{aj}	$\cdots$ Y_{ab}	$\bar{y}b$

对于完全随机化单因子试验,其数据构造模型可用下式表达:

$$\mu_i = \bar{y}_i \pm \Delta y = \bar{y} + (\bar{y}_i - \bar{y}) \pm \Delta y$$
$$\mu_i = \bar{y} + \alpha_i \pm \Delta y$$

(3 – 1)

式中: $\bar{y} = \dfrac{1}{ab} \sum\limits_{i=1}^{a} \sum\limits_{j=1}^{b} y_{ij}$ ——总均值;

$\bar{y}_i = \dfrac{1}{b} \sum\limits_{j=i}^{b} y_{ij}$ ——水平均值;

$\alpha_i = \bar{y}_i - \bar{y}$ ——水平效应;

$\Delta y = t_{\alpha/2}(f_e)\sqrt{S_e/b}$——试验精度。

对于所研究的课题：

$$\overline{y} = 294$$

$\overline{y}_i$ 为： $\overline{y}_1 = 204$，$\overline{y}_2 = 245$，$\overline{y}_3 = 349$，$\overline{y}_4 = 378$

α_i 为： $\alpha_1 = -90$，$\alpha_2 = -49$，$\alpha_3 = 55$，$\alpha_4 = 84$

$$\Delta y = t_{\alpha/2}(f_e)\sqrt{S_e/b} = 2.776 \times (205/2)^{1/2} = 28 \left[查 t_{0.025}(4) = 2.776\right]$$

所以 $\mu_1 = 204 \pm 28$ 即（176～232）；

$\mu_2 = 245 \pm 28$ 即（217～273）；

$\mu_3 = 349 \pm 28$ 即（321～377）；

$\mu_4 = 378 \pm 28$ 即（350～406）。

（4）最适宜水平的确定

当方差分析确认因子对判据有影响时，可根据区间估计的结果来确定最适宜水平。从区间估计可以看出，X_4 时球团的抗压强度最高，因此，如果只从试验结果看，以焙烧温度为 1350℃ 最好。

不过造块产品仅仅是一种中间产品，造块试验一方面要考虑造块工艺条件对产品的产量和质量的影响，特别是产品的综合性能，同时也要考虑产品的成本和下一步工序对产品质量的最低要求。对于我们所研究的课题，一般大型高炉要求抗压强度不低于 2500 N/个，中型高炉为 2000 N/个左右，小型高炉 1500 N/个左右，因此最适宜水平的决定应根据综合经济技术要求作出。

3.1.2 随机区组单因子试验设计

下面以课题 2 作为一个例题，以了解随机区组单因子试验设计的应用。

课题 2：在带式烧结机上，研究焦粉用量对烧结生产率的影响。

（1）试验设计

1）试验方法

在维持烧结机正常生产的条件下，仅改变混合料的焦粉用量，研究焦粉用量对烧结生产率的影响，每次试验为一个班的时间，以班平均生产率表示试验结果。

2）试验的因子、水平和判据

因子：焦粉用量；

水平：3.5%，4.0%，4.5%（三水平）；

判据：烧结生产率。

重复次数：每水平各做三次试验。

3）随机区组单因子试验设计

对于所研究的课题，要进行九次试验。当然，我们可以考虑采用完全随机化单因子试验设计，但是，如果考虑到试验要历时三天，那么，在这三天中，原材料的供应是否发生波动？试验交给三个班操作，每一个班的操作水平是否存在差异？同时，三个班又各有白班、中班、晚班之分，这些是否会给试验带来影响？如果考虑这些因素可能有较大的影响，那么我们可以将这些因素作为"区组因子"来看待，采用随机区组试验设计、拉丁方试验设计或者按多因子试验设计考虑。在区组因子较多的情况下，按多因子试验设计考虑是合理的。对于所研究的课题，可考虑采用随机区组试验设计，为了避免烧结原料供应的波动，可以将原料一次准备好，对于班组和班次则作为一个区组因子来考虑，各班的试验顺序则随机确定，构成随机区组试验设计(见表 3 − 10)。

表 3 − 10　区组因子与试验因子

区组因子(X_2)	试验因子(X_1)		
甲班(晚班)	3.5	4.0	4.5
乙班(中班)	4.0	3.5	4.5
丙班(白班)	4.0	4.5	3.5

* 各班三次试验顺序随机。

(2)试验与试验结果

按随机区组试验设计试验的结果，水平均值和总均值计算的结果整理成表(表 3 − 11)。

表 3 − 11　焦粉用量对烧结生产率的影响

区组因子/X_2 班组(上班时间)	试验因子：(焦粉用量 X_1/%)			$\bar{y}_{2j}$
	3.5	4.0	4.5	
甲班(晚班)	1.26	1.38	1.25	1.297
乙班(中班)	1.33	1.49	1.38	1.40
丙班(白班)	1.31	1.42	1.33	1.35
$\bar{y}_{1i}$	1.30	1.43	1.32	$\bar{y} = 1.35$

(3)数据的分析与处理

1)直观分析法

对试验结果进行处理，其结果示如表 3 − 12 和图 3 − 2 中。

表 3 − 12　焦粉用量对生产率的影响

焦粉用量/%	3.5	4.0	4.5
烧结生产率/($t \cdot m^{-2} \cdot h^{-1}$)	1.30	1.43	1.32

从试验结果我们可以看出，焦粉用量对烧结生产率的影响，在试验范围内是极大值特征，以焦粉用量为 4.0% 时生产率较高。

2)方差分析

对于随机区组试验结果的方差分析，可按下列步骤进行：

①求总平方和(S_T)和总的自由度(f_T)。

$$总平方和 = (各试验值 − 总均值)^2 之和$$

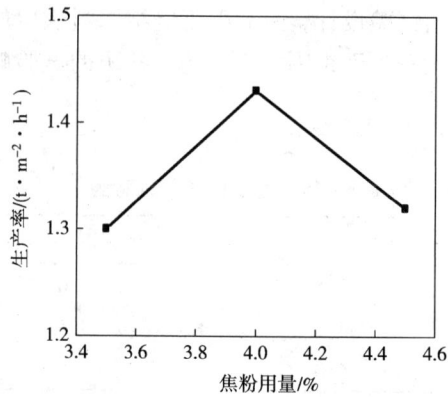

图 3-2　焦粉用量对生产率的影响

总的自由度 = 总的试验次数 - 1

计算结果见表 3-13。

$$S_T = 0.0473$$

$$f_T = 9 - 1 = 8$$

②求因子 X_1 平方和 S_1 和自由度 f_1，以及因子 X_2 平方和 S_2 和自由度 f_2。

因子平方和 = 重复次数 × [（水平均值 - 总均值）² 之和]

因子自由度 = 水平数 - 1

计算结果见表 3-14 和表 3-15。

$$S_1 = 3 \times 0.0098 = 0.0294$$

$$f_1 = 3 - 1 = 2$$

$$\overline{S}_1 = 0.0147$$

$$S_2 = 3 \times 0.0053 = 0.0159$$

$$f_2 = 3 - 1 = 2$$

$$\overline{S}_2 = 0.00795$$

表 3-13　S_T 计算表

x_1	x_2	y_{ij}	$\overline{y}$	$(y_{ij} - \overline{y})^2$
3.5	甲班	1.26	1.35	0.0081
4.0	甲班	1.38	1.35	0.0009
4.5	甲班	1.25	1.35	0.01
3.5	乙班	1.33	1.35	0.0004
4.0	乙班	1.49	1.35	0.0196
4.5	乙班	1.38	1.35	0.0009
3.5	丙班	1.31	1.35	0.0016
4.0	丙班	1.42	1.35	0.0049
4.5	丙班	1.32	1.35	0.0009

表 3 – 14 S_{X_1} 计算表

x_1	$\bar{y}_1$	$\bar{y}$	$(\bar{y}_1 - \bar{y})^2$
3.5	1.30	1.35	0.0025
4.0	1.43	1.35	0.0064
4.5	1.32	1.35	0.0009
		S_{X_1}	0.0098

表 3 – 15 S_{X_2} 计算表

x_2	$\bar{y}_2$	$\bar{y}$	$(\bar{y}_2 - \bar{y})^2$
甲班	1.297	1.35	0.0028
乙班	1.40	1.35	0.0025
丙班	1.35	1.35	0.00
		S_{X_2}	0.0053

③求误差平方和(S_e)和误差自由度(f_e)。

$$S_e = S_T - S_1 - S_2 = 0.0473 - 0.0294 - 0.0159 = 0.0020$$
$$f_e = f_T - f_1 - f_2 = 8 - 2 - 2 = 4$$
$$\bar{S}_e = 0.0020/4 = 0.0005$$

④计算 F 值。

$$F_1 = \bar{S}_1/\bar{S}_e = 0.0147/0.0005 = 29.4$$
$$F_2 = \bar{S}_2/\bar{S}_e = 0.00795/0.0005 = 15.9$$

⑤查 F 分布表。

表 3 – 16 $F_\alpha(2, 4)$ 值

α	0.01	0.05	0.10
$F_\alpha(2, 4)$	18.0	6.94	4.3

⑥结论(表 3 – 12)。

因为

$$F_1 > F_{0.01}(2, 4)$$

所以,焦粉用量对烧结生产率有非常明显的影响。

又因为

$$F_2 > F_{0.05}(2, 4)$$

所以,各班组的操作有比较明显的差异,不过这种差异可能与操作水平有关,也可能与白、中、晚班有关。

表 3 - 17　方差分析表

方差来源	S	f	$\overline{S}$	F	显著性
X_1(焦粉用量)	0.0294	2	0.0147	29.4	99%
X_2(区组因子)	0.0159	2	0.00795	15.9	95%
e(误差)	0.0020	4	0.0005		

3)数据的构造模型

当随机区组试验的数据用表 3 - 13 表示时,类似于完全随机化试验数据构造模型,我们可以得到随机区组的构造模型:

$$\mu_{ij} = \overline{y} + \alpha_i + \beta_j \pm \Delta y \qquad (3 - 2)$$

式中:$\overline{y}$——总均值;

$\quad \alpha_i = \overline{y}_i - \overline{y}$——因子的效应;

$\quad \beta_j = \overline{y}_j - \overline{y}$——区组因子的效应;

$\quad \Delta y = t_{\alpha/2}(f_e)\sqrt{S_e/b}$——试验精度。

很明显,采用随机区组法已将区组效应从误差中分离出来,这时

$$\mu_i = \overline{y} + \alpha_i \pm \Delta y$$

在课题 2 中

$$\Delta y = t_{0.05/2}(4)\sqrt{0.0005/3} = 0.036 \approx 0.04 \quad [t_{0.05/2}(4) = 2.776]$$

所以　$\mu_1 = 1.30 \pm 0.04$,即$(1.26 \sim 1.34)$;

$\quad\quad \mu_2 = 1.43 \pm 0.04$,即$(1.39 \sim 14.7)$;

$\quad\quad \mu_3 = 1.32 \pm 0.04$,即$(1.28 \sim 1.86)$。

4)结论

①焦粉用量对烧结生产率有明显影响,试验表明,焦粉用量为 4.0 时生产率最高。

②三个班的操作水平有明显的差异,操作水平差的班应分析原因,尽可能提高操作水平。

如果不分离开系统误差,则:

$$S_e = S_T - S_1 = 0.0473 - 0.0294 = 0.0179$$

$$f_e = f_T - f_1 = 8 - 2 = 6$$

$$\overline{S}_e = 0.00298$$

$$F_1 = \overline{S}_1/\overline{S}_e = 0.0147/0.00298 = 4.93$$

$$\Delta y = 2.447 \times (0.00298/3)^{1/2} = 0.077 \approx 0.08$$

表 3 - 18　方差分析表

方差来源	S	F	$\overline{S}$	F	显著性
X_1	0.0294	2	0.0147	4.93	90%
e	0.0179	6	0.00298		

表 3 – 19　$F_\alpha(2, 6)$ 值

α	0.01	0.05	0.10	0.25
$F_\alpha(2, 6)$	10.92	5.14	3.46	1.76

可以明显地看到，方差分析的显著性降低，试验精度变差。

3.2　正交试验设计

对复杂的问题进行研究的过程中，往往涉及到多个因子和水平。这些因子和水平是互相交织在一起的。要寻求最优的生产条件，就必须对各种因子及各因子的不同水平进行试验，这就是多因子的试验问题。在新技术、新工艺的开发中，常会遇到这样的问题，如选用什么样的设计参数才能达到各项质量指标要求？选用什么样的工艺方案才能使产品制造优质、高产和低耗？怎样改变生产条件才能革新技术等。诸如此类的问题往往要通过各种各样的试验来确定。

正交试验设计(orthogonal experimental design)是研究多因子多水平的一种设计方法。根据正交性，从全面试验中挑选出部分有代表性的点进行试验，这些有代表性的点具备了"均匀分散、整齐可比"的特点，正交试验设计是分析因式设计的主要方法。自从 20 世纪 60 年代日本统计学家田口玄一将正交试验选择的水平组合列成整齐的表格——正交表之后，其应用更加广泛。如今的正交试验设计主要是通过利用正交表来对试验进行整体设计、综合比较和统计分析，实现通过少数的试验次数找到较好的生产条件，以达到最优的生产工艺效果。正交表能够在因子变化范围内均衡安排试验，使每次试验都具有较强的代表性。由于正交表具备均衡分散的特点，保证了全面试验的某些要求，这些试验往往能够较好或更好地达到试验的目的，这样就大大减少了工作量。正交试验设计是一种高效率、快速、经济的试验设计方法，在很多领域的研究中已经得到广泛应用。

正交试验是利用正交表来安排试验和分析试验数据的。在实际应用中，对于多因子多水平的试验，安排全面试验是不现实的。在造块试验研究中，需要研究的影响因子往往是很多的。我们选择其中一部分组合，利用正交表安排试验，使得试验次数不多，且得到比较满意的效果。所以，正交表的设计显得尤为重要。

正交试验设计法，是使用已经制好了的表格——正交表，来安排试验并进行数据分析的一种方法。附录 6 中有一些常见的正交表。

总的来说，正交试验设计主要有这样的特点：①完成试验要求所需的实验次数少；②数据点的分布很均匀；③可用相应的极差分析方法、方差分析方法、回归分析方法等对试验结果进行分析，引出许多有价值的结论。

3.2.1　正交表的构造及其特征

正交表是一系列规格化的表格，每个表都有一个记号，如 $L_8(2^7)$，$L_9(3^4)$ 等。

(1)表名的意义

我们以 $L_8(2^7)$ 表为例来说明：

$L_8(2^7)$

———— 表中有7列表示该表最多可安排7个因子。

———— 列的水平数，表中"1"、"2"等数字为水平的编号。对于$L_8(2^7)$，列有两个水平，即该表为两水平正交表。

———— 表中有8行，表示使用该表必须安排8个试验。

———— 正交表

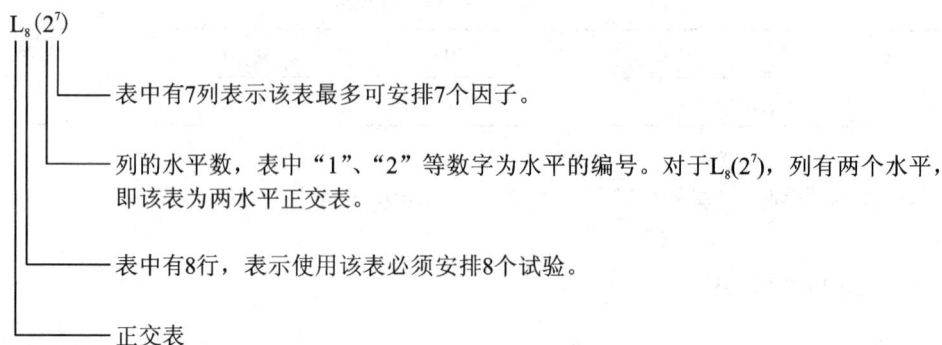

一般地说对于$L_n(a^K)$各参数间有下面的关系式：

$$n - 1 = K(a - 1) \qquad (3 - 3)$$

式中：$n - 1$——总的自由度f_T。

对应地我们称$a - 1$为列的自由度：

$$f_{列} = a - 1 \qquad (3 - 4)$$

或列的自由度 = 列的水平数 － 1。

因此上式也可写成$f_T = \sum f_{列}$。

表3－20就是$L_8(2^7)$的正交表，L表示正交表；8是正交表的行数，表示需要做的试验次数；7是正交表的列数，表示最多可以安排因素的个数；2是因子的水平数，表示此表可以安排二水平的试验。同样，表3－21表示$L_9(3^4)$的正交表，9代表正交表有9行，需要做9次实验；4代表有4列，最多可以安排4个因素；3代表可以安排三水平试验。

常用的二水平表有$L_4(2^3)$，$L_8(2^7)$，$L_{16}(2^{15})$及$L_{32}(2^{31})$，三水平表有$L_9(3^4)$，$L_{18}(3^7)$，$L_{27}(3^{13})$，$L_{33}(3^{13})$，四水平表有$L_{16}(4^5)$，五水平表有$L_{25}(5^6)$等。

表3－20　正交表 $L_8(2^7)$

试验号 \ 列号	1	2	3	4	5	6	7
1	1	1	1	1	1	1	1
2	1	1	1	2	2	2	2
3	1	2	2	1	1	2	2
4	1	2	2	2	2	1	1
5	2	1	2	1	2	1	2
6	2	1	2	2	1	2	1
7	2	2	1	1	2	2	1
8	2	2	1	2	1	1	2

表 3 – 21　正交表 $L_9(3^4)$

列号 试验号	1	2	3	4
1	1	1	1	1
2	1	2	2	2
3	1	3	3	3
4	2	1	2	3
5	2	2	3	1
6	2	3	1	2
7	3	1	3	2
8	3	2	1	3
9	3	3	2	1

（2）表内数字和正交表的特征

表内的数字，是具体因子不同水平的代号。一般地说，同一列内相同的数字，代表相同的水平，相同数字的个数，即为该因子在该水平的重复次数，不过这种重复不是单因子试验中的单一重复而是在多因子的不同水平组合中的重复。仔细分析这些数字，我们可以发现正交表的特征。

①均衡分散性。正交表的均衡分散性，主要是指各因子不同水平间的搭配是均衡的，表现在表内的数字上，为每一列中各数字出现的次数都一样多，任意两列所构成的有序数字对出现的次数也一样多。这些特征能保证各因子不同水平间的搭配既没有重复也没有遗漏。

②整齐可比性。可比性指因子各水平间能进行比较，以判断各水平的优劣。正因为正交表是均衡搭配的，因此，对一个因子的不同水平来说，虽然其他因子的各水平组合不同，但平均地看，却有完全相同的条件，从而保证了该因子各水平间具有可比性。

正交表 $L_8(2^7)$ 有 8 行 7 列，由数字"1"和"2"组成。它有两个特点：①每列都有 4 个"1"和 4 个"2"，即每种数字出现的概率相等；②任意两列中，横行方向形成的 8 对数字中，(1，1)、(1，2)、(2，1)和(2，2)恰好各出现两次，即任意两列间数字"1"和"2"的搭配是均衡的。

正交表 $L_9(3^4)$ 有 9 行 4 列，由数字"1"、"2"和"3"组成。它也有两个特点：①每列都由 3 个"1"，3 个"2"和 3 个"3"组成，即每种数字出现的概率相等；②任意两列，横行方向形成的 9 对数字中，(1，1)、(1，2)、(1，3)、(2，1)、(2，2)、(2，3)、(3，1)、(3，2)和(3，3)恰好各出现一次，即任意两列间数字"1"、"2"和"3"的搭配是均衡的。其他一些常用的正交表都在附表 6 中可以查到。它们也有概率均等和搭配均衡的特点，这些特点就是正交表的正交性。

（3）交互作用列及其自由度

如果两因子间存在交互作用，其交互作用的自由度为两因子自由度的乘积：

$$f_{A \times B} = f_A \times f_B$$

用正交表进行试验设计，列被用来安排因子，当因子间有交互作用时，列也可用来安排交互作用，未安排因子和交互作用的列，则用来估计误差。当一个正交试验设计完成后，这些对应的列我们可分别称之为因子列、交互作用列和误差列。由于正交表是根据某些数学原则制定的表，因此因子列和相应的交互作用列之间必然存在相关关系。这种关系在每一个正交表的下方用文字或交互作用表来表示。

从自由度的角度考虑，对水平数为 a 的正交试验，因为

$$f_{列} = a - 1$$
$$f_{因} = a - 1$$
$$f_{A \times B} = f_A \times f_B = (a-1) \cdot (a-1) \qquad\qquad (3-5)$$

因此，一个因子所占的列数为 $f_{因}/f_{列} = 1$，即一个因子占一列，与水平数无关。而两因子间的交互作用列数为 $f_{A \times B}/f_{列} = a - 1$，这就是说交互作用所占的列数与因子水平数有关，对两水平试验，两因子间的交互作用列为 1 列，三水平试验为 2 列，四水平试验为 3 列……这一点在使用正交表时应予充分注意。

3.2.2 正交表的使用

我们用 $L_n(a^k)$ 来表示的正交表安排试验时，则每个因子的水平数为 a，最多可安排 k 个因子，要做 n 次试验。

选择正交表的原则，应当是被选用的正交表的因子数与水平数等于或大于要进行试验考察的因子数与水平数，并且要使试验次数最少。例如，要进行 3 因子 2 水平的试验，当然选用 $L_4(2^3)$ 表最理想。但是要进行 5 因子二水平仍用 $L_4(2^3)$ 就放不下 5 个因子了，即使有两个因子是空列，也只能选用 $L_8(2^7)$ 表了。

正交表的使用按下列顺序进行：

(1)确定因子和因子水平

在选择因子时应尽可能优先考虑对判据影响较大的因子。因子的水平间距宜适当大一些，水平数尽可能少且各因子水平数尽可能相同，以便于选择一般正交表。当因子和因子水平确定后，可用字母 A, B, C, …或 X_1, X_2, X_3, …标记因子，因子水平则采用随机化进行编号，以便与正交表中的水平号相对应，选择处理的结果以表格形式给出。

(2)选择正交表

正交表的选择，在各因子水平数相同时，首先考虑正交表的水平数，如二水平表、三水平表等，当各因子的水平数不同时，可考虑采用拟水平法、拟因子法等正交设计方法来解决。正交表的每一列只能安排一个内容，因此，正交表的大小应能保证试验的因子和对应的交互作用在正交表中有确定的位置。即列的数量大于因子和对应的交互作用所需列的数量之和。

(3)表头设计

表头设计的目的，是将所有因子和考虑到的两因子间的交互作用安排在正交表的各列中。不允许一列安排两个内容，即不允许混杂现象的出现。未安排因子和两因子间交互作用的列，实质上是三个或更多个因子间的交互作用列，通常不予考虑，作为误差列看待。应该指出的是，这种误差与重复试验的误差是有区别的，只有这种误差在重复试验的误差范围之内，才可以作为误差看待。不过，一般认为两个因子间的交互作用出现的可能性不太多，三个或更多个因子间的交互作用是很少见的，因此，将三个或更多个因子间的交互作用列作为误差看待是可行的。表头设计的结果也用表格形式给出。

(4)试验计划

将因子水平对应编号的实际值填入正交表中安排的对应因子列中，就可以得到正交设计

的试验计划。这时，正交表中每一行的具体数据给出了每个试验的具体条件，因为交互作用是随因子而确定的，因此，在试验计划中不必再列出交互作用列，试验计划完成后，可将试验结果整理列入试验计划表中。

（5）统计分析

正交设计试验结果的统计分析是按列来进行的，按列依次求出下列数据。

列的水平均值：对与列的相同编号对应的数据求均值。

水平均值的极差：最大水平均值 − 最小水平均值。

水平均值的偏差平方和：重复次数 × [（水平均值 − 总均值）^{2} 之和]。

列的自由度：水平数 −1。

当上述计算完成后，将相同内容的列的平方和与自由度合并（相加）构成该内容的总平方和与总自由度，例如，误差有 5 列，则将这 5 列合并构成误差的平方和与自由度。对等水平正交表，因子只占一列，因此不存在合并问题。但两因子间的交互作用，占有（水平数 −1）列，因而也可能存在合并问题。

（6）因子交互作用的二元表

如果两因子间存在交互作用，则应求出两因子不同水平搭配时的判据均值，以比较不同搭配时的结果。其方法类似于列的水平均值的求法，但是与两因子列相同组合相对应的数据求均值。

（7）确定适宜因子的水平组合和相应组合下可能的结果

通过上述分析，能正确的判定各因子对判据的影响程度，因子处于什么水平最适宜，也就是说可以确定适宜的因子水平组合。不过这一组合可能进行过试验，也可能没有试验过。对于前者，可直接从试验结果中找到适宜因子组合下可能取得的结果，对于后者，则可通过工程平均的计算来估计可能取得的结果。

工程平均 = 总均值 + 各显著因子的水平效应
+ 各显著因子交互作用的水平效应 ± 变动半径（试验精度）

变动半径按下列求出：

$$\Delta y = \sqrt{F_{\alpha}(1, f_e) \times \bar{S}_e / n_e}$$

式中：n_e = 数据总个数/（1 + 显著因子和交互作用自由度之和）。

本节将给出两个等水平正交表应用的实例来描述正交表使用的方法，不同水平的正交表的运用可参阅有关资料。下面以课题 3 来示例正交表使用步骤。

课题 3：研究烧结混合料水分、配碳量和料层高度对烧结矿强度的影响。

（1）确定因子、水平和判据

通常因子和水平根据课题的要求，专业知识和试验经验确定后以列表的方式给出。本研究决定采取三因子两水平试验，正交表中的列水平只是一种顺序的编号不具有数值特征，它们与实际水平值之间的对应关系应该是随机的。见表 3 − 22。

判据：转鼓强度（ +6.3 mm，% ）。

（2）考虑两因子间的交互作用

两因子间的交互作用是否存在，完全由专业知识和试验经验所决定，当不能肯定时，则必须考虑因子间的交互作用。

表 3 – 22　试验因子和水平

因子	焦粉用量/%	料层高度/mm	水分/%
标记	A	B	C
1 水平	4.6	650	7.5
2 水平	3.8	550	6.5

（3）正交表的选择

对于本研究的课题，如果不考虑交互作用，可以采用 $L_4(2^3)$ 正交表，3 个因子可随意安排在不同的 3 列中；当考虑所有的交互作用时，则交互作用的个数为 P 个因子中取两个因子组合：$P(P-1)/2$，$P=3$ 时，$P(P-1)/2=3$，即 $A\times B$，$A\times C$，$B\times C$ 3 个交互作用因子，这些交互作用所占的列数为：$[P(P-1)/2]\cdot(a-1)$。当 $P=3$，$a=2$ 时为 3 列，因子需 3 列，故可以采用 $L_8(2^7)$ 正交表。一般而言，P 因子 a 水平试验所需正交表的列数：

$$P+[P(P-1)/2]\cdot(a-1) \tag{3-6}$$

分析表明减少水平数和交互作用数对减小试验工作量十分明显。

对于所研究的课题，考虑所有的交互作用，采用 $L_8(2^7)$ 正交表。

（4）表头设计

表头设计，实际上就是确定因子和因子的交互作用在正交表中所占的列的位置。一般说最先排入的两个因子可以是随意的，但习惯上多排入第 1 列和第 2 列。当这两个因子所占的列确定后，通过查交互作用表，确定其交互作用列的位置。一个交互作用占据的列，不能再排入其他因子或交互作用，否则会产生"混杂"现象，即在以后的分析中，这一列所产生的效应无法区分是由谁所引起的。

完成上一步后再排入第三个因子，并确定该因子与最先排入的两个因子间的交互作用列。进一步排入第四个因子……直至所有因子和交互作用列确定，余下的列则作为误差列。

①将因子 A 和 B 排入第 1 列和第 2 列。

②查交互作用表，在横行的列号中找到"2"，在竖列的列号中找到"1"，其对应的数字"3"即为交互作用 $A\times B$ 的列号。

③将因子 C 排入第四列。

④按第二步的方法，查到交互作用 $A\times C$ 的列号（第 5 列）和 $B\times C$ 的列号（第 6 列）。

⑤未排交互作用和因子的空白列为第 7 列，作为误差列。

我们来看采用 $L_8(2^7)$ 正交表的排入顺序，如表 3 – 23。

表 3 – 23　$L_8(2^7)$ 正交表的排入顺序

列号	1	2	3	4	5	6	7
第一步	A	B					
第二步			$A\times B$				
第三步				C			
第四步					$A\times C$	$B\times C$	
第五步							误差(e)

按上述步骤，我们得到 $L_8(2^7)$ 表的表头设计：

表 3-24 $L_8(2^7)$ 表的表头设计

列号	1	2	3	4	5	6	7
标记	A	B	$A \times B$	C	$A \times C$	$B \times C$	e

事实上，只要不产生因子和交互作用列之间的混杂，对同一课题，可采用的表头设计不止一种，例如下面的一些方案均可采用。

表 3-25 $L_8(2^7)$ 表的表头设计

列号	1	2	3	4	5	6	7
方案1	e	$B \times C$	A	$A \times B$	C	$A \times C$	B
方案2	C	e	$A \times B$	$A \times C$	A	B	$B \times C$
方案3	A	$A \times C$	C	$B \times C$	e	$A \times B$	B

(5)试验和试验结果

当表头设计完成以后，就可以将各因子对应编号的水平填入表内。对于交互作用列和误差列，在具体试验时不必考虑，而由正交表自行完成。

表 3-26 是 $L_8(2^7)$ 正交表，将第 1 列、第 2 列、第 4 列各因子的相应水平填入表内，构成试验计划(表 3-27)。

关于同一因子不同水平的比较，对焦粉用量而言，当焦粉用量不变时，料层高度和水分是变化的，但由于正交表的均衡分散性，当焦粉用量为 4.6% 时，平均料高为 600 mm，平均水分为 7.0%，当焦粉用量为 3.8% 时料高和水分的平均值也分别为 600 mm 和 7.0%。因此对焦粉用量来说，相当于一个料高 600 mm，水分 7.0% 的二水平，重复次数为 4 的单因子试验，从而可对焦粉用量的两个水平作出比较，同样也能对料层高度和水分的两个水平作出比较。这就是正交表的整齐可比性。

表 3-26 $L_8(2^7)$ 正交表

试验号	1 A	2 B	3 $A \times B$	4 C	5 $A \times C$	6 $B \times C$	7 e
1	1	1	1	1	1	1	1
2	1	1	1	2	2	2	2
3	1	2	2	1	1	2	2
4	1	2	2	2	2	1	1
5	2	1	2	1	2	1	2
6	2	1	2	2	1	2	1
7	2	2	1	1	2	2	1
8	2	2	1	2	1	1	2

表 3 – 27　试验计划

试验号	列号与对应的因子		
	1	2	4
	A(焦粉用量)	B(料层高度)	C(水分)
1	4.6	650	7.5
2	4.6	650	6.5
3	4.6	550	7.5
4	4.6	550	6.5
5	3.8	650	7.5
6	3.8	650	6.5
7	3.8	550	7.5
8	3.8	550	6.5

当试验计划完成后，试验按完全随机化进行。完成试验后，将试验数据整理成表 3 – 28。

表 3 – 28　焦粉用量，料高和水分对烧结矿强度的影响

试验号	焦粉用量/%	料高/mm	水分/%	转鼓强度 +6.3 mm/%
1	4.6	650	7.5	65
2	4.6	650	6.5	62
3	4.6	550	7.5	60
4	4.6	550	6.5	61
5	3.8	650	7.5	64
6	3.8	650	6.5	59
7	3.8	550	7.5	57
8	3.8	550	6.5	58

(6)统计分析

正交表的统计分析，是将列看成一组单因子试验来进行分析，因此，正交表的统计分析简明而易于掌握。

1)直观分析

直观分析按下列步骤进行：

①将试验结果与各列的水平编号一一对应，求各列的水平均值。

表 3 - 29　各列水平编号与试验结果的对应关系

试验号	1 A	2 B	3 A×B	4 C	5 A×C	6 B×C	7 e	转鼓强度 +6.3 mm/%
1	1	1	1	1	1	1	1	65
2	1	1	1	2	2	2	2	62
3	1	2	2	1	1	2	2	60
4	1	2	2	2	1	1		61
5	2	1	2	1	2	1	2	64
6	2	1	2	2	1	2	1	59
7	2	2	1	1	2	2	1	57
8	2	2	1	2	1	1	2	58

第一列：与"1"水平对应的数据为 65，62，60，61，$\bar{y}_{11} = (65 + 62 + 60 + 61)/4 = 62.0$
　　　　与"2"水平对应的数据为 64，59，57，58，$\bar{y}_{12} = (64 + 59 + 57 + 58)/4 = 59.5$
第二列：与"1"水平对应的数据为 65，62，64，59，$\bar{y}_{21} = (65 + 62 + 64 + 59)/4 = 62.5$
　　　　与"2"水平对应的数据为 60，61，57，58，$\bar{y}_{22} = (60 + 61 + 57 + 58)/4 = 59.0$
第三列：与"1"水平对应的数据为 65，62，57，58，$\bar{y}_{31} = (65 + 62 + 57 + 58)/4 = 60.5$
　　　　与"2"水平对应的数据为 60，61，64，59，$\bar{y}_{32} = (60 + 61 + 64 + 59)/4 = 61.0$
第四列：与"1"水平对应的数据为 65，60，64，57，$\bar{y}_{41} = (65 + 60 + 64 + 57)/4 = 61.5$
　　　　与"2"水平对应的数据为 62，61，59，58，$\bar{y}_{42} = (62 + 61 + 59 + 58)/4 = 60.0$
第五列：与"1"水平对应的数据为 65，60，59，58，$\bar{y}_{51} = (65 + 60 + 59 + 58)/4 = 60.5$
　　　　与"2"水平对应的数据为 62，61，64，57，$\bar{y}_{52} = (62 + 61 + 64 + 57)/4 = 61.0$
第六列：与"1"水平对应的数据为 65，61，64，58，$\bar{y}_{61} = (65 + 61 + 64 + 58)/4 = 62.0$
　　　　与"2"水平对应的数据为 62，60，59，57，$\bar{y}_{62} = (62 + 60 + 59 + 57)/4 = 59.5$
第七列：与"1"水平对应的数据为 65，61，59，57，$\bar{y}_{71} = (65 + 61 + 59 + 57)/4 = 60.5$
　　　　与"2"水平对应的数据为 62，60，64，58，$\bar{y}_{72} = (62 + 60 + 64 + 58)/4 = 61.0$
②求 $\Delta \bar{y}_i = \bar{y}_{i1} - \bar{y}_{i2} (i = 1, 2, \cdots, 7)$，计算结果如表 3 - 30 所示。

表 3 - 30　列的水平均值与极差

列(i)	1	2	3	4	5	6	7
标记	A	B	A×B	C	A×C	B×C	e
内容	焦粉用量	料高		水分			误差
$\bar{y}_{i1}$	62.0	62.5	60.5	61.5	60.5	62.0	60.5
$\bar{y}_{i2}$	59.5	59.0	61.0	60.0	61.0	59.5	61.0
$\Delta \bar{y}_i$	2.5	3.5	-0.5	1.5	-0.5	2.5	-0.5

③因子对判据的影响程度和最适宜条件的确定。对试验结果进行直观分析，判断因子与因子间交互作用是否有影响，可以由对应的 $\Delta \bar{y}_i$ 的绝对值与误差列进行比较获得初步结论。如果两者接近，则可认为因子或交互作用对试验效果没有影响。这时可将这些没有影响的列合并到误差一起，并求合并列的平方和之和以及相对应的误差列自由度之和，从而提高了分析判断的精度。当同一交互作用所占的列或误差所占的列不只一列时，则先求其列的均值，然后再进行比较。很显然，两者相差越大，则其对判据的影响也就越大。对于课题 3，分析试验结果，由于

$$|\Delta \bar{y}_B| > |\Delta \bar{y}_A| = |\Delta \bar{y}_{B \times C}| > |\Delta \bar{y}_C| > |\Delta \bar{y}_{A \times B}| = |\Delta \bar{y}_{A \times C}| = |\Delta \bar{y}_e|$$

因此，我们可以认为因子 A 与因子 B 或 C 间没有交互作用，对判据影响的程度依次为：

$$B \to A(B \times C) \to C$$

即料层高度对烧结矿强度有较大的影响，次之为焦粉用量和水分。且料高和水分之间有交互作用。

为了了解交互作用影响的情况，通常作二元表。二元表通过两因子间不同水平组合时对判据的均值进行比较，以确定因子互相影响的情况，并确定最佳的水平组合(表 3 – 31)。

表 3 – 31　二元表

B　　　C	1 水平	2 水平
1 水平	$(65 + 64)/2 = 64.5$	$(62 + 59)/2 = 60.5$
2 水平	$(60 + 57)/2 = 58.5$	$(61 + 58)/2 = 59.5$

在多因子试验中，最佳工艺条件是指因子间的最佳水平组合，当因子对判据没有影响时，可任取一个水平或取一个经济一些的水平。当因子对判据有影响时，则尽可能取判据好一些的水平，有交互作用的因子，由二元表综合确定因子的组合。根据这些原则，本试验的结果表明，烧结矿强度是越高越好，因此认为，最佳的工艺条件为 $A_1 B_1 C_1$，即在焦粉 4.6%，料高 650 mm，水分 7.5% 能取得较好的强度指标，即第一号试验的试验结果。本试验考虑了所有因子间的交互作用，因而是全面试验，其最佳条件是进行过的试验。当不考虑所有的交互作用时，我们称之为正交试验的部分实施。例如 (1/2)实施，(1/4)实施……这时，最佳条件有可能是在正交试验中未作过的试验，可由"工程平均"来对结果进行估计，并通过一次最佳条件的试验来验证试验的结果，这一点我们在以后的例题中给予说明。

为了使试验结果更加明朗，通常将结果绘制成直观分析图(图 3 – 3)。

2)方差分析

正因为正交表的整齐可比性，使正交表的列具有单因子试验的特征。因此正交表的方差分析可按列进行，计算列的平方和就是该列所标记内容的平方和，列的自由度即为该列所示内容的自由度。当数列的内容相同时，则这些列的平方和之和与自由度之和就是所示内容的总平方和与自由度。

如同单因子检验中因子平方和一样，当水平数为 a 时，第 i 列的平方和 S_i 为：

$$S_i = (n/a) \sum_{j=1}^{a} (\bar{y}_{ij} - \bar{y})^2$$

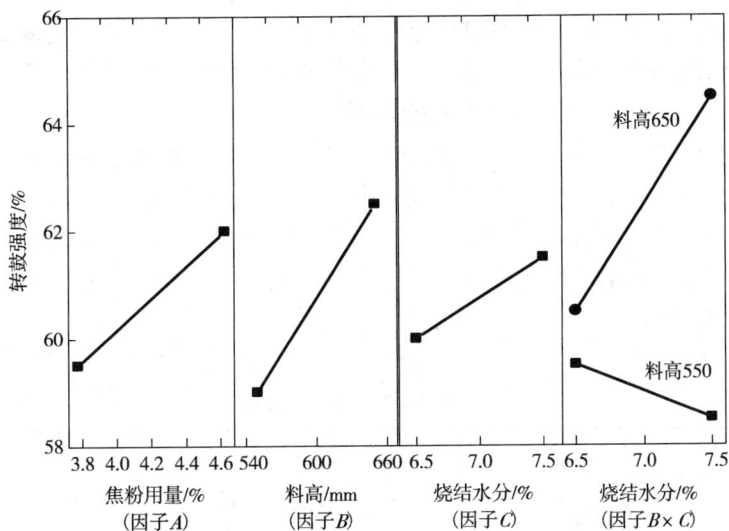

图 3-3　各因子对烧结矿强度影响的直观分析图

即：$S_{列}$ = 重复次数 × [（列的水平均值 - 总均值）^{2} 之和]

方差分析的步骤如下：

①求总均值 $\bar{y} = \dfrac{1}{n}\sum\limits_{k=1}^{n} y_k$ 和各列水平均值 $\bar{y}_{ij}$。

$$\bar{y} = \frac{1}{n}\sum_{k=1}^{n} y_k = (1/8)(65 + 62 + 60 + 61 + 64 + 59 + 57 + 58) = 60.75$$

$\bar{y}_{ij}$ 为第 i 列第 j 水平之均值，计算方法同直观分析法。

②求列平方和和自由度。

第一列：$S_1 = 4[(62 - 60.75)^2 + (59.5 - 60.75)^2] = 12.5, f_1 = 2 - 1 = 1$

第二列：$S_2 = 4[(62.5 - 60.75)^2 + (59.0 - 60.75)^2] = 24.5, f_2 = 2 - 1 = 1$

………………

第七列：$S_7 = 4[(60.5 - 60.75)^2 + (61.0 - 60.75)^2] = 0.5, f_7 = 2 - 1 = 1$

计算结果以表的形式给出（表 3-32）。

表 3-32　$L_8(2^7)$ 表的统计分析

列（i）	1	2	3	4	5	6	7
标记	A	B	$A \times B$	C	$A \times C$	$B \times C$	e
内容	焦粉用量	料高		水分			误差
$\bar{y}_{i1}$	62.0	62.5	60.5	61.5	60.5	62.0	60.5
$\bar{y}_{i2}$	59.5	59.0	61.0	60.0	61.0	59.5	61.0
$\Delta\bar{y}_i$	2.5	3.5	-0.5	1.5	-0.5	2.5	-0.5
S_i	12.5	24.5	0.5	4.5	0.5	12.5	0.5

③计算均方与 F 值。均方，对于各因子，就是因子所占列的平方和与自由度之比，即列的均方；对于各交互作用，由于两水平表的交互作用只有一列，因而也就是该列的均方，但对于某交互作用不止一列的情况（如三水平或更多的正交表），则先将该交互作用所占列的平方和和自由度分别求和再求均方，误差的均方的计算同于交互作用的均方计算（表3-33）。

当因子或交互作用的方差较误差的方差接近时，则将这些因子或交互作用的方差作为误差看待，与误差列一起合为合并误差，以 e' 表示，注意这时 e' 的自由度为合并自由度。因为正交表的平方和已用表的形式表示，所以均方和 F 以及 $F_\alpha(f_{\text{因}(\text{或交互作用})}, f_e)$ 进行比较，其结果用方差分析表表示，合并后 f_e 为3。在正交试验结果分析中，α 可取至0.20，仍认为因子对判据有一定的影响。

表3-33　方差分析表

方差来源	S	f	$\bar{S}$	F	显著性
A(焦粉用量)	12.5	1	12.5	25	95%
B(料高)	24.5	1	24.5	49	99%
C(水分)	4.5	1	4.5	9	90%
$A \times B$	0.5	1			
$A \times C$	0.5	1			
$B \times C$	12.5	1	12.5	25	95%
e(误差)	0.5	1			
e'(合并误差)	1.5	3	0.5		

查 $F_\alpha(1, 3)$ 为：

表3-34　$F_\alpha(1, 3)$值

α	0.01	0.05	0.10	0.20
$F_\alpha(1, 3)$	34.1	10.1	5.54	2.7

方差分析的结果，我们也可以得出与直观分析相同的结论，即影响烧结矿强度的顺序为：

$$B \rightarrow A(B \times C) \rightarrow C$$

因子 A 与因子 B 或 C 间没有交互作用，其最佳工艺条件为 $A_1B_1C_1$。

不过直观分析和方差分析的结果，在一般试验中不总是完全相同的，其原因是直观分析的可靠程度往往要差一些，一些在直观分析中影响较小的因子，在方差分析中可能表现为完全没有影响。

3）正交试验的因子水平效应和工程平均

工程平均表示有影响的因子构成某种水平组合时，判据的取值范围。

$$\text{工程平均} = \text{总均值} + \text{水平效应之和} + \text{误差} = \bar{y} + \sum \alpha_k \pm \Delta y$$

$\alpha_k = \bar{y}_{ik} - \bar{y}$ 或水平效应 = 水平均值 - 总均值（只计算有影响的因子和交互作用）

研究课题 4 的水平效应计算如表 3 – 35。

表 3 – 35　工程平均的计算

因子	A	B	C	B × C
$\bar{y}_{i1}$	62.0	62.5	61.5	62.0
$\bar{y}_{i2}$	59.5	59.0	60.0	59.5
$\bar{y}$	60.75	60.75	60.75	60.75
α_1	1.25	1.75	0.75	1.25
α_2	– 1.25	– 1.75	– 0.75	– 1.25

在一定的因子水平组合时，交互作用取哪一水平，可由正交表直接查获。对于两水平表，可由因子的水平组合直接得出，当因子取相同的水平时，交互作用取 1 水平，当因子为不同的水平时，交互作用取 2 水平。

变动半径 Δy 为：

$$\Delta y = \sqrt{F_\alpha(1, f_e) \times \bar{S}_e / n_e}$$

式中：$n_e = $ 数据总个数 / (1 + 显著因子和交互作用自由度之和)。

当 α 取 0.05 时，$F_\alpha(1, 3) = 10.1$，$\bar{S}_e = 0.5$，$n_e = 8 / (1 + 4) = 1.6$

所以　　　　　　　　　　　$\Delta y = 1.78$

在计算中用合并误差和合并误差自由度

试验中 8 个试验的水平组合的工程平均为：

$$A_1 B_1 C_1 = 60.75 + 1.25 + 1.75 + 0.75 + 1.25 \pm 1.78 = 65.75 \pm 1.78$$
$$A_1 B_1 C_2 = 60.75 + 1.25 + 1.75 - 0.75 - 1.25 \pm 1.78 = 61.75 \pm 1.78$$
$$A_1 B_2 C_1 = 60.75 + 1.25 - 1.75 + 0.75 - 1.25 \pm 1.78 = 59.75 \pm 1.78$$
$$A_1 B_2 C_2 = 60.75 + 1.25 - 1.75 - 0.75 + 1.25 \pm 1.78 = 60.75 \pm 1.78$$
$$A_2 B_1 C_1 = 60.75 - 1.25 + 1.75 + 0.75 + 1.25 \pm 1.78 = 63.25 \pm 1.78$$
$$A_2 B_1 C_2 = 60.75 - 1.25 + 1.75 - 0.75 - 1.25 \pm 1.78 = 59.25 \pm 1.78$$
$$A_2 B_2 C_1 = 60.75 - 1.25 - 1.75 + 0.75 - 1.25 \pm 1.78 = 57.25 \pm 1.78$$
$$A_2 B_2 C_2 = 60.75 - 1.25 - 1.75 - 0.75 + 1.25 \pm 1.78 = 58.25 \pm 1.78$$

工程平均能给出各因子水平组合时判据的取值范围，这点对部分实施的正交表中，某些水平组合没有进行试验时特别有用，因为工程平均给出了验证试验的期望值。

(7) 两水平表的统计技巧

对于两水平表，我们有：

$$\bar{y} = (1/2)(\bar{y}_{i1} + \bar{y}_{i2})$$

因此求列的水平均值时，我们只需计算 $\bar{y}_{i1}$，而 $\bar{y}_{i2}$ 则由下式求出：

$$\bar{y}_{i2} = 2\bar{y} - \bar{y}_{i1}$$

在计算列的平方和时：

$$S = (n/a)\left[(\bar{y}_{i1} - \bar{y})^2 + (\bar{y}_{i2} - \bar{y})^2\right]$$

将 $\bar{y} = (1/2)(\bar{y}_{i1} + \bar{y}_{i2})$ 代入

$$S = (n/2a)(\bar{y}_{i1} - \bar{y}_{i2})^2$$

即：
$$S = (n/4) \times \Delta\bar{y}_i^2$$

3.3 数学模型与回归试验设计

3.3.1 数学模型概述

现代科学发展的趋势之一是一切科学都在加入数学化的进程。数学理论能够深刻描述客观世界量的变化规律，并能总结出各种量之间进行推导和演算的方法。

人类认识世界和改造世界的过程首先是建立模型和分析模型，然后根据分析的结论去指导人类的行动。因此，在科学研究中成功地运用数学方法的关键，在于针对所要研究的问题提炼出一个合适的数学模型。模型是对实际系统、思想或客体的抽象与描述。建立数学模型就是在客观世界的现实系统和数学符号系统之间建立一种对应关系，也就是在具体的科学技术和纯数学之间搭起桥梁。

对数学的运用程度是一门科学成熟的标志。当一门科学找到了相应的数学手段来表达该门学科的概念的相互联系时，就证明它达到了更高的逻辑水平和理论水平，具有了更有效地解释和预见的可能性。数学方法具有逻辑性和可靠性、抽象性和形式化、严密性和精确化、普适性和广泛性的特点。

我们常采用的数学方法是数学模型方法。对于某一个具体问题或研究对象建立一个可以描述其运作过程和相互联系的数学模型，通过模型的运行来研究事物内在的联系，进行预测。

目前，愈来愈多的人认识到，计算机是研究和解决科学问题的有力工具，且数学模型及计算机模拟和控制是分析和改进科学技术和工艺过程、提高技术经济指标的重要手段。

所谓"模型"是生产过程或设备的简化描述或实体，用实际物体模拟的称为"实物模型"，如展览用的校园建筑或工厂建筑模型、小型试验设备、半工业试验厂等。用数学、物理学、化学、各学科理论等科学规律或试验研究结果建立起来的抽象描述是"抽象模型"。其中最常用的是"数学模型"。

"数学模型"是客观过程中变量关系的数学抽象，也就是描述过程运行规律的数学式，其形式可以是方程式、统计图表等。

任何模型的建立都是为达到某种目的服务的。因此对同样一个实体，可以有各种完全不同的模型。譬如，对于一个学校校园，在建设阶段，要有一个总体的模型，显示各个建筑物的楼层高度、建筑风格、校园绿化等。可是这座校园的模型如果表达在任一个作战沙盘上就成了几个小小的木头块。所以，同样是校园的模型由于使用的目的不一样，就会有完全不同的模型，这样，我们就可以理解，为什么有那么多的烧结模型，那么多的球团模型。

（1）模型的分类

由于过程的多样化和建立模型的目的要求不同，模型的分类也随之变化。

①从过程的时间因素考虑，为达到过程控制目的而建立的模型，常分为稳（静）态和动态两类。

"稳态模型"是认为过程运行平稳、波动变化较少的模型。稳态模型不仅数学方程式中不包含"时间"变量，并且假定其他变量也不随时间变化。

"动态模型"是认为过程状态随时间而波动变化的模型。因而数学方程式中不仅包括"时间"变量，并且常假定其他变量也随时间变化。

②从过程中各变量间关系考虑，为了对过程进行分析和预测而建立的模型，常分为确定模型和随机模型两类。

"确定模型"是指模型式中各变量和参数的关系是确切和肯定的。

"随机模型"是指模型所描述的过程变量和参数的关系是不确定的，而是随机变化的。

③从数学模型建立的根据分类，可分为经验模型和理论模型两大类，介于两者之间的称为综合模型。

"理论模型"的形式和参数是根据理论分析来建立和确定的。它主要考虑研究对象的物理和化学过程以及对象的结构与过程的机理。在一般工程过程分析、控制时，理论模型常由专门学科论述，这方面的研究成果实际上反映了相应学科的发展水平。

"经验模型"的形式和参数来自生产过程实际检测数据或试验结果的统计分析。

"综合模型"是介于上述两者之间，综合理论与经验，模型形式来自理论，而参数则利用经验数据。如果综合模型是根据一般工程的最普遍的现象，如质量、能量或动量等的守恒和平衡，过程的输入与输出间的平衡，通过这些整个体系的平衡现象，运用物理学的逻辑推理，从而建立起的模型，则这类综合模型又称为"总体平衡模型"（Population Balance Model，简写为 PBM）。

（2）建模的方法步骤

①建模准备。了解问题背景、明确目的、分析特征、选定方法。

②模型假设。依据对象的特征和建模的目的，对问题进行必要的简化，最好能均匀化、线性化、明确化。

③建立模型。依据假设，利用适当的数学工具，尽量采用简单的数学工具。

④模型求解。解析解、数值解。

⑤模型分析。稳定性（复现能力）、敏感性。

⑥模型检验。验证、确认和认定，即 VV&A（Verification，Validation and Accreditation）。

在建立数学模型时除了要学会灵活应用数学知识以外，还应发挥观察力、想象力和创造力，条条道路通罗马，要善于从习惯的思维模式中跳出来，它山之石可以攻玉。

（3）建模的一般要求

①足够的精度。

②简单、便于处理。衡量一个模型的优劣不在于它采用了多么高深的数学方法，而在于它的应用效果。如果对于某个实际问题用简单的方法和复杂的方法各建立了一个模型，它们的应用效果相差无几，那么受欢迎的一定是前者而不是后者。

③依据要充分。

④尽量借鉴标准形式。

⑤模型所表示的系统要能操纵和控制。

⑥便于检验和修改。

本节主要讨论经验模型，讨论回归分析在建立经验模型中的运用。

3.3.2 回归分析

在3.2节中我们讨论了试验结果的直观分析和方差分析。直观分析能让我们了解因子对判据影响的程度，方差分析则能使我们对这种影响程度作出定量的描述。不过，为了深入了解事物的本质，往往需要找出描述判据与因子间相互关系的数学表达式，但是由于生产和试验过程中不可避免地存在随机误差的影响，这就需要我们用数理统计的方法，在大量的试验和观察中，寻找隐藏在随机误差后面的统计规律性，这种统计规律称之为回归关系。有关回归关系的计算方法和理论通称为回归分析，它是数理统计的一个重要分支。所以说，回归分析是研究随机现象中变量之间关系的一种数理统计方法，在生产和科研中有广泛的应用。例如求经验公式，找出产量或质量指标与生产工艺条件之间的相关关系，确定最佳工艺条件，对生产过程的结果进行预测，从而制定自动控制的策略等，都要用到回归分析。

回归分析的主要内容是：

(1)从一组数据出发，确定这些变量间的定量关系式；

(2)对这些关系式的可信度进行统计检验；

(3)从影响某一因变量的许多因子中，判断哪些因子的影响是显著的，哪些不显著的；

(4)利用所求得的关系式对生产过程进行预报和控制；

(5)根据回归分析方法，特别是根据预报和控制所提出的要求，选择试验点，对试验进行某种设计；

(6)寻求点数较少，且具有较好统计性质的回归设计方法。

由于经验模型建立方法简单，适应性强，经验模型的形式和数据可来自生产检测或试验测定；对未建立理论模型或理论分析太复杂的回归分析问题，可对过程进行定量分析，建立经验模型。经验模型在实际应用中得到广泛应用。

在建立经验模型时，并不详细研究过程的机理，而将过程本身看成"黑箱"，它需要较多的数学知识，而需要的专业知识相对于理论模型来说却少得多。

采用多项式表示的经验模型是：

$$y = \beta_0 + \beta_1 x_1 + \cdots + \beta_p x_p + \varepsilon \tag{3-8}$$

如果所有变量数据都是生产过程的自然反映，亦就是根据实测数据的搜集和整理，作为建立模型的基础，那么这类由客观现象被动建立模型的方法，称为"被动试验法"。如果对生产过程某一问题的试验进行预先设计，通过安排好的试验条件下进行试验并测定试验数据，这种建立模型、分析过程的方法名为"主动试验法"。被动试验法由于没有科学管理和控制，数据的系统性和可信度较差，误差较大，往往测定工作量大，而所得的可信的信息不多。而主动试验法采取现代数学理论，进行合理的试验设计。因而可以在较少的工作量条件下，得出系统可信的数据，便于进行过程分析及建立模型，并且通过试验设计及数学模型可达到过程的最佳化。

建模的程序一般可分为：试验设计、确定模型结构、参数估计、模型验证。具体过程可以分为以下几个步骤：

(1)选定并参数化一个能被辩识的系统的数学模型。

(2)搜集正常生产实测数据或试验设计的试验数据，以获得输入—输出相对应的数据，进一步确定模型结构。

（3）完成参数辩识，对每一组实测的或试验获得的数据，根据最小二乘法原理，来计算模型参数（β_j），使模型算出的回归值 $\hat{y}_k$ 与实测值 y_k 离差平方和为最小。

$$\sum (y_k - \hat{y}_k)^2 = \text{Min}(\text{最小}) \tag{3-9}$$

然后进行模型显著性检验和模型参数显著性检验。

（4）进行有效性检验。以考核所选模型在规定区域内能否有效表达该系统。

（5）如果有效性检验通过，则辩识过程结束，否则必须选择另一类模型，并且重复步骤（2）到（4），直到获得有效的模型为止。

回归分析的一般步骤：

（1）线性回归模型

利用回归分析建立过程的回归模型时，我们感兴趣的仅是它的输入量与输出量，而不研究过程的机理，即把过程看作"黑箱"。虽然我们不知道"黑箱"内部结构，但输出指标 y（判据）总可以表示为输入变量（因子）x_1, x_2, …, x_p 的一个函数，即：

$$y = \varphi(x_1, x_2, \cdots, x_p)$$

假定上述关系是线性，则可用：

$$y = \beta_0 + \beta_1 x_1 + \cdots + \beta_p x_p + \varepsilon$$

来近似表达这个函数。

当因变量 y 与 P 个自变量 x_1, x_2, …, x_p 的内在联系是线性的时，它的第 i 次试验数据是

$$(y_i, x_{i1}, x_{i2}, \cdots, x_{ip}) \quad (i = 1, 2, \cdots, n)$$

那么这一组数据可以假设有如下的结构式

$$\begin{aligned}
y_1 &= \beta_0 + \beta_1 x_{11} + \beta_2 x_{21} + \cdots + \beta_p x_{p1} + \varepsilon_1 \\
y_2 &= \beta_0 + \beta_1 x_{12} + \beta_2 x_{22} + \cdots + \beta_p x_{p2} + \varepsilon_2 \\
&\cdots\cdots \\
y_n &= \beta_0 + \beta_1 x_{1n} + \beta_2 x_{2n} + \cdots + \beta_p x_{pn} + \varepsilon_n
\end{aligned} \tag{3-10}$$

式中：β_0, β_1, β_2, …, β_p 是 $P+1$ 个待估计的参数；x_1, x_2, …, x_p 是 P 个可以精确测量或可控制的一般变量；ε_1, ε_2, …, ε_n 是 n 个相互独立且服从同一正态分布 $N(0, \sigma)$ 的随机变量，它们分别表示其他随机因素对因变量 y 影响的总和。这就是 P 元线性回归的数学模型，当 $P=1$ 时，就是一元线性回归的数学模型。上式可写成矩阵形式：

$$Y = \beta \cdot X + \varepsilon \tag{3-11}$$

式中：ε 为 N 维随机向量，它的分量是相互独立的。

这是一个不定方程组，在实际应用中，试验或检测次数 n 不能小于 $P+1$。

（2）参数估计

为了估计参数 β，我们使用最小二乘法。

设 b_0, b_1, …, b_p 分别为参数 β_0, β_1, …, β_p 的估计值，则回归方程为：

$$\hat{y} = b_0 + b_1 x_1 + \cdots + b_p x_p$$

求 b_0, b_1, …, b_p 值，并使全部观测值 y_i 与回归计算值 $\hat{y}_i$ 的偏差平方和的 Q 值达到最小的方法，称为最小二乘法。用这种方法得到的 b_0, b_1, …, b_p 称为 β_0, β_1, …, β_p 的最小二乘

法的估计值。

$$Q = \sum (y_k - \hat{y}_k)^2 = \text{Min}(最小)$$

对于(3-10)给定的一组数据，Q 是 b_0，b_1，$\cdots$，b_p 的二次函数，且为非负值，所以最小值一定存在，由微积分学的极值原理可知，b_0，b_1，$\cdots$，b_p 应是下列方程组的解：

$$\frac{\partial Q}{\partial b_0} = -2 \sum_i (y_i - \hat{y}_i) = 0$$

$$\frac{\partial Q}{\partial b_j} = -2 \sum_i (y_i - \hat{y}_i) x_{ji} = 0 \ (j = 1, 2, \cdots, p) \tag{3-12}$$

将 $\hat{y} = b_0 + b_1 x_1 + \cdots + b_p x_p$ 代入即可得到正规方程组，b_0，b_1，$\cdots$，b_p 是该方程组中待求的 $p+1$ 个未知数，其矩阵方程为：

$$Ab = B \tag{3-13}$$

式中：矩阵 A 称为正规方程组的系数矩阵(信息矩阵)

$$A = X^T X \tag{3-14}$$

矩阵 B 称为正规方程组的常数项矩阵

$$B = X^T Y \tag{3-15}$$

b 称为正规方程组的未知数矩阵(待求系数矩阵)，$(b_0, b_1, \cdots, b_p)$

$$X = \begin{bmatrix} 1 & x_{11} & \cdots & x_{p1} \\ \vdots & \vdots & & \vdots \\ 1 & x_{1n} & \cdots & x_{pn} \end{bmatrix} 称为结构矩阵 \qquad Y = \begin{bmatrix} y_1 \\ y_2 \\ \vdots \\ y_n \end{bmatrix} 称为判据矩阵$$

X^T 为 X 矩阵的转置矩阵。因此，正规方程组的矩阵形式是

$$(X^T X) b = X^T Y$$

若 A 的行列式 $|A| \neq 0$，则正规方程组必有唯一非零解 b，可由下式求得

$$b = A^{-1} B$$

A^{-1} 是矩阵 A 的逆矩阵。

在自变量的个数 $P \leq 3$ 时，利用手算或一般的计算器计算，求解正规方程组仍是方便的；但当 $P > 3$ 时，就较繁琐了。这时可利用计算机编写程序，以提高计算速度。

(3)回归方程的显著性检验

回归方程的显著性检验采用方差分析法。

求总平方和与自由度：

$$S_T = \sum_{i=1}^n (y_i - \bar{y})^2 = \sum_{i=1}^n y^2 - \frac{1}{n}\left(\sum_{i=1}^n y_i\right)^2, \ f_T = n - 1$$

它可以分解成如下几项：

1)回归平方和：

$$S_{回} = \sum_{i=1}^n (\hat{y}_i - \bar{y})^2 = \sum_{j=0}^p b_j B_j - \frac{1}{n}\left(\sum_{i=1}^n y_i\right)^2, \ f_{回} = P$$

2)剩余平方和：

$$S_{\text{剩}} = \sum_{i=1}^{n} (\hat{y}_i - y_i)^2 = \sum_{i=1}^{n} y_i^2 - \sum_{j=0}^{p} b_j B_j, \quad f_{\text{剩}} = f_{\text{T}} - f_{\text{回}}$$

式中：b_j，B_j——矩阵 **b** 和矩阵 **B** 中对应元素。

$$S_{\text{T}} = S_{\text{回}} + S_{\text{剩}}, \quad f_{\text{T}} = f_{\text{回}} + f_{\text{剩}}$$

$S_{\text{剩}}$ 指除了回归平方和以外的其他部分（剩余部分），它实际上包括两部分：

①模型考虑不合理，例如，线性化不合理，只考虑了一次项，未考虑二次项，考虑了两因子的交互作用，未考虑三个因子或更多因子的交互作用等，我们称之为失拟。

②由试验误差引起的。误差只能由重复试验来描述，如果没有重复试验，则只能认为 $S_{\text{剩}}$ 全由于失拟引起的。

此时，回归方程的显著性用 $F_{\text{回}}$ 进行显著性检验。

$$F_{\text{回}} = \bar{S}_{\text{回}} / \bar{S}_{\text{剩}}$$

当有重复试验时，设有 a 组试验，且每组重复次数为 b_i，则每组的误差平方和及其自由度为：

$$S_{e_i} = \sum_{j=1}^{b_i} (y_{ij} - \bar{y}_i)^2, \quad f_{e_i} = b_i - 1$$

$$S_e = \sum_{i=1}^{a} S_{e_i}, \quad f_e = \sum_{i=1}^{a} (b_i - 1) = \sum_{i=1}^{a} b_i - a$$

进行失拟检验：

$$S_{\text{失}} = S_{\text{剩}} - S_e, \qquad f_{\text{失}} = f_{\text{剩}} - f_e$$

$$F_{\text{失}} = \bar{S}_{\text{失}} / \bar{S}_e$$

我们希望回归方程没有失拟，即希望 $F_{\text{失}} < F_{\alpha}(f_{\text{失}}, f_e)$。如果 $F_{\text{失}} > F_{\alpha}(f_{\text{失}}, f_e)$，则回归方程失拟是一个事实，应重新建模计算；当 $F_{\text{失}} < F_{\alpha}(f_{\text{失}}, f_e)$ 时，回归方程没有失拟，或者说失拟因素在误差范围以内时，然后进行回归方程显著性检验；当 $F_{\text{回}} > F_{\alpha}(f_{\text{回}}, f_{\text{剩}})$，则回归方程是显著的、有效的。

（4）回归系数的显著性检验

当回归方程显著时，并不一定模型中的每一项系数都是显著的，而且模型中哪一项系数最显著，哪一项次之，也是研究者希望了解的，因此，要对回归系数的显著性进行检验，如果某一项系数不显著，则应从模型中删除，以使模型简化。

采用方差分析方法对各项系数进行回归系数的显著性检验。

$$S_{b_j} = b_j^2 / C_{jj} \, (j \neq 0), \quad f_{b_j} = 1$$

式中：C_{jj}——**A** 矩阵逆阵之对角线上之元素。

$$F_{b_j} = \bar{S}_{b_j} / \bar{S}_{\text{剩}}$$

一旦 $F_{b_j} < F_{\alpha}(1, f_{\text{剩}})$，则应从模型中删除该项，并且整个统计分析应从头做起。注意，由于一般数据系数之间具有相关性，因此每次只允许删除一项。

3.3.3　单因子试验的回归分析

单因子试验的回归分析，一般根据试验结果，按下列步骤进行：

①按照正确的作图方法，将试验点描绘在直观分析图中。

②用光滑曲线穿过试验点，尽可能使试验点均布于曲线两边。

③与一些标准函数的曲线比较，找出试验曲线合适的函数表达式，并将该函数表达式线性化。

④按一元线性模型处理线性化后的试验数据，由最小二乘法求得模型参数的最小二乘法的估计值，并对模型的可信度作出评价。

⑤当找不到合适的表达式时，可考虑采用牛顿多项式表示：

$$y = a_0 + a_1 x + a_2 x^2 + \cdots + a_n x^n \tag{3-16}$$

不过在一般情况下，n 只取到2。在这种情况下，可按多元线性模型处理。

一元线性模型为：

$$y = \alpha + \beta x + \varepsilon \tag{3-17}$$

一元线性回归模型，可根据 x 对 y 的第 i 组测定值列出矛盾方程组。

$$\hat{y}_i = a + b x_i \quad i = 1, 2, \cdots, n$$

通过最小二乘法可求得各参数的回归值 a 和 b：

$$b = \frac{\overline{x} \cdot \overline{y} - \overline{xy}}{\overline{x}^2 - \overline{x}^2}$$

$$a = \overline{y} - b \cdot \overline{x}$$

通常，对于一元线性回归方程的显著性检验，可以采用相关系数 r 来描述。

$$r = \frac{\overline{xy} - \overline{x} \cdot \overline{y}}{\sqrt{(\overline{x}^2 - \overline{x}^2)(\overline{y}^2 - \overline{y}^2)}}$$

式中：$\overline{x}$——x 的均值；

$\overline{y}$——y 的均值；

$\overline{x}^2$——x 均值的平方；

$\overline{y}^2$——y 均值的平方；

$\overline{xy}$——x、y 乘积的均值；

$\overline{x}^2$——x 平方的均值；

$\overline{y}^2$——y 平方的均值。

附表4中的相关系数表，列出了 r 的临界值 $r_\alpha(n-2)$，当 $|r| > r_\alpha(n-2)$ 时，可以认为，在可信度 $(1-\alpha)$ 的范围内，所求得的回归方程能较好地描述 x，y 的函数关系。$|r| \leqslant 1$，其绝对值越接近1，表示其相关性越好。当得到不相关的结论时，则可能有下列几种情况：

（1）试验的误差太大。

（2）x 与 y 确实没有确定的关系。

（3）选择的曲线方程不合适。

在前两种情况下，我们可以通过单因子试验设计的方差分析得出结论。而在后一种情况下，则须重新选择曲线的表达式，以使曲线和试验值更好的吻合。

对于一元回归问题，已有许多计算机作图软件（如 Origin）可以进行作图与计算回归方程。

3.4　回归设计

3.3 节所述的回归分析,称为古典回归分析,它长期以来只是被动地处理已有的试验数据,而对试验安排几乎不提任何要求,对所求得的回归方程的精度也很少研究,不仅盲目地增加了试验次数,而且试验数据往往不能提供充分的信息,以致在许多研究工作中达不到试验目的。

随着生产的发展,特别是由于寻求最佳工艺和相应参数,以及建立生产过程的数学模型的需要,我们要求以较少的试验建立精度较高的回归方程,要求主动地进行试验安排,并对数据处理和回归方程精度统一起来加以考虑,这就是近几十年来发展起来的"回归的设计与分析"。它把回归分析与正交试验有机地结合起来。

譬如在生产过程的工艺最优化问题中,先要寻求工艺的最优化区域,然后在这个最优区域上建立数据模型。在不完全了解生产过程中的物理原理、化学原理和冶金原理的情况下,用回归分析来解决生产过程的工艺最优化问题,是一个比较有效的方法。

回归设计于 20 世纪 50 年代初产生,发展到今天,内容已相当丰富,本节仅仅介绍基本的、常用的、有代表性的设计:回归的正交设计。

3.4.1　一次回归的正交设计

一次回归的数学模型为:

$$y = \beta_0 + \sum_j \beta_j x_j + \sum_{i<j} \beta_{ij} x_i x_j + \varepsilon \qquad (3-18)$$
$$\text{零次项}\quad\text{一次项}\quad\text{交互项}$$

一次回归的正交设计是运用二水平正交表进行的一种回归设计,如 $L_4(2^3)$、$L_8(2^7)$、$L_{16}(2^{15})$ 等。设计与分析的主要步骤如下:

(1)确定因子的变化范围

为了研究 P 个可控因子 Z_1, Z_2, …, Z_p 与某项指标 y 之间的数量关系,首先可根据专业知识按其实际需要和可能来确定每个因子 Z_j 的变化范围,该范围选择通常比生产中的工艺参数变化范围要宽。因子 Z_j 的变化范围 (Z_{1j}, Z_{2j}) 确定后就可计算其零水平 (Z_{0j}) 及因子 Z_j 的变化区间 Δj。

$$Z_{0j} = (Z_{1j} + Z_{2j})/2$$
$$\Delta j = (Z_{2j} - Z_{1j})/2$$

(2)对每个因子的水平进行编码

所谓编码,就是对因子的取值作如下的线性变换:

$$x_j = (Z_j - Z_{0j})/\Delta j$$

将有量纲的自然变量 Z_j 变成无量纲的变量 x_j,其变化区间 $[Z_{1j}, Z_{2j}]$ 就变成为 $[-1, 1]$,这样就建立了因子 Z 与编码值 x_j 的一一对应关系:

$$\text{下水平 } Z_{j1} \rightarrow -1$$
$$\text{零水平 } Z_{j0} \rightarrow 0$$
$$\text{上水平 } Z_{j2} \rightarrow +1$$

在对因子 Z_j 的水平进行如上编码以后，y 对 Z_1，Z_2，$\cdots$，Z_p 的回归问题，就转化为 y 对 x_1，x_2，$\cdots$，x_p 的回归问题。因此我们可以在以 x_1，x_2，$\cdots$，x_p 为坐标轴的编码空间中选择试验点，进行回归设计。今后，我们讨论回归设计时，先将因子编码，再求 y 对变量 x_1，x_2，$\cdots$，x_p 的回归方程，这在试验设计中是经常采用的一种办法。

（3）选择适当的正交表

一次回归正交试验是采用二水平正交表。因此，根据所研究的问题选择适当的二水平正交表并进行表头设计，制定试验计划，按正交试验方法进行试验。在运用二水平正交表进行回归设计时，因子的编码与正交表中编号的关系仍应是随机的，而交互作用的编码值则由相应因子编码值一一对应计算得出。误差列则可随意给出 ±1 的编码与编号对应。

显然，用二水平正交表制定的试验计划具有正交性，若以 x_{ja} 表示在第 a 次试验中第 j 个变量的编码值，于是在试验计划中有：

任一列的和　　　　$\sum x_{ja} = 0$

任二列的乘积和　　$\sum x_{ia} \cdot x_{ja} = 0$

由于满足上述两个条件，称其具有正交性，这种设计称为正交设计。

（4）回归系数的计算

将模型线性化：

$$y = \beta_0 + \beta_1 x_1 + \beta_2 x_2 + \cdots + \beta_k x_k + \varepsilon$$

注意：这里 k 为线性化后模型的相数（不含零次项）。

则其结构矩阵为：

$$\boldsymbol{X} = \begin{bmatrix} 1 & x_{11} & x_{21} & \cdots & x_{k1} \\ 1 & x_{12} & x_{22} & \cdots & x_{k2} \\ \vdots & \vdots & \vdots & & \vdots \\ 1 & x_{1n} & x_{2n} & \cdots & x_{kn} \end{bmatrix} \quad \boldsymbol{Y} = \begin{bmatrix} y_1 \\ y_2 \\ \vdots \\ y_n \end{bmatrix}$$

信息矩阵（即系数矩阵）为：

$$\boldsymbol{A} = \boldsymbol{X}^{\mathrm{T}}\boldsymbol{X} = \begin{bmatrix} N & & & & 0 \\ & \sum\limits_{a=1}^{n} x_{1a}^2 & & & \\ & & \sum\limits_{a=1}^{n} x_{2a}^2 & & \\ & & & \ddots & \\ 0 & & & & \sum\limits_{a=1}^{n} x_{ka}^2 \end{bmatrix} = \begin{bmatrix} N & & & & 0 \\ & N & & & \\ & & N & & \\ & & & \ddots & \\ 0 & & & & N \end{bmatrix}$$

相关矩阵为：

$$\boldsymbol{C} = \boldsymbol{A}^{-1} = \begin{bmatrix} 1/N & & & & 0 \\ & 1/N & & & \\ & & 1/N & & \\ & & & \ddots & \\ 0 & & & & 1/N \end{bmatrix}$$

常数项矩阵：

$$\boldsymbol{B} = \boldsymbol{X}^{\mathrm{T}}\boldsymbol{Y} = \begin{bmatrix} B_o \\ B_1 \\ B_2 \\ \vdots \\ B_k \end{bmatrix} = \begin{bmatrix} \sum\limits_{a=1}^{n} y_a \\ \sum\limits_{a=1}^{n} x_{1a}y_a \\ \sum\limits_{a=1}^{n} x_{2a}y_a \\ \vdots \\ \sum\limits_{a=1}^{n} x_{ka}y_a \end{bmatrix}$$

于是参数 β 的最小二乘估计 $\boldsymbol{b} = \boldsymbol{A}^{-1}\boldsymbol{B}$，即

$$b_0 = (B_0/N) = (1/N)\sum_{a=1}^{n} y_a$$

$$b_j = (B_j/N) = (1/N)\sum_{a=1}^{n} x_{ja}y_a \,(j = 1, 2, \cdots, p)$$

一次回归正交设计中，回归系数的计算可在正交表上按列进行。仔细分析各回归系数的计算式，可以看出其中 b_0 等于总均值，而因子和交互作用的回归系数 $b_j(b_{ij})$ 的计算，由于 $x_{aj} = \pm 1$，$x_{ai}x_{aj} = \pm 1$，如将正交表各列中与 $+1$ 对应的判据均值称为 $\bar{y}_{j(+1)}$，相应的与 -1 对应的判据均值称为 $\bar{y}_{j(-1)}$，且令 $\Delta\bar{y}_j = \bar{y}_{j(+1)} - \bar{y}_{j(-1)}$，则：

$$b_0 = \bar{y}$$

$$b_j = \frac{1}{2}\Delta\bar{y}_j$$

（5）显著性检验

为了检验回归方程的可靠性，通常采用方差分析的方法来进行显著性检验。由两水平表的统计技巧可以看出，各变量的回归平方和 $S_j = b_jB_j = Nb_j^2$，它与 b_j 的平方成正比，b_j 的绝对值越大，S_j 也越大，这就是说，在用正交设计所得的回归方程中，每一个回归系数 b_j 的绝对值大小，刻划了对应变量 x_j 在过程中的作用。这是由于经过无量纲的编码变换后，所有变量在所研究的区域内是"平等"的，因而使得所求的回归系数不受因子 Z_j 的单位和取值影响，而直接反映了该因子作用的大小，回归系数的符号反映了这种作用的性质。

实际上，一次回归的显著性检验仍是按列进行的，方法与两水平正交表的统计分析相同，其中列的平方和 S_j 为：

$$S_j = b_j^2/C_{jj} = Nb_j^2 = b_jB_j = (n/4)\Delta\bar{y}_j^2$$

回归方程的显著性检验，按 $F_{回} = \bar{S}_{回}/\bar{S}_{剩}$

$$S_{总} = \sum S_j = S_{回} + S_{剩}$$

式中：$S_{回}$，$f_{回}$——有影响的因子和交互作用列平方和之和与相应自由度之和。

$S_{剩}$，$f_{剩}$——没有影响的因子和交互作用列以及误差列平方和之和与相应自由度之和。

在要求不高时，一次回归正交设计，可省略方差分析。为了使用的方便，回归方程可用原值替换编码值。

一次回归正交设计常用来确定最佳工艺条件和筛选因子，最佳工艺条件的确定可根据回归系数进行，回归系数绝对值的大小表明了因子的重要程度，回归系数的正、负表明了因子 x 对判据 Y 的影响是正向、负向的影响。

（6）零水平的重复试验

上述方差分析中用统计量对回归方程的检验，说明了相对于平均剩余平方和而言的影响显著与否。此时，即使回归方程显著，即一次回归方程在试验点上与试验结果拟合得好的情况，也不能保证在被研究的区域内，回归方程与实测值同样拟合得很好，即不能保证采用一次回归模型是最好的。为了了解 F 检验结果显著的一次回归方程在被研究的区域内的拟合情况，有必要在零水平试验点（Z_{10}，Z_{20}，…，Z_{P0}）处再安排一些重复试验，例如再安排 M 次重复试验，其试验结果分别为 y_{01}，y_{02}，…，y_{0M}，这时，零水平处实际试验结果的算术平均数 $\bar{y}_0$，与所得回归方程中的常数项 $b_0 = \bar{y}$ 是否有显著差异，可作 t 检验：

$$S_0 = \sum_{a=1}^{M} (y_{0a} - \bar{y}_0)^2, \quad f_0 = M - 1$$

假如在给定的显著性水平 α 下，t 值的表达式：

$$t = \frac{|b_0 - \bar{y}_0| \cdot \sqrt{f_{剩} + f_0}}{\sqrt{S_{剩} + S_0} \cdot \sqrt{1/N + 1/M}} < t_\alpha(f_{剩} + f_0)$$

那么就认为 b_0 与 y_0 无显著差异，即在区域中心，一次回归方程与实测值还是拟合得较好，假如这个不等式被破坏，那就表明用一次回归来描述还不够确切，特别是在区域中心处。在这种情况下，为了更好地在被研究的区域内描述过程，就必须建立高次的回归方程。

当被考察的指标与因子间的函数表达式比较复杂时，用一次回归正交设计所得到的回归方程拟合情况不好，这时可在原一次回归正交设计的基础上，再在星号点和中心点补充做一些试验，就可求得二次或更高次的回归方程。下一节我们将讨论二次回归正交设计。

下面以课题 3 为例，列出一次回归正交设计的步骤。

①对因子水平进行编码处理，见表 3-36。

表 3-36　因子水平编码

因子编码	x_1 焦粉用量/%	x_2 料高/mm	x_3 水分/%
+1 码	4.6	650	7.5
-1 码	3.8	550	6.5

②按正交表的使用方法选择正交表，进行表头设计，给出试验计划并进行试验。

③模型选择，根据前面的分析结果，有影响的因子和交互作用为 x_1，x_2，x_3，$x_2 x_3$，模型为：

$$\hat{y} = b_0 + b_1 x_1 + b_2 x_2 + b_3 x_3 + b_{23} x_2 x_3$$

④结构矩阵及相应的统计分析（表 3-37）。结构矩阵中，零次项 $x_0 \equiv 1$，一次项按编码对应给出，交互项由一次项对应计算给出。

则回归方程为（自变量按编号值）：

$$\hat{y} = 60.75 + 1.25 x_1 + 1.75 x_2 + 0.75 x_3 + 1.25 x_2 x_3$$

表 3 − 37 结构矩阵及其统计分析

列号		1	2	4	6		备注
标记	x_0	x_1	x_2	x_3	$x_2 x_3$	y_i	
1	1	1	1	1	1	65	
2	1	1	1	−1	−1	62	
3	1	1	−1	1	−1	60	
4	1	1	−1	−1	1	61	
5	1	−1	1	1	1	64	
6	1	−1	1	−1	−1	59	
7	1	−1	−1	1	−1	57	
8	1	−1	−1	−1	1	58	
$\bar{y}_{+1}$		62.0	62.5	61.5	62.0		
$\bar{y}_{-1}$		59.5	59.0	60.5	59.5		$\bar{y}=60.75$
$\Delta\bar{y}$		2.5	3.5	1.5	2.5		
b_0	60.75						按 $b_0=\bar{y}$
b_j	—	1.25	1.75	0.75	1.25		按 $b_j=\Delta\bar{y}_j/2$
S_j	—	12.5	24.5	4.5	12.5		按 $S_j=(n/4)\Delta\bar{y}_j^2$
	$S_T=55.5$				$f_T=7$		
	$S_{回}=12.5+24.5+4.5+12.5=54$				$f_{回}=4$		$\bar{S}_{回}=13.5$
	$S_{剩}=S_T-S_{回}=1.5$				$f_{剩}=f_T-f_{回}=3$		$\bar{S}_{剩}=0.5$
F_{bj}	—	25	49	9	25		$F_{回}=27$
显著性	—	95%	99%	90%	95%		95%

3.4.2 二次回归的正交设计

二次回归的正交设计要比一次回归的正交设计复杂一些，当被考察的指标 y 不能用一次回归方程拟合时，就应考虑用二次回归方程来拟合，对于一般过程来说，用二次回归方程描述就足够了。其数学模型为：

$$y = \beta_0 + \sum_j \beta_j x_j + \sum_{i<j} \beta_{ij} x_i x_j + \sum_j \beta_{jj} x_j^2 + \varepsilon \qquad (3-19)$$

零次相　一次项　　交互项　　　　二次项

对于 P 个变量的二次回归方程，共有回归系数 $q=C_{p+2}^2$ 个，为了得到二次回归方程，试验次数当然应不少于 q，而且，对每个变量所取的水平应不低于 3。事实上，为了更好地反映过程的真实情况，还希望取 4 水平或 5 水平来进行试验，这样一来，要做的试验次数往往很多，P 个因子三水平完全试验，要做 3^P 次试验，当 $P=4$ 时，就要做到 81 次试验，使得试验者完全不可接受。所以，二次回归正交设计所要解决的首要问题，就是怎样安排试验，使得试验次数少，且使二次回归系数的正规方程呈对角矩阵。对于这个矛盾，可用"组合设计"来解决，所谓"组合设计"，就是在因子空间中选择几类具有不同特点的点，把它们适当组合起来而形成试验计划。

具体说明，P 个变量的组合设计由下列 N 个点组成：

$$N = m_c + 2P + m_0 \qquad (3-20)$$

式中：m_c——二水平（$+1$ 和 -1）的全因子试验的试验点个数 2^P，或其部分实施时的试验点

个数 2^{P-1}，2^{P-2} 等（即选择一合适的二水平正交表的试验点数）；

$2P$——分布在 P 个坐标轴上的星号点，它们与中心点的距离 γ 称为星号臂，γ 是待定

参数，一些常用的 γ^2 值已在表 $3-38$ 列出；

m_0——中心点重复试验次数。

用组合设计安排的试验计划有一系列优点，首先它的试验点比三水平的全因子试验要少得多，但仍能保持足够的剩余自由度 $f_{剩}$；其次，它可在一次回归的基础上进行试验。这对研究工作者来说是方便的，因为如果一次回归不显著，那么只要在一次回归试验的基础上，再在星号点和中心点补做一些试验，就可求得二次回归方程。然而，组合设计是否具有正交性尚需检验，或者要使组合设计具有正交性，实施组合设计的星号臂 γ 的确定是关键。

从二次回归的组合设计的结构矩阵来看，一次项和交互作用项各列之间彼此正交，但是正交性却被零次项所在列和平方项所在列破坏了，因为：

$$\sum_{a=1}^{n} x_{ja}^2 = m_c + 2\gamma^2 \neq 0$$

$$\sum_{a=1}^{n} x_{0j}x_{ja} = m_c + 2\gamma^2 \neq 0$$

$$\sum_{a=1}^{n} x_{ia}^2 x_{ja}^2 = m_c \neq 0$$

为了消除 x_0 与 x_{ja}^2 列的不正交性，对二次项可采用"中心化"的办法，即令

$$x'_{ja} = x_{ja}^2 - \frac{1}{n}\sum_{a=1}^{n} x_{ja}^2 = x_{ja}^2 - \overline{x_{ja}^2}$$

代表结构矩阵中的变量平方列，这时所求的二次回归方程为

$$\hat{y} = b'_0 + \sum_{j=1}^{p} b_j x_j + \sum_{i<j} b_{ij}x_i x_j + \sum_{j=1}^{p} b_{jj}(x_j^2 - \overline{x_j^2})$$

同时，为了使组合设计具有正交性，还必须在使得相关矩阵 $C = (X^T X)^{-1}$ 对角阵的条件下定出 γ 的值，根据推导可得：

$$(m_c + 2\gamma^2)^2 - (m_c + 2p + m_o)m_c = 0$$

当 $m_c = 2^p$ 时（全因子试验情况），有

$$\gamma^4 + 2^p\gamma^2 - 2^{p-1}(p + 0.5\,m_0) = 0$$

当 $m_c = 2^{p-1}$ 时，有

$$\gamma^4 + 2^{p-1}\gamma^2 - 2^{p-2}(p + 0.5\,m_0) = 0$$

如果我们给定了 p 和 m_0，就可计算 γ^2 的值。常用的 γ^2 值列于表 $3-38$，例如 $p=3$，$m_0=4$ 的情况下，从表 $3-38$ 上可查得 $\gamma^2 = 2.0$，从而得 $\gamma = 1.414$，"中心化"后的二次项为：

$$x'_{ja} = x_{ja}^2 - \frac{1}{18}(12.0) = x_{ja}^2 - 0.67$$

这样，三因子的二次回归正交设计的结构矩阵如表 $3-39$，类似地，我们也可以作出四因子全因子试验的结构矩阵。

表 3 – 38 γ^2 值表

m_0	p			
	2	3	4	5(1/2 实施)
1	1.00	1.476	2.00	2.39
2	1.160	1.650	2.198	2.58
3	1.317	1.831	2.390	2.77
4	1.475	2.00	2.580	2.95
5	1.606	2.164	2.770	3.14
6	1.742	2.325	2.950	3.31
7	1.873	2.481	3.140	3.49
8	2.000	2.633	3.310	3.66
9	2.123	2.782	3.490	3.83
10	2.243	2.928	3.66	4.00

表 3 – 39 三因子的二次回归正交设计的结构矩阵 $X(m_0 = 4)$

试验号	x_0	x_1	x_2	x_3	$x_1 x_2$	$x_1 x_3$	$x_2 x_3$	x_1'	x_2'	x_3'
1	1	1	1	1	1	1	1	0.33	0.33	0.33
2	1	1	1	-1	1	-1	-1	0.33	0.33	0.33
3	1	1	-1	1	-1	1	-1	0.33	0.33	0.33
4	1	1	-1	-1	-1	-1	1	0.33	0.33	0.33
5	1	-1	1	1	-1	-1	1	0.33	0.33	0.33
6	1	-1	1	-1	-1	1	-1	0.33	0.33	0.33
7	1	-1	-1	1	1	-1	-1	0.33	0.33	0.33
8	1	-1	-1	-1	1	1	1	0.33	0.33	0.33
9	1	1.414	0	0	0	0	0	1.33	-0.67	-0.67
10	1	-1.414	0	0	0	0	0	1.33	-0.67	-0.67
11	1	0	1.414	0	0	0	0	-0.67	1.33	-0.67
12	1	0	-1.414	0	0	0	0	-0.67	1.33	-0.67
13	1	0	0	1.414	0	0	0	-0.67	-0.67	1.33
14	1	0	0	-1.414	0	0	0	-0.67	-0.67	1.33
15	1	0	0	0	0	0	0	-0.67	-0.67	-0.67
16	1	0	0	0	0	0	0	-0.67	-0.67	-0.67
17	1	0	0	0	0	0	0	-0.67	-0.67	-0.67
18	1	0	0	0	0	0	0	-0.67	-0.67	-0.67

用组合设计进行二次回归正交设计的步骤如下:

(1)选择相应的组合设计

主要是根据因子个数选择相应的组合设计,通常二因子至四因子均采用全因子设计,当因子个数为5个或6个时，通常采用全因子的1/2 实施设计，当因子个数为七或七个以上时，可采用全因子的1/4 实施，从各种二水平正交表的主效应不与交互作用混杂的设计可知，这样来安排试验，即使减少了试验次数，全部二因子交互作用也不会发生混杂。通常零水平试验点 m_0 取4或小于4。这样就可以用公式计算或查表确定星号臂 γ 值。

五因子（1/2）实施组合设计的星号臂 γ 计算如下（$m_0 = 4$）：

$$\gamma^4 + 2^{5-1}\gamma^2 - 2^{5-2}(5 + 1/2 \times 4) = 0$$

求解得 $\gamma^2 = 2.94$ 或 $\gamma = 1.718$

（2）确定因子变化范围

设在研究的某个问题中，有 P 个因子 Z_1，Z_2，$\cdots$，Z_p，其中第 j 个因子的上、下界分别为 Z_{2j}，$Z_{1j}(j = 1, 2, \cdots, p)$。根据二次回归正交设计的要求安排试验时，我们规定各因子的零水平和变化区间如下：

$$Z_{0j} = (Z_{1j} + Z_{2j})/2$$
$$\Delta j = (Z_{2j} - Z_{0j})/\gamma$$

式中 γ 根据二次正交设计确定。

（3）对因子水平进行编码

对每个因子 Z_j 的水平进行编码，与一次回归正交设计相类似，对因子的取值作线性变换：

$$x_j = (Z_j - Z_{0j})/\Delta j$$

表 3-40 是一次烧结试验研究的因子的水平及编码值的例子（$p = 5$，$m_0 = 4$）。

表 3-40 各因子的水平及编码值

编码	-1.718	-1	0	1	1.718	间隔 Δj
x_1 焦粉/%	3.96	4.4	5.0	5.6	6.03	0.6
x_2 生石灰/%	0.28	1	2	3	3.72	1.0
x_3 料高/mm	294	380	500	620	706	120
x_4 水分/%	3.77	4.2	4.8	5.4	5.83	0.6
x_5 负压/mm 水柱	1285	1500	1800	2100	2315	300

（4）将二次项"中心化"

将二次项"中心化"，例如，当 $p = 5$，$m_0 = 4$ 时：

$$\overline{x_j^2} = (m_c + 2\gamma^2)/(m_c + 2p + m_0) = (16 + 2 \times 2.95)/(16 + 2 \times 5 + 4) = 0.73$$
$$x_j' = x_{ja}^2 - \overline{x_j^2} = x_{ja}^2 - 0.73$$

然后按 P 因子二次回归正交设计的结构矩阵列出试验的结构矩阵及计算表。

（5）计算回归系数

根据 P 因子二次回归正交设计的结构矩阵，利用结构矩阵 X 的正交性，容易写出信息矩阵 A，常数项矩阵 B 和相关矩阵 C。

A 阵和 B 阵：

$$A = X^T \cdot X \qquad B = X^T \cdot Y$$

因其正交化，A 阵仍为一对角线阵，其对角线上的 $\sum x_{ja}^2$ 为：

零次项 N

一次项 $m_c + 2r^2$

交互项 m_c

二次项 $2r^4$

$\boldsymbol{B}$ 阵在计算上也有一些技巧，请读者自己分析。

于是二次回归系数 $\boldsymbol{b} = \boldsymbol{A}^{-1}\boldsymbol{B}$。

（6）回归方程的统计检验

通过对实验数据的计算，求得了回归方程后，它的效果如何，方程中的各回归系数反映的各变量是否都重要，方程所揭示的规律性强不强，都要通过方差分析进一步统计检验。

回归系数和回归方程的检验，可用统计量 F 进行检验（回归系数还可用 t 检验），与一次回归的正交设计完全类似。

总平方和：

$$S_T = \sum_{i=1}^n (y_i - \bar{y})^2 = \sum_{i=1}^n y^2 - \frac{1}{n}(\sum_{i=1}^n y_i)^2, f_T = n - 1$$

回归平方和：

$$S_回 = \sum_{i=1}^n (\hat{y}_i - \bar{y})^2 = \sum_{j=0}^{C_{p+1}^2} b_j B_j - \frac{1}{n}(\sum_{i=1}^n y_i)^2, f_回 = C_{p+1}^2 - 1$$

剩余平方和：

$$S_剩 = \sum_{i=1}^n (\hat{y}_i - y_i)^2 = \sum_{i=1}^n y_i^2 - \sum_{j=0}^{C_{p+1}^2} b_j B_j, f_剩 = f_T - f_回$$

由于正交化，$b_0 B_0 = \frac{1}{n}(\sum_{i=1}^n y_i)^2$，且 $S_{b_j} = b_j B_j (j \neq 0$ 时)，故：

$$S_回 = \sum_{i=1}^n (\hat{y}_i - \bar{y})^2 = \sum_{j=1}^{C_{p+1}^2} b_j B_j = \sum_{j=1}^{C_{p+1}^2} S_{b_j}$$

当在中心点有 m_0 次重复试验，且试验结果分别为 $y_{01}, y_{02}, \cdots, y_{0m}$，则先由此产生的误差平方和 $S_误$ 对失拟平方和 S_{lf} 进行 F_2 检验。这里

$$S_误 = \sum_{i=1}^{m_0} (y_{0i} - \bar{y}_0)^2, f_误 = m_0 - 1$$

$$S_{lf} = S_剩 - S_误, f_{lf} = f_剩 - f_误$$

应该：$F_{lf} \leqslant F_\alpha(f_{lf}, f_误)$

那就说明失拟平方和 S_{lf} 基本上是由试验误差等偶然因素引起，可进行下一步 $F_回$ 的检验，假如对给定的显著性水平 α，有

$$F_回 > F_\alpha(f_回, f_剩)$$

那么就说明回归方程是显著的。

最后，对回归系数逐个进行 F 检验，由于二次回归正交组合设计在安排试验时，就选择这样一些点做试验，使得回归系数之间不存在相关性，对应相关矩阵 $\boldsymbol{C}$ 为对角阵，这时从回归方程中剔除任一个因子都不需要进行新的计算。

通常造成回归方程不显著的原因有以下几个方面：

①主要因素没有选入；

②试验过程中有较大的试验误差；

③所选用的方程表达式不合适。

碰到这种情况，应慎重分析，弄清原因，重新考虑新的试验方案。

二次回归正交组合设计在烧结球团科研工作中已多有报导，其数据的计算可用电子计算机来进行，并且可以在计算上进行最佳化的研究，选取满足因变量 y 的目标值条件下的最佳工艺条件。

第4章　试样调制及其性质的测定

我们不能将所研究物料的全部拿来试验，而只能从中选取少量具有代表性的样品作为研究对象，通过样品试验研究了解整体。因而试验研究的第一项具体工作就是采样，并对试样进行相应工艺性质的检测，同时综合考虑政治、经济、技术诸方面的因素，然后制定试验方案进行试验研究。本章着重讨论试样准备及其工艺性质的测定。

4.1　散状物料的采样与试样调制

造块试验研究的对象是散状物料，在开始试验前必须进行试样的采取、加工、调制及物料性能的检测与研究。

4.1.1　采样要求

从一批物料中采集具有代表性的部分样品叫采样或取样。对于采样工作的根本要求是保证试样具有代表性。若试样代表性不足，试验结果不能反映所研究的目标物料的真实情况，而使整个研究工作失去意义。在数量上，则要求所采试样既能充分满足试验需要，又不致于因盲目要求多采样而无益地加大采样工作量。

试样的代表性主要表现在以下三个方面：

（1）试样的化学组成应与所研究的目标物料基本一致，即试样和目标物料中主要化学组成及元素含量（品位）符合规定。地质部关于“选冶试验质量管理办法的规定”（1978）对试样中主要有用元素含量的允许误差的暂行规定如表4－1所示。

表4－1　试样中主要有用元素允许误差

元素含量/%	>20	20~10	10~0	1~0.005	<0.005
允许绝对误差/%	1				0.001
允许相对误差/%		5	5~10	10~20	

（2）试样中主要矿物组成的赋存状态，如矿物组成、结构与构造、有用矿物嵌布等与所研究的目标物料基本一致。

（3）试样的物理性质与所研究的目标物料基本一致，如物料的粒度及粒度组成等。

烧结球团用物料大多为散状物料，如铁矿石、锰矿石、石灰石、白云石、蛇纹石、煤粉、焦粉等，由于这些散状物料来自不同矿山以及采样位置的差异、生产过程中工艺因素的波动，散状物料的化学成分和物理性质是不均匀的。要知道某一种物料的性能，必须从不同批次散状物料中取得具有足够代表性的相应试样份数和一次采样最小质量数，一般是根据物料均匀性和粒度大小来决定采样的份数和一次采样最小质量数，更确切地说，取决于检测精度的要求，为便于了解本章内容，先弄清几个术语。

批量——当事者之间确定的、一次交付的同一类型物料的质量。

部分试样——在大料堆中具有代表性布点上采集的单位重量的物料。

合成试样——由部分试样合成的能代表该批物料成分、性能的样品。

调制试样——从合成试料中，经过缩分或破碎后再缩分，完成规定的调制程序后，获得符合分析、测试、检验要求的试样。如分析化学成分用的试样，检测水分、粒度用的试样以及检测某项冶金性能或机械强度用的试样等。

由经验可知：物料粒度越小，均匀性越好，采样的份数和每次采样最小质量数可以越少；物料粒度越大，均匀性越差，采样的份数和每次采样最小质量数越大。如果对检验试样的准确度要求越高，则采样份数和每次采样最小质量数也应增加，其检验费用也增高。图 4-1 为采样份数、质量和采样粒度差异、检验费用之间的定性关系。

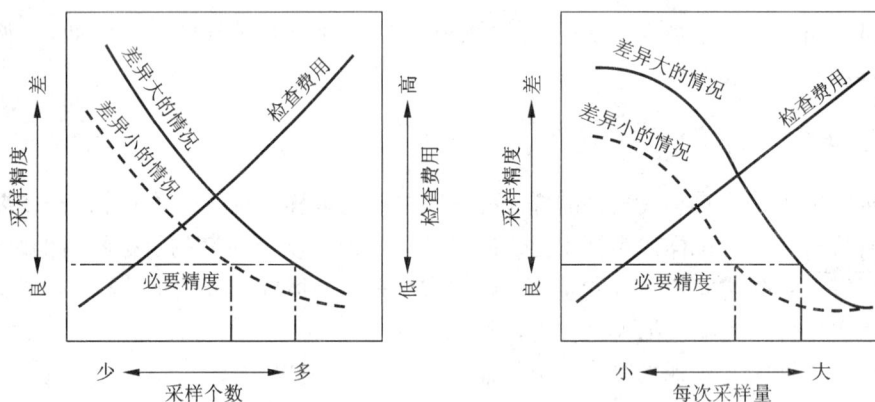

图 4-1　采样份数、质量和采样粒度差异、检验费用之间关系

表 4-2 是某些学者根据散状物料均匀性和粒度组成推荐的采样份数和每次采样最小质量。

表 4-2　部分试样采取的份数和质量

物料粒度/mm		0~50	50~120	250~600
不均匀物料	试样份数	10	100	1400
	每份质量/kg	2.5~3	4~5	6~7
很不均匀物料	试样份数	100	140	200
	每份质量/kg	3~4	5~6	7~8

4.1.2　散状物料的取样

（1）静置料堆的取样

静置料堆是在生产过程中逐渐堆积起来的，沿料堆的长、宽、高方向物料的性质都有变化的。原则上是根据采样份数均匀布点。用互相垂直的平行线把料堆表面等分区域，以平行线交点作为取样点，在深 0.5 m 左右取样。

若料堆为三角形断面长条布置，一般在其侧面上距地面 0.5 m 处画第一条水平横线，而后离第一条线 0.5 m 处画第二条横线，依此类推，然后根据所确定的采样份数画垂直线等分各区，在交点处采样。

由于堆料过程中易造成偏析以及料堆表面受到氧化、风化作用，料堆内部取样又较困难，要采出具有代表性的试样是不容易的。故一般不在料堆上取样，而在皮带堆料时（或取料时）采样。

（2）在车厢中布点采样

先把散料铲平，按照图 4 - 2 所示找出采样点。如果是一列货车，在第一节货车上 1 点取样，第二节货车上 2 点上取样，依次类推按所要求的份数和数量取完样。在汽车货厢上可按 5 点取样，如图 4 - 3。每次采样的长方体以宽边为最大粒度三倍长、长边大于宽边而高度为料层厚度，采样时对长方体作全量采取。

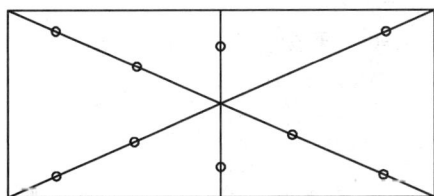

图 4 - 2　在货车上采样点分布

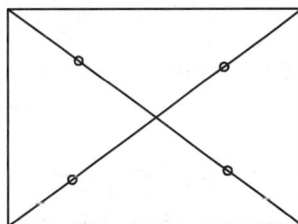

图 4 - 3　在汽车上采样点分布

（3）在运输皮带上采样，一般在运输皮带上或落料口上采样

图 4 - 4 为运输带上的几种采样方式，其中 a 为手动料盒采样，把采样料盒放在皮带上，随着皮带运动通过料流点把盒收回即可。其他几种采样装置作为装卸设备的一部分而设置。这种设施只有在皮带达到正常载荷时才能动作，并按设定的间隔时间采样，为了达到规定的部分试样的质量，采样间隔时间 τ 为：

$$\tau = \frac{批量}{试样份数} \tag{4-1}$$

每次采样质量应大致相同，若不能一次采足时可采数次。大致相同是指每份样质量的差异小于平均值的 20%。

对于粉、块状混合物，采样过程应能容易地采到粒度最大的块。皮带机上采样时，以最大粒度三倍以上的长度作全流幅采取。在落料口用采样机采取时，开口部宽（见图 4 - 4 中 A）应该为最大粒度的三倍以上。

4.1.3　试样最小必需量的确定

试样最小必需量（用国际单位制时，最小必需质量，按工程习惯，叫最小必需重量），指的是为保证一定粒度的散状物料试样具有代表性时所必需取得的最小试样量。须注意的是，对取样过程，它指的是总样（平均试样）而不是单样的质量；对在 4.1.4 节中将要讨论的缩分

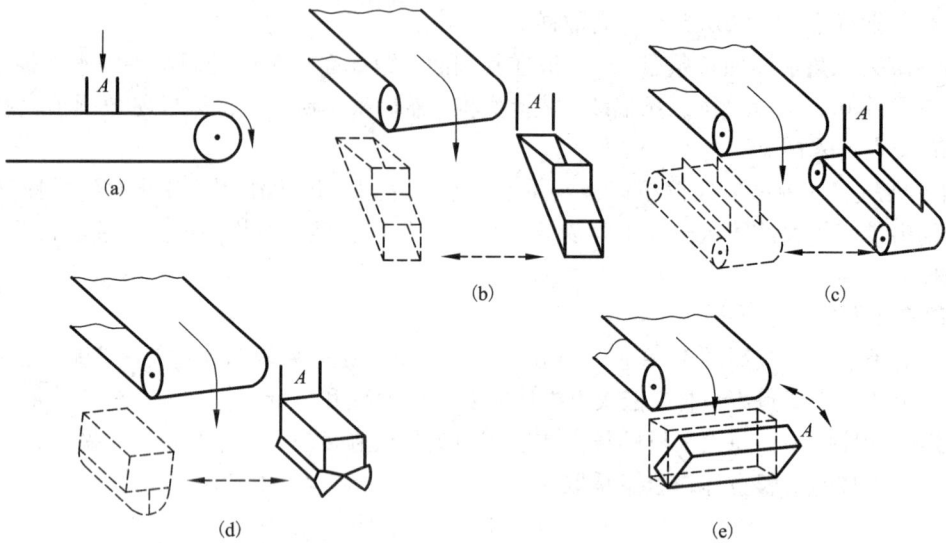

图 4 - 4 运输皮带上的采样形式

(a)手动料盒采样;(b)溜槽型截取机;(c)给料型截取机;(d)犀斗型截取机;(e)摆动流槽型截取机

A—开口部宽;→料流方向;→采样一次装置走行轨迹

过程,则是指每一份实验样和检测样。

矿石所要考察的各种特征量的分布(如金属元素分布、矿物组成等)总是与物料的粒度分布相关,若检测目的就是要确定粒度分布,则特征量就是粒度分布,因而为保证试样在给定的特征量上有代表性所必需的试样最小质量,首先与物料的粒度有关,其次还取决于各个单颗粒试样的性质。也可以这样理解,为了保证样品的代表性,待取样的物料和样品都必须保证有足够的颗粒数,而所需的颗粒数则又与物料的性质和允许误差有关。

长期以来,人们习惯采用下列经验公式,计算具有代表性的试样所必需的最小试样量:

$$M_s = kd^\alpha \tag{4-2}$$

式中:M_s——试样最小质量,kg,按国际单位制;

d——试样中最大块的粒度,mm;

α——表示 M_s 同 d 之间函数关系特征的参数;

k——经验系数,与矿石性质有关。

α 值理论上应为 3,实际取值范围为 1~3。α 小于 3 代表着一种妥协,原因是粒度很大时,如果取 $\alpha=3$,则算出的试样必需量将很大,为此须耗费过多的人力和财力。选冶工艺上最常用的 α 值为 2。

决定 k 值大小的因素有:

①矿石中有用矿物分布的均匀程度,分布愈不均匀,k 值愈大;

②矿石中有用矿物颗粒的嵌布粒度,嵌布粒度愈粗,k 值愈大;

③矿石中有用矿物含量愈高,k 值愈大;

④有用矿物密度愈大,k 值愈大;

⑤试样品位允许误差愈小,k 值愈大。

几种矿石的 k 值见表 4 - 3。对于某种矿石，可用实验的方法来更准确地确定 k 值。

表 4 - 3　几种矿石试料的特种系数 k

矿石类型	k 值
铁矿(浸染、沉积变质型)，锰矿	0.1 ~ 0.2
高岭土，黏土，石英	0.1 ~ 0.2
萤石，黄铁矿	0.2
菱镁石、石灰石、白云石	0.05 ~ 1.0

例：一铁矿石被磨细到小于 1 mm 时，只需取样 200 g 就能满足检验精度要求，求 k 值。

解：由式(4 - 2)知：

$$k = M_s / d^2 = 0.2/1^2 = 0.2$$

4.1.4　试样调制

为了使采得的样品能满足所研究的目标物料性状的工艺要求，对原始样品进行一系列以不改变样品性质为原则的调制加工，这个过程叫试样调制。采样及试样调剂一般由技术部门按国家标准或有关规定进行，只有在合理的采样、正确的调制前提下，所取得的试样才具有代表性，对样品进行检测和试验研究并用来指导下一步科研和生产，判断科研成果和生产指标。采样和试样调制的失误将会给科研和生产带来不可估量的损失。

烧结球团试验研究，是由一系列的分析、鉴定和试验研究组成。研究前，要将取来的原始试样(总样)破碎，缩分成许多单份试样，供试样分析、鉴定和试验研究使用，这项工作，就叫做试样的制备或加工。制备的这些单份检测样和实验样，不但在数量上和粒度上应满足各项具体检测和实验工作的要求，而且要求在物质组成特性方面仍能代表整个原始试样。

(1)试样缩分流程的编制

反映研究前试样破碎和缩分等整个程序的流程，地质部门一般叫做样品加工程序图，选冶试验单位目前一般简称为试样缩分流程。

编制试样缩分流程须注意以下几点：

①首先要明确：本次试验一共需要哪些单份检测样和实验样，粒度应多大，数量要多少，以便所制备的试样能满足全部检测和实验项目的需要，而不致于遗漏和弄错。

②根据试样最小质量公式，算出在不同粒度下为保证试样的代表性所必需的最小质量，并据此确定在什么情况下可以直接缩分，以及在什么情况下要破碎到较小粒度后才能缩分。

③尽可能在较粗粒度下分出储备试样，以便在需要的情况下尚有可能再次制备出各种粒度的试样，并避免试样在储存过程中氧化变质。

对于试样量较大的试料缩分，应采用机械缩分装置，但必须满足精度高和偏差小的条件。常用的有二分器(如图 4 - 5)，其槽数为偶数，倾斜面夹角小于 60°，二分器内表面要平滑，槽宽度大于最大粒度的三倍，试料进、出二分器时，力求减少微粉飞散。

机械缩分装置还有截取缩分机(示意图见图 4 - 6、图 4 - 7、图 4 - 8)，旋转圆锥缩分机、盲孔缩分机及旋转缩分机，缩分调节方式见表 4 - 4。

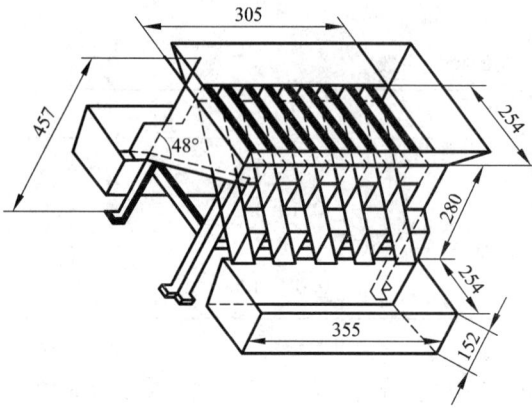

图 4-5　多槽分样器

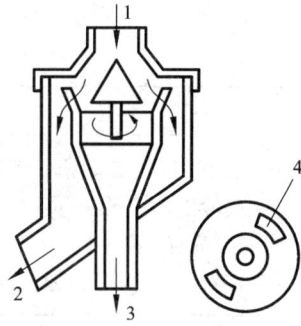

图 4-6　旋转圆锥缩分机
1—试料进口；2—缩分试料；
3—废弃试料；4—缩分口

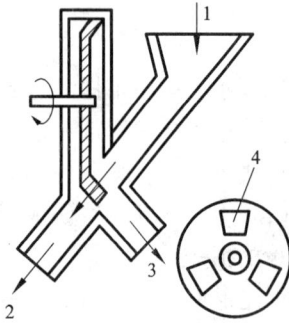

图 4-7　盲孔缩分机
1—试料进口；2—缩分试料；
3—废弃试料；4—缩分口

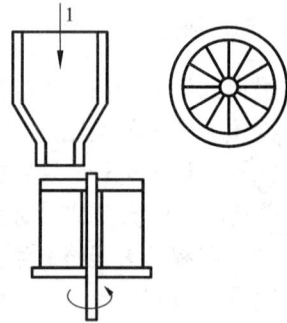

图 4-8　旋转缩分机
1—试料进口；2—缩分试料；
3—废弃试料；4—缩分口

表 4-4　几种机械缩分机缩分量调节方法

名称	旋转圆锥缩分机	盲孔缩分机	旋转缩分机
缩分方法	调节开口部 变更缩分比	调节开口部 变更缩分比	变更试料容器数 变更缩分比

缩分试样最小质量计算举例如下：

某铁矿采得原始试样 500 kg，最大粒度为 40 mm，据(4-2)式算出缩分试样最小质量：

$$M_{s40} = 0.2 \times 40^2 = 320 \text{（kg）}$$

四分法要弃去 500 kg 的一半，即 250 kg，它小于 320 kg，因此不能直接采用四分法缩分，可以把试样破碎到小于 20 mm 再缩分，按(4-2)式计算缩分试样最小质量：

$$M_{s20} = 0.2 \times 20^2 = 80 \text{（kg）}$$

缩分 500 kg→250 kg→125 kg，而后破碎到 5 mm：

$$M_{s5} = 0.2 \times 5^2 = 5 \text{（kg）}$$

缩分四次达到 7.8 kg，再破碎到小于 1 mm：

$$M_{s1} = 0.2 \times 1 = 0.2 \ (kg)$$

缩分五次达到约 0.25 kg，再细磨到检验要求粒度即可，比如分析含 Fe 品位，磨至小于 160 目（小于 0.1 mm）即可。

以上计算表明：缩分前试样的 1/2 质量不得大于计算出的缩分试样最小质量，否则要进一步破碎才能缩分；其次，缩分后破碎可大大减少破碎工作量。

（2）试样加工操作

试样加工操作包括四道工序，即筛分、破碎、混匀、缩分。为了保证试样的代表性，必须严格而准确地进行每一项操作，决不允许粗心大意。

①筛分。破碎前，往往要先进行预先筛分，以减少破碎工作量，破碎后还要检查筛分，将不合格的粗粒返回。对于粗碎作业，若试样中细粒不多，而破碎设备生产能力较大，就不必预先筛分。

粗粒筛分可用手筛，细粒筛分则常用机械振动筛。筛孔尺寸应尽可能与该类矿石生产习惯一致。一般应备有筛孔尺寸为 150 mm，100 mm，70 mm，50 mm，35 mm，25 mm，18 mm，12 mm，6 mm，3 mm，2 mm，1 mm 的一整套筛子，供试验选用。

②破碎。实验室内第一、二段破碎一般用颚式破碎机。第一段破碎机的规格可为 150 mm × 100 mm（125 mm）或 200 mm × 150 mm，相应的最大给矿粒度分别为 100 mm 和 140 mm。不能给入破碎机的大块可用手工拣出或用筛子预先筛出，放在铁板上用人工锤碎。第二段颚式破碎机的规格一般为 100 mm × 60 mm，排矿粒度可控制到小于 6 ~ 10 mm。一般只要设备工作情况允许，总是希望利用颚式破碎机将试样尽可能破碎得小一些，以减轻下一段对辊机的负荷，因为对辊机生产能力通常较低，往往是整个加工操作中最费时间的一道工序。第三段破碎（有时还有第四段破碎）通常采用对辊机，其规格一般为 ϕ200 mm × 75 mm 或 ϕ200 mm × 125 mm，需经反复开路破碎，才能将最终粒度控制到小于 1 ~ 3 mm。为制备分析试样，可利用盘磨机，常用的规格有 ϕ150 mm，ϕ175 mm，ϕ250 mm 等，也可用普通的实验室型球磨机。如果必须避免铁质污染时，应改用瓷球磨或玛瑙研钵等非铁器械制样。

③混匀。在试样缩分工作中，混匀操作是很关键的一环，只有混匀了，才能分得匀。常用的混匀方法有以下三种：

a. 移锥法。即利用铁铲将试样反复堆锥。堆锥时，试样必须从锥中给下，以便使试样能从锥顶大致等量地流向四周。铲取矿石时，则应沿锥底四周逐渐转移铲样的位置。如此反复堆锥 3 ~ 5 次，即可将试样混匀。

b. 环锥法。与第一法类似，但第一个圆锥堆成后，不是直接把它移向第二锥而是将其由中心向四周耙（或铲取）成一个环形料堆，然后再沿环周铲样，堆成第二个圆锥，一般也至少要堆锥 3 ~ 5 次，才能将试样混匀。

c. 翻滚法。此法仅适用于处理少量细粒物料，如磨细的分析试样。具体做法是，将试样置于胶布或漆布上，轮流地提起布的每一角或相对的两角，使试样翻滚而达到混匀的目的。但翻滚的次数必须相当多否则不易混匀。若矿石中有用成分颗粒密度很大而含量很低（如黄金）时，则有用成分在翻滚过程中将富集到试样的底层，影响混匀效果和取样精确度，缩分取样操作时必须注意。

④缩分。试样的缩分，必须在充分混匀后再进行，常用的方法有下列几种：

a. 四分法对分。将试样混匀并堆成圆锥后，压平成饼状，然后用专用的十字板或普通木板、铁板等将其沿中心十字线分割为四份，取其中互为对角的两份并作一份，因而虽称为"四分法"，实际却仅将试样一分为二，而不是一分为四（见图4-9）。

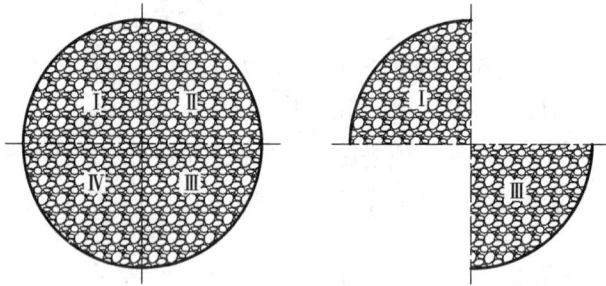

图4-9 四分法

b. 多槽分样器（二分器）分样。这种分样器通常用白铁皮制成，其主体部分是由多个向相反方向倾斜的料槽交叉排列组成，料槽倾角一般为50°左右，斜槽的总数不定，一般为10~20且应为偶数，太少不易分匀。此法主要用于缩分中等粒度的试样，缩分精度比堆锥四分法好。也可用于缩分矿浆试样，其外形图如图4-5所示。

c. 方格法。将试样混匀后摊平为一薄层，划分成若干小方格，然后用平底铲逐格取样。为了保证取样的精确度，必须注意以下三点：一是方格要划匀，二是每格取样量要大致相等，三是每铲都要铲到底。此法主要用于细粒物料的缩分，可一批连续分出多份小份试样，因而常用于浮选、湿式磁选和分析试样的缩分取样操作。

d. 割环法当粒度较小的试样取样时，除了用方格法以外，还常用割环法进行缩分取样。其具体做法是：将用移锥法或环锥法混匀的试样，耙成圆环，然后沿环周依次连续割取小份试样。割取时应注意以下两点：一是每一个单份试样均应取自环周上相对（即相距180°角）的两处；二是铲样时每铲均应从上到下、从外到里铲到底，而不能是只铲顶层而不铲底层，或只铲外缘而不铲内缘。为此目的，环周应尽可能大一些。而环带应尽可能窄一些，样铲的尺寸也应选择恰当，争取做到恰好每两铲即可组成一份试样。

同方格法相比，割环法分样速度较快，但每一单份试样仅取自两个取样点，而不象方格法那样取自多个点，因而对混样的均匀程度的要求更高。有用矿物颗粒比重大、嵌布粒度粗时不宜采用此法。

(3)试样的采取和加工工作的自动化和联动化

固体矿物原料，特别是块状试样的采取和加工，是一项劳动量很大而又极易造成误差的工作。为了减轻体力劳动，提高试验和现场生产检查工作的精度，必须积极实现现场取样和加工的自动化和联动化。在专业研究机构的选冶试验室内，均应设置可连续加工试样的联动破碎缩分装置；在生产现场，则应设置各种可自动控制的取样、缩分和样品加工装置。

4.2 实验常用气体制备

人造矿是在一定气氛下进行制备的，实验用气体或参与反应或作为载热体对物料进行加热，维持特定的气氛作为保护性气体或作为惰性气体用于气体吹扫、气体置换等。

4.2.1 实验室几种常用气体的特性

人造矿实验常用气体按其功能分为：还原气体（H_2，CO）；氧化气体（O_2，CO_2，H_2O）；惰性气体（N_2，Ar）。NH_3 用作还原性的保护气体，分解时也可作还原剂使用。Cl_2 和 SO_2 是研究氯化焙烧和硫酸化焙烧时使用。常用几种气体的物理、化学性质见表 4 - 5。

表 4 - 5　常用气体的主要物理、化学性质

气体		H_2	O_2	N_2	Ar	CO	CO_2	Cl_2	SO_2
分子量		2.016	32.000	28.016	39.944	28.010	44.010	70.906	64.06
标态下密度/(g·L^{-1})		0.096	1.429	1.251	1.784	1.250	1.977	3.214	2.860
比重，对空气		0.0695	1.1053	0.9673	1.3799	0.9669	1.5291	2.4800	2.2600
标态下摩尔体积/L		22.43	22.39	22.40	22.39	22.40	22.26	22.06	22.40
一大气压下的沸点/℃		-252.70	-182.97	-195.80	-185.70	-191.50	-78.84（升华点）	-34.05	-10.00
液态密度/(kg·L^{-1})		0.071（-252℃）	1.140（-183℃）	0.808（-196℃）	1.402（-185）	0.814（-195℃）	0.914（0℃，34.3atm）	1.557	1.400
在溶水解中度/(cm^3·mL^{-1})	0℃	0.0215	0.0489	0.0238	0.0524	0.0354	1.7130	3.1480	79.7890
	25℃	0.0175	0.0283	0.0147	0.0289（30℃）	0.0214	0.7590	2.0190	32.7860
	50℃	0.0161	0.0209		0.0225	0.0162	0.4360	1.2250	
色		无色	无色	无色	无色	无色	无色	黄绿	无色
嗅		无嗅	无嗅	无嗅	无嗅	无嗅	无嗅	有刺激	有刺激
其他		可燃还原性导热好	助燃氧化性	惰性，高温下能与 Mg、Ca、Sr、Ba 起反应	惰性	可燃还原性剧毒	氧化性	有毒易液化	有毒易液化易溶于水

上述气体中，H_2，CO，H_2S，NH_3 是易燃易爆气体，表 4 - 6 是这些气体在空气中的爆炸限。CO，H_2S，NH_3 及 SO_2 是有毒气体，表 4 - 7 列出这些气体在大气中所允许的最高含量。使用这些气体时必须注意防火、防爆、防毒，要有严格而妥当的措施及相应的操作规程。对于那些无毒气体也不允许大量排入室内空气中，否则会使人缺氧甚至窒息。

表 4-6　某些可燃气体在空气中的爆炸限

气体		H_2	CO	H_2S	NH_3	CH_4
爆炸范围 体积/%	上限	74.2	74.2	45.5	26.4	15.0
	下限	4.1	12.5	4.3	17.1	5.0

表 4-7　大气中有毒气体允许的最高含量，mg/L

气体	CO	Cl_2	NH_3	SO_2
允许最高含量	0.020	0.001	0.020	0.020
可嗅出最低浓度	无嗅	0.00035		0.007

4.2.2　气体的制取

（1）瓶装气

目前大多数气体已有工业生产，这些气体装在高压气瓶中，瓶容积 25~44 L，相当于常压下 4~7 m³，瓶装压力 12~15 MPa。CO_2 气体在 0℃，3.5 MPa 条件下已液化。

为了便于识别和安全使用瓶装气体，对气瓶颜色作出规定如表 4-8。

表 4-8　瓶装气瓶颜色标记

气体	H_2	O_2	N_2	CO_2	CO	Ar	工业 Ar	NH_3
颜色	深绿	天蓝	黑	黑	红	灰	黑	黄

瓶装气不能使用到常压，否则还要清洗才能重新充气；气瓶要定期打压检验；气体不得超装，不得曝晒，更不能靠近火源；使用时必须装上减压阀；在实验室中，气瓶应用支架固定。

工业生产的瓶装气常含有杂质，使用时应注意去除有害杂质，以免影响试验研究工作。

①氮。瓶装氮气大多为空气分离法获得，其所含杂质为 O_2，CO_2，H_2O 及微量的惰性气体。

②氩和氦。瓶装氩和氦气纯度较高，其主要杂质为空气。

③氢。瓶装氢气纯度为 99.7%~99.9%，仅含少量空气。

④二氧化碳。其杂质取决于二氧化碳的生产方式，杂质有 CO，H_2S，空气，H_2O，酿酒副产品二氧化碳还含有醇类物质。

⑤一氧化碳。实验用一氧化碳可用 CO_2 或空气气化木炭或焦炭获得，其主要杂质为 CO_2，O_2 和 H_2。

（2）气体制备方法

对于使用量不大而纯度要求又高的气体可以自行制备，表 4-9 列出某些气体的制取方法。有的气体可用多种方法来制取，应根据气体纯度、用量和制取方法简便、经济等几方面综合考虑。

表4-9 某些气体的制取方法

气体	反应式	反应涉及的相
H_2	$Zn + H_2SO_4 \longrightarrow ZnSO_4 + H_2$	固—液
O_2	$2H_2O_2 \xrightarrow{\text{Ni 催化}} 2H_2O + O_2$	液
N_2	$NaNO_2 + NH_4Cl \longrightarrow NaCl + 2H_2O + N_2$	固
CO	$HCOOH \longrightarrow H_2O + CO$	液—液
	$C + CO_2 \xrightarrow{1150℃} 2CO$	气—固
	$2C + O_2 \xrightarrow{1000℃} 2CO$	气—固
CO_2	$2NaHCO_3 \xrightarrow{110 \sim 420℃} Na_2CO_3 + H_2O + CO_2$	固
	$MgCO_3 \xrightarrow{>540℃} MgO + CO_2$	固
NH_3	$NH_4Cl + NaOH \longrightarrow NaCl + H_2O + NH_3$	固—液

图4-10适用于固—液反应的启普发生器，图4-11适用于液—液反应的气体发生器，其中(a)适用于常温，(b)为水浴加热的反应器，反应温度为80℃，反应完成后的废液用 N_2 气压出，并用水带走。

图4-12是连续式的 CO 发生器，它与图4-11(b)不同之处在于反应后的废液可以从中心管中排出，固而可连续进行。CO 气体有剧毒，应严格保证系统密封，以防外泄。

在人造矿热态性能检测中需要较大量还原气体，实验常用电热气化发生炉制取 CO，图4-13是目前较常采用 CO_2 或 O_2（空气）通过高温碳层发生 CO 的装置来制备 CO。

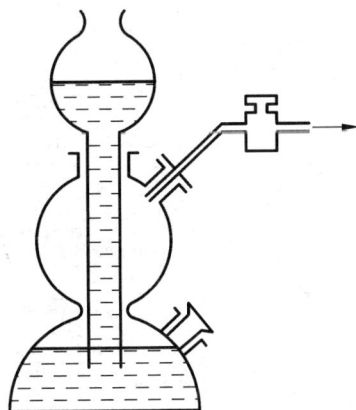

图4-10 固—液反应的启普发生器

$$CO_2 + C = 2CO$$
$$O_2 + 2C = 2CO$$

对于每小时产生 1.2 m^3 CO 的发生炉，电炉功率 7.5 ~ 10 kW，反应管为刚玉或耐热不锈钢管，内径 $\varphi_内 = 100 \sim 110$ mm，反应温度 1100 ~ 1200℃。焦炭气化需高温，木炭可用低温。

使用 CO_2 介质制取 CO 气体纯度较高，使用空气经济方便，而且空气中带入的 N_2 气，还可用作配气。但由于空气成分波动较大，特别的空气中的水分，通过高温碳热层时，会增加还原气体的 H_2 含量，这在人造矿热态性能检测中应尽可能避免的。因此，在空气进入气化炉前应经脱水处理。

木炭气化前必须作充分干馏是保证 CO 纯度的关键，一般情况下，在 800 ~ 1000℃高温区保持半小时，挥发物基本可以去除。

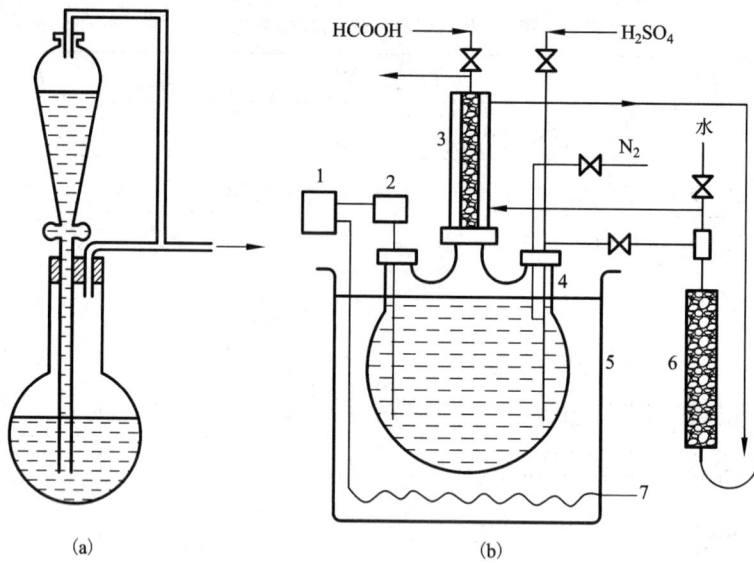

图 4 – 11　液—液反应的气体发生器

(a)常温用的液—液反应器；(b)有水浴加热的 CO 发生器

1—控温仪；2—温度计；3—水冷器；4—三口反应瓶；5—水浴缸；6—排水池；7—电热器

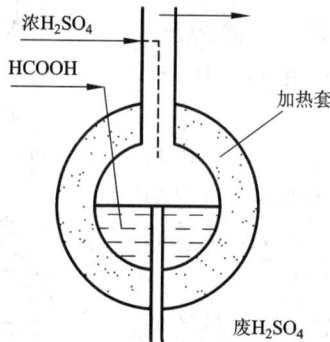

图 4 – 12　连续式液—液发生器

4.2.3　气体净化方法

实验用气体往往含有一定杂质，在不能满足实验要求时应进行净化处理。净化处理分化学吸收、物理吸附和干燥脱水。

(1)化学吸收净化法

此法是将杂质溶于吸收剂中，经过化学反应达到分离杂质的目的。表 4 – 10 列出几种气体的吸收剂及化学反应式。

采用碳气化炉产生的 CO 主要杂质为 CO_2，O_2 和 H_2，CO_2 通常用浓度 50% 的 KOH 脱除，用焦性没食子酸溶液脱除 O_2(50% 浓度的焦性没食子酸溶液与 50% 浓度的 KOH 溶液，按 4∶6 配制)，H_2 在通过 600℃ 的金属钯管时，会被大量吸收，从而达到脱 H_2 的目的。

此外，还可借助于催化剂作用，使气体杂质发生化学反应，生成无害的物质留在气体中或生成易除去的物质排除，催化剂多为金属或盐类，一般是附在不参与反应的惰性载体上。

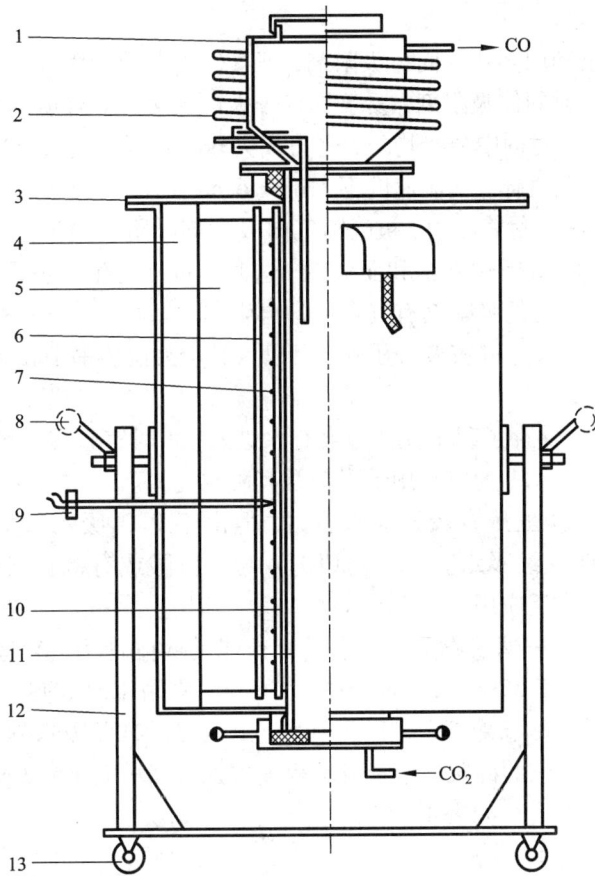

图 4 – 13　用碳气化发生 CO 的一种装置

1—贮焦炭罐(8L)；2—CO 引出管；3—炉盖；4—绝热纤维毡；5—轻质高铝砖；6—高铝管；

7—铁铬铝电热体；8—锁紧把手；9—控温热电偶；10—螺纹管；11—工作管；12—炉架；13—万向轮

表 4 – 10　几种气体吸附剂及反应式

被吸气体	吸收剂	吸气反应式
CO_2	KOH 或 NaOH 水溶液	$CO_2 + 2KOH = K_2CO_3 + H_2O$
	33% 碱石灰或碱石绵	$CO_2 + 2NaOH = Na_2CO_3 + H_2O$
SO_2	KOH 水溶液	$SO_2 + 2KOH = K_2SO_3 + H_2O$
	含 KI 的碘溶液	$SO_2 + I_2 + 2H_2O = H_2SO_4 + 2HI$
CO	氯化亚铜的氨性溶液	$2CO + Cu_2Cl_2 = Cu_2Cl_2 \cdot 2CO$
O_2	碱性焦性没食子酸溶液(15℃以上效果较好)	$\frac{1}{2}O_2 + 2C_6H_3(KO)_3 = 2(KO)_3C_6H_2 + H_2O$
H_2S	KOH 溶液	$H_2S + 2KOH = K_2S + 2H_2O$
	含 KI 溶液	$H_2S + I_2 = 2HI + S$
Cl_2	KOH 溶液	$Cl_2 + 2KOH = KClO + KCl + H_2O$
	KI 溶液	$Cl_2 + 2KI = 2KCl + I_2$
N_2	Ca 或 Mg(500 ~ 600℃)	$N_2 + 3Ca = Ca_3N_2$
H_2	钯的胶状溶液	物理吸收

（2）物理吸附净化法

气体的吸附净化是利用多孔的固体吸附剂，把气体中杂质吸附在其表面上，从而达到分离杂质和净化的要求。对固体吸附剂，要求具有较大的比表面，合适的粒度，这样才能有足够的吸附表面，气体在吸附剂中分布均匀，阻力损失较少，可达到较高的效率。吸附剂一般用于处理低浓度的被吸附气体，气流速度不大于 0.6 m/s。吸附速率取决于被吸附气体的温度、吸附通道大小、吸附的附着能力、被吸附气向吸附剂吸附表面扩散速度及气流速度。当吸附剂使用到一定时间后，因达到饱和而失效，这时应进行再生处理，一般采用加热、减压或吹洗的办法来再生，不同的吸附剂有其合适的再生方法。

常用的吸附剂有活性炭、硅胶及分子筛，可以从其产品说明书中查到其使用性能。

（3）气体脱水

气体在制取、净化、储存过程中往往都会有水进入，水对实验有影响，必须干燥脱除。

①干燥剂脱水。表 4-11 列出常用干燥剂及其脱水能力。

P_2O_5 及无水过氯酸镁虽然有较强吸水能力，但由于 P_2O_5 吸水后形成粘稠物质吸附于 P_2O_5 表面，它阻碍 P_2O_5 继续吸水。而 $Mg(ClO_4)_2$ 与无机酸或有机物接触时可能发生爆炸。故这些干燥剂均未得到广泛应用。

硅胶是以 SiO_2 为主的玻璃状物质，对水具有很强的吸附能力，它适用于相对湿度大于 40% 的气体，相对湿度低于 35% 时，其吸附能力下降。吸附水时放热，此时吸附能力下降，在处理高湿高温气体时应注意冷却。硅胶为乳白色，为显示硅胶吸水程度，常用氯化钴溶液浸泡硅胶，干燥后成为蓝色的硅胶，随着吸水程度增加，含水氯化钴 $CoCl_2 \cdot mH_2O$ 的颜色随着结晶水 m 值的增加而变化，如表 4-12。

表 4-11　常用干燥剂及在 25℃时的脱水能力

干燥剂	干燥后残余水含量 /(mg·L^{-1})	干燥后残余水蒸气分压 /kPa	气体可达到的露点 /℃	脱水原因
P_2O_5	2×10^{-5}	2.0×10^{-5}	< -50	生成 H_3PO_4 等
$Mg(ClO_4)_2$	5×10^{-4}	—	—	潮解
$Mg(ClO_4)_2 \cdot 3H_2O$	2×10^{-3}	2.0×10^{-3}	—	潮解
KOH（熔融）	2×10^{-3}	2.0×10^{-3}	< -50	潮解
Al_2O_3（活性）	3×10^{-3}	—	—	吸附
浓 H_2SO_4	3×10^{-3}	2.9×10^{-3}	< -50	生成水化物
硅胶	3×10^{-2}	—	—	吸附
NaOH	8×10^{-1}	—	—	潮解
CaCl	2×10^{-1}	2.0×10^{-1}	-14	潮解
CaO	2×10^{-1}	—	—	生成 $Ca(OH)_2$
A 型分子筛	5×10^{-4}	5.1×10^{-4}	—	吸附

表 4 – 12　含水氯化钴 $CoCl_2 \cdot mH_2O$ 随着结晶水 m 值的增加时颜色变化

m	0	1	1.5	2	4	6
颜色	浅兰	紫兰	暗红紫	淡红紫	红	粉红

当颜色变为粉红时，硅胶应作更换或再生处理，在 120～150℃温度下保持适当时间，硅胶中氯化钴又成蓝色。硅胶容易再生，吸附水量便于观察，使用安全方便，在实验室及工业装置上广泛采用。

$CaCl_2$ 和 CaO 的干燥能力较低，但它价廉易得，成为较普通的干燥剂。这两种物质与水作用后易成黏稠状，影响它进一步脱水。

密度为 1.84 g/cm^3 的浓硫酸是实验室常用的液态干燥剂，其脱水能力随着温度提高及含水量增加而显著降低。

水是极性分子，分子筛对水有很强的吸附能力，即使在水蒸汽分压很低或温度较高时，分子筛对水仍有较强的吸附能力，分子筛吸附水后经过约 350℃ 处理可以再生使用。分子筛脱水在实验室和工业上已广泛应用。要注意的是，分子筛具有选择性吸附作用，例如 4ANa 型分子筛，$Na_{12}[(Al_2O_3)_{12} \cdot (SiO_2)_{12}]$，它可以吸附 27 个分子 H_2O，同时能吸收分子大小比其孔径(4.5 Å～0.45 nm 左右)来得小的分子，如 H_2(2.4 Å～0.24 nm)，O_2(2.8 Å～0.28 nm)，CO_2(2.8 Å～0.28 nm)，N_2(3.0 Å～0.30 nm)，Ar(3.8 Å～0.38 nm)，H_2S(3.8 Å～0.38 nm)，NH_3(3.8 Å～0.38 nm)，CH_4(4.2 Å～0.42 nm)等，也就是说，脱除气体中 H_2O 同时，会改变某气体组成比例，这对一定成分气体来说是不希望的。

选择干燥剂时，首先要考虑它与待处理气体之间不能有反应，如 KOH，NaOH，CaO 等不能用于 H_2S，SO_2，CO_2 酸性气体的脱水；P_2O_5、浓硫酸不能用于 NH_3 碱性气体的脱水。其次，气体应先经过干燥能力不一定强但脱水量大的干燥剂，待除去较多的水后再经过干燥能力强的干燥剂，这样效果就好。

②冷凝脱水。冷凝使带有水汽的气体在通过低温介质时冷凝达到水与气体分离的目的。实验室常用的低温方法是用冰和某些盐类混合而成的。干冰作介质可达 –80℃，液氮蒸发可获 –195℃ 低温，有很好脱水效果。

4.2.4　实验用气体储存、配气

(1)气体储存

实验室自制气体时，大都设置储气罐。一方面储气罐具有稳定的压力和温度的作用，从而可获得稳定的气体流量；另一方面储气罐也是配气的容器。

储气罐的形式多样，这里介绍两种常用的储气罐(见图 4 – 14)。图中(a)容器为有封闭液的浮筒式储气罐，可通过浮筒的上下移动，自动调节容器内压力，稳定流量操作。同时，由于封闭液不更换，一定比例气体中可溶部分已饱和，所配气体的成分较稳定。图中(b)为配有压力计和液位计的有封闭液的储气罐，为稳定容器的压力可配置恒压水箱。亦可根据压力计指示值，随时调节封闭液进出量来稳定容器内压力，达到稳定控制气体流量的目的。

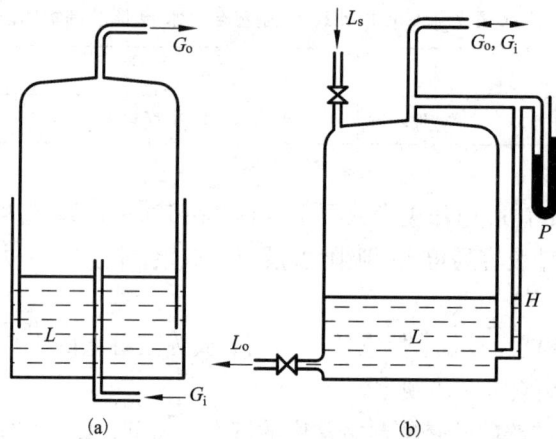

图 4 – 14　常用的两种储气容器

(a)有封闭液的浮筒式储气罐；(b)有封闭液的储气罐

G_i—气体进口；G_o—气体出口；L—封闭液；L_s—封闭液进口；L_o—封闭液出口；H—液位计；P—压力计

(2)混合气体的配制

在试验研究中，不仅仅需用高纯度的单一气体，而且经常使用按一定比例组成的混合气体，如研究铁矿石与气相之间的化学平衡时，需要用 $H_2—H_2O$ 或 $CO—CO_2$ 的混合气体控制气相的氧势，在鉴定铁矿石还原性时要用一定比例的 $CO—CO_2—N_2$ 混合气体等。

按比例组成的混合气体配制方法有静态法和动态法。

1)静态法

通常需一个容积比较大的容器，可按气体体积配制或各组分的分压配制。

①按气体体积配气。图 4 – 14(b)既是储气罐也可作为配气的容器。配气罐的容积应先标定，即在液位计 H 上标明气体体积或封闭液的体积。配气是在一定温度和压力下充气进行的。例如要配制含 70% N_2，30% CO 的还原气体，先记下储气罐压力 P，打开 G_i，L_o，关闭 L_s。在排液抽气状态下把 N_2 充入罐内，在充气容积接近 70% 前，减少 N_2 进入量，使罐内压力小于 P 值，当 N_2 到达 70% 容积刻度时立即关闭 L_o 阀，这时 N_2 继续充入罐内，直至罐内压力达到 P 值时，关闭 G_i 进气阀，这时 N_2 已充完。在 G_i 处接上 CO 源泉，开 L_o 阀，排液充 CO，用上述同样方法，充入 30% 体积 CO。按容积配气要注意各组成气的温度必须是一样的，先找准所需容积，再充足压力。

此法不适用于组分气能与封闭液起作用或溶解的气体。这种配气法，容积误差可达到 0.05%，很多标准气是按此法配制的。

②按各组份分压配气。分压配气的设备如图 4 – 15。例如要配制 200 kPa 的 60% CO 和 40% CO_2 的混合气，CO 分压为 $200 \times 60\% = 120(kPa)$，$CO_2$ 分压为 $200 \times 40\% = 80(kPa)$。即在容器内充入 CO，$CO_2$ 使各自分压为 120 kPa 和 80 kPa 就可以了。其操作步骤是：

a. 清洗容器：扭转三通阀，使 1，2，3 相通，开抽气泵，一直抽到 0.2 kPa 左右停抽气泵，扭转三通阀，使 5，7，1，3，4 相通，CO_2 即进入罐内，当压力达到 100 kPa 时重复上述过程三次，容器 8 已完成清洗。

b. 按分压要求配气：扭转三通阀，使 5，7 相通，1，3，4 相通，这时 CO_2 进入罐中，当压力达到 80 kPa 时，关闭 CO_2，平衡 3～5 min，如果压力没有变化，就可以接通 5，6 通入 CO，一直到总压为 200 kPa，这时配气完成。

　　配气时注意两种气体具有同样温度。使用瓶装 CO_2 时，由于液态 CO_2 变成气态 CO_2 时温度下降，不易配准。因此进 CO_2 时流量不要过大，尽可能减少温度变化。

　　2）动态配气

　　当气体需要量比较大时，静态配气的容器的体积也要很大。动态配气则无此要求，而且不会受到封闭液性质的影响。它是通过装设精密流量计，分别控制各组分的流量，经混合后使用。必须指出，稳定的气体压力是精准控制流量的前题条件。这种方法设备简单、操作方便、配比可灵活变化，但精度没有静态法高。

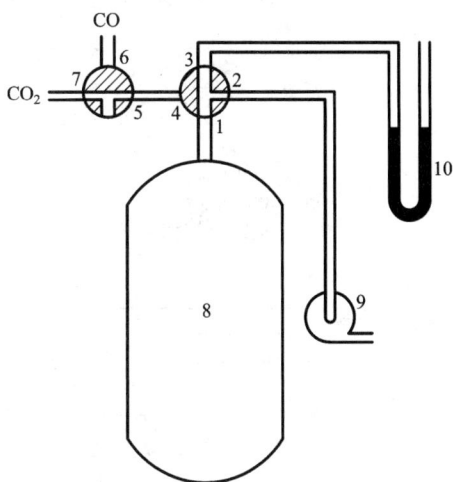

图 4 – 15　分压配气装置

1～7—各接口号；8—储气罐；9—抽气泵；10—压力计

4.3　试验原料性质的研究

4.3.1　化学性质研究的内容和程序

　　要正确地拟订造块试验方案，首先必须对试验原料性质进行相应的原料性质检测和研究。原料性质研究内容极其广泛，所用方法多种多样，并在不断发展中。考虑到这方面的工作大多是由各种专业人员承担，并不要求造块人员自己去做，因而，在本节中只着重讨论三个问题，即：

　　①初步了解原料造块性能研究所涉及的原料性质研究的内容、方法和程序；

　　②如何根据试验任务提出对于原料性质研究工作的要求；

　　③通过一些常见的造块试验方案实例，说明如何分析原料性质的研究结果，并据此选择造块方案。

　　原料性质研究的内容取决于各具体原料的性质和造块研究工作的深度，一般大致包括以下几个方面：

　　①化学组成的研究：化学组成的研究内容是研究原料中所含化学元素的种类和含量；

　　②矿物组成的研究：矿物组成的研究内容是研究原料中所含的各种矿物的种类和含量，有用元素和有害元素的赋存形态；

　　③矿石结构构造的研究：有用矿物的嵌布粒度及其共生关系的研究等。

　　矿石性质研究须按一定程序进行，但不是一成不变的。对于简单的矿石，根据已有的经验和一般的显微镜鉴定工作即可指导造块试验。

　　造块试验所需矿石性质研究程序，一般可按图 4 – 16 进行。

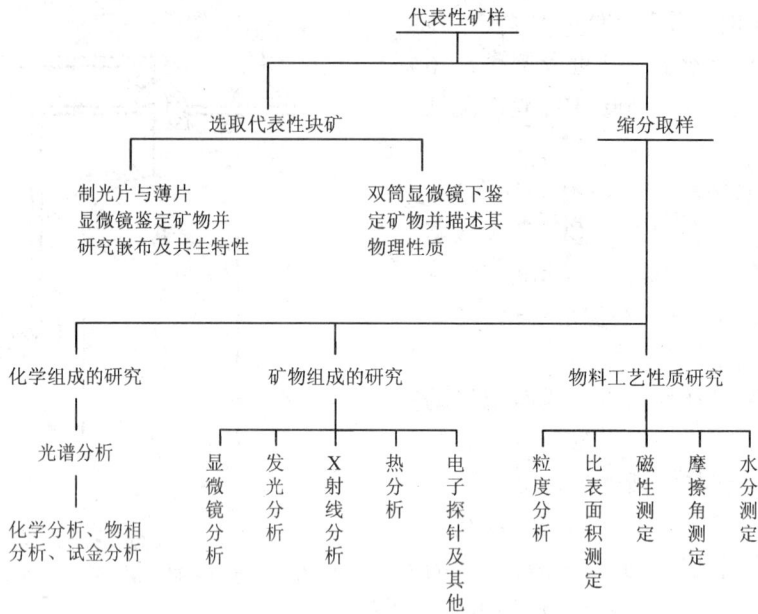

图 4 – 16　试验原料性质研究的一般程序

4.3.2　物质组成研究方法简介

一般把研究矿石的化学组成和矿物组成的工作称为矿石的物质组成研究。其研究方法通常分为元素分析方法和矿物分析方法两大类。

（1）元素分析

元素分析的目的是为了研究矿石的化学组成，尽快查明矿石中所含元素的种类和含量。分清哪些是主要的，哪些是次要的，哪些是有益的，哪些是有害的。至于这些元素呈什么状态，通常需靠其他方法配合解决。

元素分析通常采用光谱分析、化学分析等方法。有关的分析技术均有专门的书籍可参考，此处仅介绍其基本原理和用途。

①光谱分析。光谱分析能迅速而全面地查明矿石中所含元素的种类及其大致含量范围，不致于遗漏某些稀有、稀散和微量元素。这对于选冶过程中综合回收及正确评价矿石质量是非常重要的。

光谱分析原理：矿石中的各种元素经过某种能源的作用发射不同波长的光谱线，通过摄谱仪记录，然后与已知含量的谱线比较，即可得知矿石中含有哪些元素。

光谱分析的特点是灵敏度高，测定迅速，所需用的试样量少（几毫克到几十毫克），但精确定量时操作比较复杂，一般只进行定性及半定量分析。

有些元素，如卤素和 S，Ra，Ac，Po 等，光谱法不能测定。还有一些元素，如 B，As，Hg，Sb，K，Na 等，光谱操作较特殊，有时也不做光谱分析，而直接用化学分析方法测定。

②化学全分析。化学分析方法能准确地定量分析矿石中各种元素的含量，分析结果是造块原料采购、使用和配料计算的依据。作为常规分析，一般包括：

TFe，FeO，CaO，MgO，SiO_2，Al_2O_3，S，P，烧损等。

化学全分析要花费大量的人力和物力，通常仅对性质不明的新矿床，才需要对原矿进行一次化学全分析。单元试验的产品，只对主要元素进行化学分析。试验最终产品根据需要，一般要做多元素分析。

（2）矿物分析

光谱分析和化学分析只能查明矿石中所含元素的种类和含量。矿物分析则可进一步查明矿石中各种元素呈何种矿物存在，以及各种矿物的含量、嵌布粒度特性和相互间的共生关系。其研究方法通常为物相分析和岩矿鉴定等。

①物相分析。物相分析的原理是矿石中的各种矿物在各种溶剂中的溶解度和溶解速度不同，采用不同浓度的各种溶剂在不同条件下处理所分析的矿样，即可使矿石中各种矿物分离，从而可测出试样中某种元素呈何种矿物存在和含量多少。

与岩矿鉴定相比，物相分析操作较快，定量准确，但不能将所有矿物一一区分，更重要的是无法测定这些矿物在矿石中的空间分布以及嵌布、嵌镶关系，因而物相分析在矿石物质组成研究工作中只是一个辅助方法，不可能代替岩矿鉴定。

由于矿石性质复杂，有的元素物相分析方法还不够成熟或处在继续研究和发展中。因此，必须将物相分析、岩矿鉴定或其他分析方法所检测的结果综合分析，才能得出正确的结论。

例如某铁矿石中矿物组成比较复杂，除含有磁铁矿、赤铁矿外，还含有菱铁矿、褐铁矿、硅酸铁或硫化铁。由于各种铁矿物对各种溶剂的溶解度相近，分离很不理想，结果有时偏低或偏高（如菱铁矿往往偏高，硅酸铁有时偏低）。在这种情况下，就必须综合分析元素分析、物相分析、岩矿鉴定、磁性分析等资料，才能最终判定铁矿物的存在形态，并据此拟定正确合理的试验方案。

②岩矿鉴定　岩矿鉴定可以确切地知道有益和有害元素存在于什么矿物之中，查清矿石中矿物的种类、含量、嵌布粒度特性和嵌镶关系。

测定方法包括肉眼和显微镜鉴定等常用方法和其他特殊方法。肉眼鉴定矿物时，有些特征不显著的或细小的矿物是极难鉴定的，对于它们只有用显微镜鉴定才可靠。常用的显微镜有实体显微镜（双目显微镜）、偏光显微镜和反光显微镜等。

实体显微镜只有放大作用，是肉眼观察的简单延续，用于放大物体形象，观察物体的表面特征。观察时，先把矿石碎屑在玻璃板上摊为一个薄层，然后直接进行观察，并根据矿物的形态、颜色、光泽和解理等特征来鉴别矿物。这种显微镜的分辨能力较低，但观察范围大。能看到矿物的立体形象，可初步观察矿物的种类、粒度和矿物颗粒间的相互关系，估定矿物的含量。

偏光显微镜除具有放大作用外，还在显微镜上装有两个偏光零件——起偏镜（下偏光镜）和分析镜（上偏光镜），加上可以旋转的载物台，就可以用来观察矿物的偏光性质。这种显微镜只能用来观察透明矿物。

反光显微镜的构造和偏光显微镜一样，都具有偏光零件，所不同的是在显微镜筒上装有垂直照明器。这种显微镜适用于观察不透明矿物，要求把矿石的观察表面磨制成光洁的平面，即把矿石制成适用于显微镜观察的光片。大部分有用矿物属于不透明矿物，主要运用这种显微镜进行鉴定。鉴定表上没有的矿物，或单凭显微镜还难于鉴定的矿物等，则要用其他一些特殊方法。

在显微镜下测定矿石中矿物含量的方法主要有面积法、直线法和计点法三种，即具体测定统计待测矿物所占面积（格子）、线长、点子数的百分率，工作量都比较大。选冶试验中若对精确度要求不高，也可采用估计法，即直接估计每个视野中各矿物的相对含量百分比，此时最好采用十字丝或网格目镜,以便易于按格估计。经过多次对比观察积累经验后,估计法亦可得到相当准确的结果。

应用上述各种方法都是首先得出待测矿物的体积百分数,乘以各矿物的比重即可算出该样品的矿物含量百分数。

有关显微镜的构造和使用、薄片和磨光片的制备、以及具体的测试技术等,将在第9章讲述。

(3)矿石物质组成研究的某些特殊方法

对于矿石中元素赋存状态比较简单的情况,一般采用光谱分析、化学分析、物相分析、偏光显微镜、反光显微镜等常用方法即可。对于矿石中元素赋存状态比较复杂的情况,需进行深入的查定工作,采用某些特殊的或新的方法,如热分析、X射线衍射分析、电子显微镜、极谱、电渗析、激光显微光谱、离子探针、电子探针、红外光谱、拉曼光谱、电子顺磁共振谱、核磁共振波谱、穆斯鲍尔谱等。

下面对几种新的方法作一简单介绍。

①电子探针、X射线、显微分析是近20年来发展极为迅速的微粒、微量成分测试技术。其原理是利用高速电子束轰击欲测的试样表面,一部分电子从样品表面散射,从散射状况可以了解样品的表面结构及元素的分布状态;其余一部分电子则进入样品中,激发出样品中所含元素的特征X射线,从而测定样品所含的元素及其含量。它能分析直径为1 μm的微尘成分。若进行扫描观察,可以直接显示出样品表面1 μm至几毫米范围内元素的分布状态。可探测的元素一般从元素周期表上原子序数12的镁至92的铀,近年已扩展到从原子序数4的铍至92的铀。可在光片、薄片和砂光片上直接测定矿物的化学组成,查明元素在矿物中的存在形式,矿物中固态显微包裹体的成分,矿物环带中成分的变化,类质同象系列组分的演变等,同时又可免去单矿物的分离和碎样等烦琐过程。

②激光显微光谱分析法是一种将激光技术用于矿物鉴定的一种新方法。其基本原理是将高度平行单色性极好的激光束,在显微镜下聚焦于试样的表面,温度可达5000~10000℃,在这样高的温度下,物质立即化为等离子蒸气,再经过高压电火花进一步激发发光,由摄谱仪记录于感光板上,根据感光板上谱线进行分析,鉴定所激发物质的成分(元素)。

这种方法所需样品的数量比一般光谱分析少很多(微克量级),并可以直接在备查样品(如颗粒或光片)上进行显微分析,普查矿石中元素的种类、含量(半定量测定元素可达50种),结合显微镜方法可以提供元素在矿石中的赋存情况,是鉴定微细矿物的一种较好手段。

③穆斯鲍尔谱分析法是利用无反冲能量损失的原子核的γ射线共振吸收谱来进行分析。由于原子受晶格的束缚,原子核发射和吸收γ射线时,在不同程度上总要牵动整个晶格,反冲动量不只是由单个原子承担,而是整个晶格来承担,反冲动能因温度降低而大大降低。当反冲动能比自然线宽小,实际上可看作无反冲能量损失,此时发射谱线和吸收谱线可以很好的重叠,实现γ射线的共振吸收。不同的物质,观察到穆斯鲍尔效应所需的温度不同,大多是在低温下才能观测到。目前已观测到穆斯鲍尔效应的有几十种元素,几十种同位素。常常用于研究矿物、岩石、陨石、海洋沉积物和土壤等多相矿物组合中的矿物相,可一目了然地看清物质的一般岩石学特征。如研究矿物杂质铁的赋存状态、铁的百分比,确定Fe^{3+}与Fe^{2+}比值及其在晶格中不等价态位置上的分配、化学键的特点、测定晶体的有序化程度以及矿物的物理相变过程等。

④核磁共振波谱法利用原子核自旋运动,有自旋角动量,对应有核磁矩,在磁场中核磁

矩有不同取向，相应有不同能量状态，即核磁能级，当磁场变到使核磁能级差正好和入射电磁波频率相当时，产生核磁共振谱来进行分析。这种方法实质上是以原子核为探针，研究物质的晶体结构、晶体点阵的运动、晶体缺陷，扩散现象与化学反应等。测定对象为具有磁量子的原子核，质量数为奇数的原子以及 Li^6，B^{10} 和 N^{10} 等均可以测定。此技术对研究矿物中水的存在状态是非常有效的方法，同时对提供有关玻璃和黏土矿物中 B，O，Na，Al 和 Si 同位素的结构环境的信息是很有前途的。

⑤电子顺磁共振谱。这种方法与核磁共振相类似，电子磁矩在磁场中方向量子化，磁矩取向不同，能量不同，也就产生不同的磁能级。当外来电磁波的频率和这些磁能级的间隔相当时，电磁波被吸收，即得到电子顺磁共振谱。这种方法测定对象为由不成对电子所产生的磁性(不是核磁性)，因此适用于过渡元素化合物的研究，研究这些化合物晶格缺陷问题。在矿物方面，已开始用于晶体中 Mn^{2+}，Fe^{3+} 等离子分布的测定。这有利于查明这些离子在晶体中的赋存形式(单体矿物或类质同象)。

⑥拉曼光谱法。这种方法主要以频率(或波数)发生改变的辐射散射光谱进行分析。基本原理是当波数为 ν_0 的单色辐射入射到像无尘的透明气体和液体，或者光学上完整的透明固体这类系统上时，大部分辐射将毫无改变地透射过去，但还会有一部分受到散射。散射辐射频率不仅出现与入射辐射相联系的波数 ν_0，而且一般的还会出现 $\nu = \nu_0 + \nu_M$ 类型的新波数对。此种波数(或频率)发生改变的辐射散射谱与红外光谱相比，识别和解释容易些。其主要缺点是难以获得深色矿物的拉曼光谱，因此所测定的样品必须是透明的或可以为激发性辐射所穿透。但它仍然是一种很有效地研究固体的重要方法，如在金属、类似于金刚石的共价系统、半导体、石英、方解石、锡石中微量元素的赋存形式等方面的应用。

4.3.3　造块主要原料及其性质

生产高炉用烧结球团矿所需原料主要包括铁矿、锰矿、熔剂、工厂含铁杂料及固体燃料与气体燃料等，主要原料及其性质如下。

(1)铁矿

铁矿石主要由一种或几种含铁矿物和脉石组成。根据含铁矿物的性质，主要有四类铁矿即：磁铁矿、赤铁矿、褐铁矿和菱铁矿(见表 4 – 13)。

①磁铁矿。磁铁矿又称"黑矿"，其化学式为 Fe_3O_4，亦可写成 $FeO \cdot Fe_2O_3$，理论含铁量为 72.4%，硬度达 5.5 ~ 6.5，密度为 4.9 ~ 5.2 t/m³，其外表呈钢灰色或黑灰色，具有磁性，易用磁选方法分选富集。

为衡量磁铁矿的氧化程度。通常以全铁(TFe)与氧化亚铁(FeO)的比值来区分。比值愈大，则说明该矿石氧化程度愈高，即：

当 TFe/FeO < 2.7 时为原生磁铁矿；

　　TFe/FeO = 2.7 ~ 3.5 时为混合矿；

　　TFe/FeO > 3.5 时为氧化矿。

磁铁矿中主要脉石有：石英、硅酸盐和碳酸盐，有时还含有少量黏土。此外，矿石中还可能含黄铁矿和磷灰石，甚至还含有黄铜矿和闪锌矿等。

磁铁矿可烧性良好，因其在高温处理时氧化放热，且 FeO 易与脉石成分形成低熔点化合物，造块节能和结块强度良好。

表 4-13 铁矿石的分类及特性

矿石名称	含铁矿物名称和化学式	矿物理论含铁量/%	矿石密度/(t·m⁻³)	颜色	条痕	实际含铁量/%	有害杂质	强度及还原性
磁铁矿(磁性氧化铁矿石)	磁性氧化铁 Fe_3O_4	72.4	5.2	黑色或灰色	黑色	45~70	S,P 高	坚硬、至密、难还原
赤铁矿(无水氧化铁矿石)	赤铁矿 Fe_2O_3	70.0	4.9~5.3	红色至淡灰色甚至黑色	红色	55~60	少	较易破碎、软、易还原
褐铁矿(含水氧化铁矿石)	水赤铁矿 $2Fe_2O_3·H_2O$	66.1	4.0~5.0	黄褐色、暗褐色至黑色	黄褐色	37~55	P 高	疏松,大部分属软矿石,易还原
	针赤铁矿 $Fe_2O_3·H_2O$	62.9	4.0~4.5					
	水针铁矿 $3Fe_2O_3·4H_2O$	60.9	3.0~4.4					
	褐铁矿 $2Fe_2O_3·4H_2O$	60.0	3.0~4.2					
	黄针铁矿 $2Fe_2O_3·2H_2O$	57.2	3.0~4.0					
	黄赭石 $Fe_2O_3·3H_2O$	55.2	2.5~4.0					
菱铁矿(碳酸盐铁矿石)	碳酸铁 $FeCO_3$	48.2	3.8	灰色带黄褐色	灰色或带黄色	30~40	少	易破碎最易还原(焙烧后)

②赤铁矿。赤铁矿又称"红矿",其化学式为 Fe_2O_3,理论含铁量为 70%,铁呈高价氧化物,为氧化程度最高铁矿。赤铁矿的组织结构多种多样:由非常致密的结晶体到疏松分散的粉体,矿物结构成分也具多种形态,晶形为片状和板状。外表呈片状具金属光泽,明亮如镜的叫镜铁矿砂;外表呈云母片状而泽度不如前者的叫云母状赤铁矿;质地松软,无光泽,含有黏土杂质的为红色土状赤铁矿(又称铁赭石);以胶体沉积形成鲕状,豆状和肾形集合体赤铁矿,其结构一般皆较坚实。结晶的赤铁矿外表颜色为钢灰色或铁黑色,其他为暗红色。但所有赤铁矿的条痕检测皆为暗红色。赤铁矿密度为 4.8~5.3 t/m³,硬度视赤铁矿类型不同而不一样。结晶赤铁矿硬度为 5.5~6.0,其他形态的硬度较低。赤铁矿所含 S 和 P 杂质比磁铁矿少。呈结晶状的赤铁矿,其颗粒内孔隙多,而易还原和破碎。但因其铁氧化程度高而难形成低熔点化合物,故其可烧性较差,造块时燃料消耗比磁铁矿高。对低品位赤铁矿一般用浮选法提高其含铁品位,所获得的精矿供烧结球团造块用。

③褐铁矿。为含结晶水的赤铁矿。自然界中的褐铁矿绝大部分以 $2Fe_2O_3·3H_2O$ 形态存在,其理论含铁量为 59.8%。因含结晶水量不同,褐铁矿还可分为水赤铁矿($2Fe_2O_3·H_2O$)、针赤铁矿($Fe_2O_3·H_2O$)、水针铁矿($3Fe_2O_3·4H_2O$)、黄针铁矿($Fe_2O_3·2H_2O$)、黄赭石($Fe_2O_3·3H_2O$)等。

褐铁矿因含结晶水和气孔多,用作烧结球团造块时收缩性很大,使产品质量降低,只有用延长高温处理时间,产品强度可相应提高,但导致燃料消耗增大,加工成本提高。

④菱铁矿。其化学式为 $FeCO_3$,理论含铁量达 48.2%,FeO 达 62.1%。在碳酸盐内的一

部分铁可被其他金属混入而部分生成复盐,如$(Ca \cdot Fe)CO_3$和$(Mg \cdot Fe)CO_3$等。在水和氧作用下,易转变成褐铁矿而复盖在菱铁矿矿床的表面。在自然界中分布最广的是黏土质菱铁矿,其夹杂物为黏土和泥沙。这类矿石因在高温下使碳酸盐分解,可使产品含铁量大大提高。但在烧结球团造块时,因收缩量大、导致产品强度降低和设备生产能力低,燃料消耗也因碳酸分解而增加。

根据以上铁矿特点,可以看出各种铁矿主要性质和烧结球团造块时的重要区别。但在生产实践中,除上述铁矿类型划分外,还根据脉石成分的碱度划分为:碱性矿石($R = \dfrac{CaO + MgO}{SiO_2 + Al_2O_3} > 1.3$)、自熔性矿石($R = 1.0 \sim 1.3$)和酸性矿石($R < 1.0$)。

(2)工厂含铁杂料

在钢铁企业生产过程中,常产生许多含铁杂料,类别较多,可充分回收利用作为炼铁原料。这类杂料包括高炉尘、转炉尘、轧钢皮(又称铁鳞)、黄铁矿烧渣(又称硫酸渣)等。

①高炉尘含铁33%～53%,粒度0～1 mm,另外含有较多的碳和碱性氧化物,实际上是矿粉、熔剂和焦粉的混合物。转炉尘是在炼钢时的吹出物,是铁水在吹炼时部分金属铁被氧化成Fe_2O_3,含铁成分较高。轧钢皮(亦叫氧化铁皮),含铁达70%～80%,是轧钢时加工钢锭表层氧化脱皮物,杂质最少,有时甚至是纯金属铁皮,其粒度皆较粗。此外,还有金属切削时产生的铸铁屑等。

②黄铁矿烧渣是制造硫酸时的副产品,含铁量40%～55%,其粒度较宽并呈多孔性。硫酸渣通常有红、黑两种颜色。红色的含Fe_2O_3多,粒度较粗,为沸腾炉产物,含铁量较低。黑色的含Fe_3O_4较多、粒度细、含铁量较高,为出旋风除尘器捕集物。但总的来看,含硫量较高,在造块时应进一步脱除。采用烧结球团法对单一硫酸渣造块时,因其收缩大,造块产品强度差。一般与其他主要铁矿石配合使用,一般配入量占5%～10%,可保证原造块产品的产质量稳定。

(3)锰矿

锰矿是钢铁工业中应用很广泛的重要原料。锰是钢铁中的重要合金元素,它能增加钢的强度和硬度,使钢铁制件的耐磨耐冲击等强度提高,使用寿命延长,在国防工业中应用广泛。按锰矿的自然类型可分为氧化锰矿和碳酸锰矿。重要的锰矿物类型及其特性列于表4－14。

表 4－14　锰矿类型及结构

矿物名称	化学分子式	*含锰量/%	密度/($kg \cdot m^{-3}$)	莫氏硬度	颜色	矿物结构
软锰矿	MnO_2	63.2/55～63	4.3～4.8	2～5	黑、钢灰	疏松状、烟灰状
硬锰矿	$mMnO \cdot MnO_2 \cdot nH_2O$	35～60	3～4.3	4～6	黑、有时灰黑	胶状、粒状
偏锰酸矿	$MnO_2 \cdot nH_2O$	40～45	3～3.2	233	黑、褐、巧克力灰	胶质、疏松、结晶差
水锰矿	$Mn_2O_3 \cdot H_2O$	62.4/50～60	4.2～4.4	3～4	黑、条痕为灰	状结晶、粒状
褐锰矿	Mn_2O_3	69.6/60～69	4.7～4.8	6～6.5	黑、条痕为浅褐	密集粒状
黑锰矿	Mn_3O_4	72/65～72	4.8～4.9	5～5.5	黑、条痕褐	粒状
菱锰矿	$MnCO_3$	47.8/40～45	3.4～3.5	3.5～4.5	粉红、白、灰白	结晶粒状、肾状
锰方解石	$(Ca, Mn)CO_3$	7～25	2.7～3.1	3.5～4.0	白、灰白带微红	粒状、密集状
菱锰铁矿	$(Mn, Fe)CO_3$	23～32	3.5～3.7	3.5～4.5	粉红	密集、粒状、致密
钙菱锰矿	$(Mn, Ca)CO_3$	30～33				

*分子:纯矿物的含锰量;分母:混杂有杂质的矿石的含锰量。

富锰矿可直接用于工业上。贫锰矿需经选矿处理后使用。冶金用锰矿石贫富划分的一般标准列于表4-15。

对锰粉矿用烧结球团法造块，其燃耗比铁矿粉造块略高。对菱锰矿高温造块时，因碳酸盐分解后出现较大烧损，可使锰品位提高8%~10%。

表4-15 锰矿边界品位

矿石类型		Mn/%		Mn+Fe	Mn/Fe	SiO₂	每1%锰含磷
		品位边界	平均品位				
氧化锰	富矿	≥20~25	≥30		≥4	≤25	0.005
	贫矿	≥10~15	≥20			≤35	0.005
碳酸锰	富矿	≥15~20	≥25		≥4	≤25	0.005
	贫矿	≥8	≥15			≤35	0.005
锰铁矿石			≥10~15	≥30		≤35	0.005

（4）熔剂

矿物中脉石造渣用的熔剂，按其性质可分为碱性熔剂（石灰类）、中性熔剂（高铝类）和酸性熔剂（石英类）三类。由于铁矿石的脉石成分绝大多数以 SiO_2 为主，故常用 CaO 和 MgO 的碱性熔剂。常用碱性熔剂的矿物有石灰石（$CaCO_3$）、消石灰[$Ca(OH)_2$]和白云石（$CaCO_3 \cdot MgCO_3$）等。

①石灰石（$CaCO_3$）。石灰石理论含 CaO 量为56%。自然界中石灰石都含有铁、镁、锰等杂质，故一般含 CaO 仅为50%~55%。石灰石呈块状集合体，硬而脆，易破碎，颜色呈白色或乳白色。有时，其成分中含有 SiO_2 和 Al_2O_3 杂质。

②白云石（$CaCO_3 \cdot MgCO_3$）。具有方解石和碳酸镁中间产物性质。白云石理论 $CaCO_3$ 含量占54.2%（CaO 为30.4%），$MgCO_3$ 占45.8%（MgO 为21.8%）。呈粗粒块状，较硬难破碎，颜色为灰白或浅黄色，有玻璃光泽。自然界中的分布没有石灰石普遍。

③生石灰（CaO）。由石灰石焙烧后制成。优质生石灰 CaO 含量为85%左右，易破碎。生石灰遇水后变成消石灰，其 CaO 含量为70%~80%，分散度大，具有黏性，密度小。

此外，在烧结球团中，为改进产品质量和其冶金性能，也采用一些酸性熔剂。主要有：

①橄榄石及蛇纹石。橄榄石化学式为（Mg, Fe）$O_2 \cdot SiO_2$，蛇纹石化学式为 $3MgO \cdot 2SiO_2 \cdot 2H_2O$。这类熔剂同时带入两种造渣成分即 MgO 和 SiO_2，可使造块产品质量提高。

②石英石。其主要成分为 SiO_2，用于补充铁矿中 SiO_2 的不足，尤其在有色冶金中酸性渣冶炼时，广泛使用石英石原料造块。

（5）燃料

在烧结球团生产中所使用的燃料，主要为固体燃料和气体燃料。国外虽还用液体燃料，但我国基本上不用。

1）固体燃料

①焦炭。实际用于烧结的燃料主要是焦粉。它是炼铁厂和焦化厂焦炭的筛下物（即碎焦和焦粉），其质量用工业分析和化学性质来评定。工业分析包括固定碳、挥发分、灰分含量，有时包括水分和硫含量。燃料性质与粒度组成及化学性质有关，化学性质主要指其燃烧性和反应性。燃烧性是表示碳与氧在一定温度下的反应速度，反应性是表示碳与 CO_2 在一定温度下的反应速度。这些反应速度愈快，则表示燃烧性和反应性愈好。一般情况下碳的反应性与

燃烧性成正比关系。

对烧结用的焦粉质量要求，一般是希望含固定碳高，灰分和硫含量低，粒度为0~3 mm，对其机械强度和灰分软熔温度没有明确要求。

②煤。根据造块中煤的用途不同，选用时煤种有所不同。

无烟煤用于烧结作燃料时，是烧结热源提供者，粒度一般破碎成0~3 mm，选用含固定碳高(70%~80%)，挥发分低(<8%)，灰分少(6%~10%)的无烟煤，其结构致密，呈黑色，具亮光泽，含水分很低。它常作焦粉代用品以降低生产成本。当作还原剂时，但同时也提供热源，主要用于球团矿等固体还原焙烧。若作为氧化球团焙烧则主要通过燃烧提供热源。此时无烟煤应细碎到小于0.074 mm占80%以上，用喷枪喷射燃烧；若作金属化球团焙烧时，则粒度应破碎至30 mm以下加入还原设备内，与球团矿在高温区发生还原反应。

烟煤绝不能在抽风烧结中使用。用作金属化球团生产的还原剂和提供热源的主要是年轻烟煤和褐煤，其他类型烟煤经研究和生产实践证明不可取。生产金属化球团时对烟煤和褐煤利用的主要成分是挥发分和固定碳，并要求其含量高，而且要求灰分和硫含量低，灰分软熔温度达1200℃以上为最好。年轻烟煤和褐煤的平均固定碳含量50%~70%，密度小，着火点低，易燃，但含水分高，发热值低，通常挥发分可达40%~55%。常作为动力燃料和化工原料使用。

2)气体燃料

气体燃料在造块领域中主要用于烧结点火和球团焙烧。

气体燃料分为天然和人造两种。天然气体燃料为天然气，人造气体燃料主要是焦炉煤气、高炉煤气和发生炉煤气。其主要成分列于表4-16。天然气成分与产地和生产方法有关，表4-17为四川忠武线天然气的主要成分。

表4-16 煤气成分范围/%及相应发热值/(kJ·m⁻³)

	H_2	CO	CH_4	C_mH_n	CO_2	N_2	发热值
焦炉煤气	54~59	5.5~7	23~38	2~3	1.5~2.5	3~5	16748~17585
高炉煤气	2~3	25~31	0.3~0.5	—	9.0~15.5	55~58	3359~4600
混合煤气	7.8~38.6	13.5~25.2	2.8~16.8	—	11.2~5.5	52.7~23.8	5564~6364

表4-17 四川忠武线天然气的主要成分/%及相应发热值/(kJ·m⁻³)

成分	CH_4	$C_2~C_4$	H_2	CO_2	H_2O	发热值
含量	97.037	0.713	0.969	1.277	0.004	33496~38520

气体燃料根据其燃烧热值可分为三类：高发热值燃料(发热值>15072 kJ/m³)、中热值燃料(发热值介于6280~15072 kJ/m³)和低发热值燃料(发热值<6280 kJ/m³)。天然气发热值介于31400~62800 kJ/m³，属高发热值气体燃料。

烧结球团厂在我国皆位于高炉和焦炉附近，通常将二者产生的煤气按一定比例制成混合煤气，其发热值取决于二者混合的比例。我国部分钢铁厂所用的混合煤气发热值在5360~6700 kJ/m³范围。实验室常常使用液化石油气，其主要成分是丙烷(C_3H_8)(含量可达50%)和丁烷(C_4H_{10})(含量可达50%)，有时含有少量的丙烯(C_3H_6)和丁烯(C_4H_8)，其发热值约为92114~121423 kJ/m³。

3）液体燃料

液体燃料主要用于烧结点火和球团焙烧。液体燃料来自石油加热分馏后的产品，在造块生产领域内主要用密度较大的重油，在实验室条件下常使用轻质柴油。

重油发热值较高，达 37680 kJ/m³，呈黑色、黏性大，按黏度不同，可分为 20 号、60 号、100 号、200 号重油。它基本上由 C，H，N，O，S 五种元素组成。黏度愈大，H 元素含量愈小，发热值愈低。我国重油的含 S 量都在 1% 以下，灰分低于 0.1%，着火温度为 500℃～600℃。我国仅在小型烧结厂的烧结盘上用重油点火，国外大部分用于焙烧球团。

4.4 试样工艺性质的测定

4.4.1 粒度与粒度组成的测定

物料颗粒大小称粒度，物料可按粒度大小分成若干级别，这些级别叫做粒级。各粒级的相对含量叫粒度组成或粒度分布。测定物料的粒度组成以及比表面等直接或间接了解物料粒度特性的测定工作叫做粒度分析。

有关粒度的测定方法很多，已知方法有十多种，基本上可归纳为四种类型，即筛分析、沉降分析、计数法及测比表面法。由于粒度问题的复杂性，因而在测试方面至今尚难有一种包罗万象的全能方法。为了较全面地描述粒度特性，常需几种方法并用，互相补充，一般都是按粒度大小不同采用不同的测定方法。各种测定方法及其适用范围如表 4-18 所示。其中

表 4-18　粒度测定方法及其适用的粒度范围

粒度测定方法分类	粒度/μm	测得的粒度性质
筛分析	普通标准筛 / 微细筛	粒度分布
沉降分析	水析（重力）/ 风析（重力）/ 离心分级 / 超离心分级	粒度分布
计数法	各种光学计数法（宏观的、微观的）/ 光学显微镜 / 电子显微镜 / 库尔特仪（电场干扰法）/ 光散射法 / 光电扫描法	当量粒子直径分布
比表面法	吸附法（干、湿）/ 渗透法（层液、干、湿）/ 渗透法（分子流干）	按比表面换算的平均直径

有的方法测出的是粒度分布，有的方法测出的则是平均直径；有的是直接测量粒度，有的则是根据其他参数换算（如沉降速度和比表面）；有的是在气相中进行的干法测定，有的则是在液相中进行的湿法检测。

对于粉状细粒物料常常直接测定比表面（指单位重量的矿粒群的总表面积）。从比表面的测定数据可在一定假定条件下，求出平均粒度（直径）。测定比表面的主要方法有吸附法、渗透法（液体渗透法、气体渗透法）。

几种粒度测定方法比较如下：筛析法的优点是设备简便、坚固、制备容易、操作简单，适于测定粗粒。一般干法筛分粒度可至 100 μm，再细最好用湿筛，现今用光电技术制造的微孔分析筛可以湿筛细到 5 μm（筛孔有 25 μm，20 μm，15 μm，10 μm，5 μm 等五种），在液体中在超声波作用下进行筛分，故此筛又称超声波微型分析筛。但实际上小于 40 ~ 60 μm 多半用沉降分析方法，前者测得的是几何尺寸，后者是具有相同沉降速度的当量球径。筛析法受颗粒形状影响很大。显微镜法能直观测出颗粒尺寸和形状，因此常用于校准其他测量方法，其最佳测量范围为 0.5 ~ 20 μm 之间，当粒度扩大到 40 μm 以上，则容易引起偏差。吸附法的特点是适用于微细粉末比表面和粒度的测定（见表 4 – 12），试料无需分散，避免了这方面的误差，但不适用于比表面较小，即粒度较粗的场合，不能测出粒度分布曲线，只能间接换算出一个平均粒径，而且受环境因素影响较大。

造块用原料的粒度范围很宽，从 0.01 ~ 80（100）mm，目前尚无一种粒度分析方法可适用于一切粒度范围的测定方法，因此只能按粒度大小不同，采用不同的测定方法。大部分造块试验用原料相对较粗，采用筛分分析就能满足工艺要求。下面重点介绍筛分分析方法。

用筛分的方法将物料按粒度分成若干级别的粒度分析方法，叫做筛分分析。

（1）粗粒物料的筛析

在试验中，一般遇到的试样粒度小于 100 mm。对于小于 100 mm 而大于 0.045 mm 的物料，通常采用筛析法测定粒度组成。其中 6 ~ 100 mm 物料的筛析，属于粗粒物料的筛析，采用钢板冲孔或钢丝网编成的手筛来进行，其方法是用一套筛孔大小不同的筛子进行筛分，将矿石分成若干粒级，然后分别称量各粒级质量。实际操作时，按被测试样的粒度大小及分布范围，一般选用 5 ~ 6 个不同大小筛孔的筛子叠放在一起。筛孔较大的放在上面，筛孔较小的放在下面。最上层筛子的顶部有盖，以防止筛分过程中试样飞扬和损失，最下层筛子的底部有一容器，用于收集最后通过的细粉。被测试样由最上面的一个筛子加入，依次通过各个筛子后，即可按粒径大小被分成若干个粒级。按操作方法经规定的筛分时间后，小心地取下各个筛子，仔细称量、记录并计算各粒度分布。如果原矿含泥、含水较高时，大量的矿泥和细粒矿石黏附在大块矿石上面，则应将它们清洗下来，以免影响筛析的精确性。

（2）细粒物料的筛析

粒度范围为 0.045 ~ 6 mm 的物料，筛分分析通常采用标准试验筛进行。

干法筛分是先将标准筛按顺序套好，把样品倒入最上层筛面上，盖好上盖，放到振筛机上筛分 10 ~ 15 min，然后将最下层的筛子取下，用手工在橡皮布或光面纸上进行检查筛分，如果 1 min 内所得筛下物质量小于筛上物料质量的 0.1% ~ 1%（对此值我国尚无统一的国家标准，但与矿石性质有关，脆性物料要求不能太高），则认为筛析已完成，否则要继续筛析。当样品含水、含泥较多，物料互相黏结时，应采用干湿联合筛析法，先将样品倒入细孔筛（如 75 μm 的筛子）中，在水盆内进行筛分，每隔 1 ~ 2 min，将水盆内的水更换一次，直到水盆内的水不再混浊为止。将筛上物料进行干燥和称量，并根据称出质量和原样品质量之差，推算洗出的细泥质量。然后再将干燥后的筛上物料干法筛析，此时所得最底层筛面的筛下物料量应与湿筛时洗出的细泥量合在一起。筛析结束后，将各粒级物料用工业天平(精确度 0.01 g)称量，各粒级总质量与原样品质量之差，不得超过原样品质量的 1%，否则应重做。

筛析所需的试样最小质量亦取决于样品中最大块的粒度，可以据 4.1.3 节所述取样量公式进行计算。每次给入标准筛的样品质量以 25~150 g 为宜，如果超过很多，则应分几次进行。直接用 75 μm 筛湿筛时，每次筛分样品量不宜超过 50 g，以免损坏筛网，有过粗颗粒时，可预先用粗孔筛隔除。

各国试验筛筛孔尺寸已标准化(见附录 5)。我国尚未制定国家标准，实际工作中常沿用泰勒标准。泰勒筛制的基筛为 200 目(0.074 mm)筛，以 $\sqrt{2} = 1.414$ 为主筛比，$\sqrt[4]{2} = 1.189$ 为辅助筛比。国际标准化组织(ISO)的标准是以 1 mm 筛为基筛，$(\sqrt[20]{10})^3 = 1.12^3 = 1.414$ 为主筛比，组成主序列 $R20/3$，小于 32 μm 以 $\sqrt[10]{10} = 1.25$ 为主筛比，组成主序列 $R10$，$\sqrt[20]{10} = 1.12$ 为第一方案的辅助筛比，组成辅序列 $R20$，$(\sqrt[40]{10})^3 = 1.189$ 为第二方案的辅助筛比，组成辅助序列 $R40/3$。日本工业标准(JIS)采用国际标准的 $R20$ 和 $R40/3$ 序列。西德、法国、苏联标准都是以 1 mm 筛为基筛，$\sqrt[10]{10} = 1.25$ 为主筛比，组成主序列 $R10$。美国最初是采用泰勒标准，因而最早的国家标准也比较接近泰勒标准，通过几次修订，已逐步靠近国际标准。现行美国标准(ANSI)是 1970 年由美国材料与试验协会(ASTM)制定的，1977 年被再次承认，除了保留网目作为筛网称号以外，实际尺寸已与国际标准的 $R40/3$ 序列一致，只是增加了 6.3 mm，12.5 mm，25 mm，50 mm，100 mm 五个常用的筛孔尺寸。目前泰勒筛仍采用 $\sqrt{2}$ 和 $\sqrt[4]{2}$ 作为筛比，筛号也未变，但以毫米标称的筛孔尺寸也已与 $R40/3$ 序列一致。考虑到大多数国家的试验筛标准已逐步向国际标准靠近，并且我国国家标准化组织——中国标准化协会(CAS)已于 1978 年参加国际标准化组织，预计今后也会以 ISO 标准为基准制定我国的试验筛标准。

目前国内生产试验筛的厂家甚多，常用的有上海筛、沈阳筛等，均无明确的序列标准，但国产金属筛网的规格仍是比较齐全的，因而在实际工作中可根据需要自己选择筛孔尺寸加工或订购筛子，组成套筛，供粒度分析用。

(3)筛析数据的整理

为了便于分析和研究问题，应将筛析数据整理成表格和曲线的形式。最常用的筛析记录表格式如表 4-19 所示。表中给出了各个粒级物料的产率。为了便于观察各粒级物料的分布规律，常将表中数据绘成各种"粒度特性曲线"。常用绘图法有三种，即简单坐标法、半对数坐标法和全对数坐标法。

表 4-19　筛析结果表

粒级		重量	产率/%	
/mm	/网目*	/g	个别	乘积
+0.85	+20	0	0	0
+0.50	+28	10	5.0	5.0
+0.425	+35	12	6.0	11.0
+0.300	+48	15	7.5	13.5

* 纲目(mesh)简称目，定义为：沿经线或纬线上 1 英寸(25.4 mm)内所包含的筛孔数目。

续表 4 - 19

粒级		重量	产率/%	
/mm	/网目	/g	个别	乘积
+0.212	+65	17	8.5	27.0
+0.150	+100	18	9.0	36.0
+0.105	+150	25	12.5	48.5
+0.075	+200	25	12.5	61.0
-0.075	-200	78	39.0	100.0
共计		200	100.00	

①简单坐标法[图 4 - 17(a)]。用横坐标表示颗粒直径(mm),纵坐标表示大于某一筛孔尺寸粒子的累积产率。利用这种曲线,可以求出任一粒级的产率。此法适用于粒度范围窄的物料,如粒度范围很宽,则横坐标会很长,而且在细级别处各点将挤在一起,不易分辨。

②半对数坐标法[图 4 - 17(b)]。此图的横坐标(颗粒级别尺寸)按对数划分刻度(但图中仍标注原颗粒尺寸),纵坐标仍同简单坐标法一样,故称半对数坐标法。因为标准筛都有一定筛比,即整套筛子中相邻两个筛子的筛孔尺寸都有一定比例,所以取对数时其间距是相等的。在绘图时,只要任意选定间距,即可逐点注上各筛孔的尺寸,所以绘制时很方便,同时也避免了细粒级的各点密集的缺点。因而适用于宽级别的物料。

③全对数坐标法。此法的纵横坐标全按对数分度。因为一般粒度组成均匀的物料,用此法绘图后,常可得出直线,这样就有可能利用延长直线的外插法,求出比最细的筛孔更细的那一部分物料的产率。同时,也易于求出该直线的方程,从该直线的斜率,对于样品破碎而言还可判断该破碎机的工作情况与产品质量。例如斜率愈大,就表示所得产物的粒度范围愈窄,就是过粉碎及泥化现象愈小。

有时,还应用其他坐标绘图,如纵坐标(累积产率)用对数,横坐标(粒度)用简单坐标的,或者纵坐标用个别产率等。

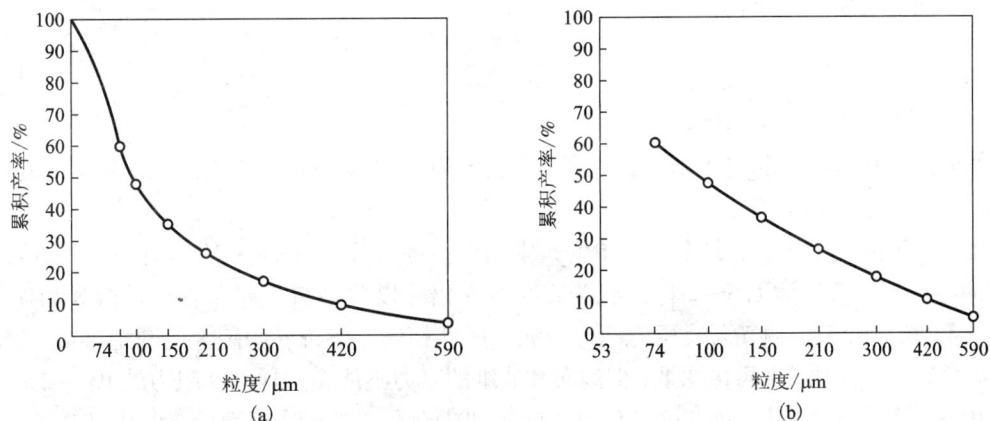

图 4 - 17　粒度特性曲线

(a)简单坐标法;(b)半对数坐标法

4.4.2 比表面的测定

单位质量的矿粒群所具有的总表面叫做比表面。常用的测定方法是渗透法和吸附法。测比表面法不需要预先分散试样，因而可避免因分散效果不良而造成的误差。

（1）渗透法

渗透法是利用流体透过待测物料层的速度测定比表面，因所用流体不同而分为液体渗透法和气体渗透法两类。

①液体渗透法。黏度为μ的流体，在ΔP的压力差下，流过一面积为A，厚L的多孔物料层，其流速u和流量Q，按达尔斯定律为：

$$u = \frac{Q}{A} = K \frac{\Delta P}{\mu L} \qquad (4-3)$$

式中K为比例常数。由于流速与毛细孔的截面和长度有关，而粉状物料层中的孔道截面积和长度与试料的空隙度e和表面积S有关，由此可导出（库曾式）：

$$K = \frac{1}{k S_v^2} \cdot \frac{e^3}{(1-e)^2} = \frac{1}{k \rho_s^2 S_w^2} \cdot \frac{e^3}{(1-e)^2} \qquad (4-4)$$

式中：S_v——单位体积固体物料的表面积，$S_v = \rho_s S_w$；

S_w——单位质量固体物料的表面积，即比表面；

ρ_s——固体物料的密度；

k——形状系数。

将式（4-4）代入式（4-3）中即可导出：

$$S_w = \frac{1}{\rho_s} \sqrt{\frac{1}{k} \cdot \frac{e^3}{(1-e)^2} \cdot \frac{A}{Q} \cdot \frac{\Delta P}{\mu L}} \qquad (4-5)$$

不论是采用国际单位制还是CGS制单位，上式都是适用的。卡门用的是CGS制，并且是用水柱高度度量ΔP，设$k = 5$，将上式改写成下列形式：

$$S_w = \frac{1}{\rho_s} \sqrt{\frac{1}{5} \cdot \frac{e^3}{(1-e)^2} \cdot \frac{A}{Q} \cdot \frac{g \Delta P}{\mu L}} = \frac{14}{\rho_s} \sqrt{\frac{e^3}{(1-e)^2} \cdot \frac{A}{Q} \cdot \frac{\Delta P}{\mu L}}$$

而空隙度可由下式求得：

$$e = 1 - \frac{m}{A L \rho_s} \qquad (4-6)$$

式中m为固体试料的质量。

液体渗透法可用于测定小到5 μm的试样。更细的物料，以及与水发生水合作用的物料（如水泥），须用气体渗透法。

实验装置的类型很多，其中最简单的是卡门液体渗透计（见图4-18）。包括一个截面积为A的渗透管。直径为1.8~2 cm，长为直径的5倍。以磨砂口2与弯管3及阀8相连，接贮液瓶4，出口管5与抽气泵及压力调节器和气压计相连。渗透管中装金属网滤布6，支承在铜弹簧圈7上。有时上面再垫滤纸，但滤布和滤纸的阻力不能超过样品9阻力的1%~2%。贮水器10用量筒制成，出口是斜口管11，流出水量调节到使渗透管中液面始终保持恒定高度h_1。

实验时，将已称重样品置于烧杯中，取5~10倍渗透用液体加入杯中共同搅拌，并加热至沸。必须使样品充分分散（有时可加分散剂）。然后冷却至室温，小心转入渗透管。一面搅拌一面抽气，使样品在滤布上挤紧，此时应避免分层现象。抽气真空度约为 40～50 cm 汞柱。将斜口管 11 的流水量调节恒定后测出 Q 及 P。

②气体渗透法。气体渗透法的基本原理与液体渗透法相同。常用的仪器有李(Lee)和纳斯(Nurse)设计的装置，一些国家已将它定为粒度测定的标准装置(如法国国家标准 NFX11-601)之一。由于要做一个长的(280 cm)毛细管有困难，为此，戈登(Gooden)和史密斯(Smith)修改了李和纳斯透过仪，用细砂填充的管子代替，这种经改进形式的透过仪为目前粉末冶金行业中通用费氏仪(Fisher sub sieve sizer)。所用的计算公式与卡门渗透计类似。

我国水泥工业采用的气体渗透式装置如图 4-19 所示，已列入中国国家标准(GB 207—63)。在法、美、德、英等国国家标准(NFP15-442，ASTMC204，DIN1l64，BS4359)中也有类似装置。

(2)吸附法

吸附法是利用分散度高的细粒物料表面自由能高，能自动吸附气体的特性，测定比表面积的方法。此法适用的粒度范围比渗透法细，在细粒范围内测

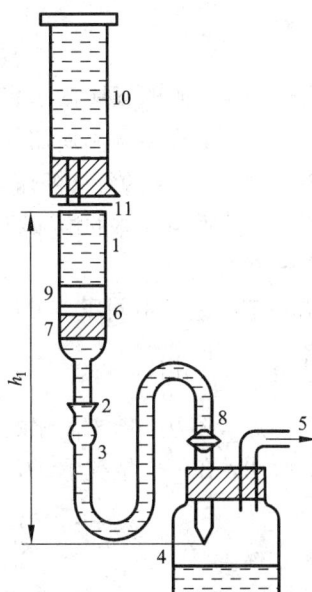

图 4-18　卡门液体渗透计

1—渗透管；2—磨砂口；3—弯管；
4—贮液瓶；5—出口管；6—金属网滤布；
7—铜弹簧圈；8—阀；9—样品；
10—贮水器；11　斜口管

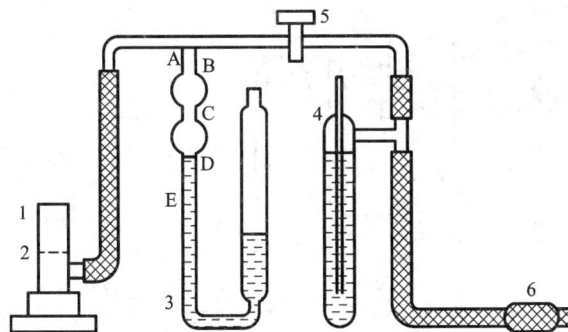

图 4-19　新 T-3 透气式比表面积仪

1—圆筒；2—穿孔圆板；3—气压计；4—负压调节器；5—活塞；6—抽气球

试精度较高，特别是低温氮吸附法，目前是表面积测量的标准方法。吸附法种类很多，常用方法主要有容量法(如 B.E.T 多点吸附法、B.E.T 单点吸附法、测量小比表面积法等)，重量法(如石英弹簧称、吸附天平等)，流动吸附色谱法(如 ST-03 型表面孔径测量仪)等。

1)低温氮吸附法是在液氨(-195.8℃)或液态空气(-192℃)温度下进行。因为在此低温下，一般不会有化学吸附的干扰，能保证气体分子在固体粒子表面作单分子层吸附，从而可按 B.E.T 公式作图或计算求得吸附量。

按 B.E.T 公式，当 $P=0.05～0.30P_s$ 时：

$$\frac{P}{V_0(P_s - P)} = \frac{1}{V_m C} + \frac{C-1}{V_m C} \frac{P}{P_s} \qquad (4-7)$$

式中：V_0——被吸附的气体在标准状态下的体积，m^3；

V_m——单分子层吸附所需气体的体积，m^3；

P——吸附平衡的气体的压力，N/m^2；

P_s——被吸附气体的饱和蒸气压力，N/m^2；

C——常数。

测得一定温度下不同压力 P 时的吸附量 V，并将 V 换算成标准状态下的体积 V_0 后，即可以 $\frac{P}{V_0(P_s - P)}$ 对 $\frac{P}{P_s}$ 作图，得一直线，直线的截距为 $\frac{1}{V_m C}$，斜率为 $\frac{C-1}{V_m - C}$，据此算出 V_m 和 C。此法可称为多点吸附法，即未简化的 B.E.T. 法。

试验表明，在一般情况下，C 值很大，因而 B.E.T. 公式可简化为

$$\frac{P}{V_0(P_s - P)} = \frac{P}{V_m P_s}$$

或

$$V_m = \frac{P_s - P}{P_s} V_0 \qquad (4-8)$$

由此，只需测得一吸附点的 P 和 V_0，便可算出 V_m，这是单点吸附法，或称简化 B.E.T. 法。单点吸附法与多点吸附法相比，测定误差一般不超过 5%，基本可满足一般测定的需要。

简化氮吸附测定装置 如图 4-20 所示。整个测定仪由四个部分组成：测量部分、贮氮部分、氧蒸气温度计、氮气纯化装置。

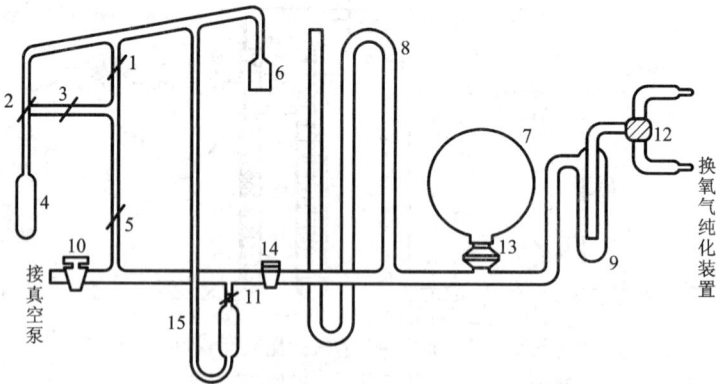

图 4-20 氮吸附仪

1，2，3，5，10，11，12，13，14—旋塞；4—样品瓶；6—气体瓶；7—贮氮瓶；8—压力计；9—捕集器；15—压力计

测量前先将纯化的氮气充入贮氮瓶 7 中，并用压力计 8 测量贮氮瓶中氮气的压力，然后检查系统密封状况，并测定测量部分的体积。每次测量所取试样重量应保证其总表面积不小于 10 m^2 的试样在 100℃温度下烘干并冷却至室温后，装入试样瓶 4 中，抽真空使物料去气，再将试样瓶浸入液氮浴中降温，然后放入纯氮让物料吸附。由压力计 15 读数变化即可推算出氮吸附量 V，并进而按式(4-8)算出 V_m。详细步骤可参看株洲硬质合金厂著《硬质合金生

产》(冶金工业出版社，1974)一书。

最后按下式计算试样的比表面：

$$S_w = \frac{NAV_m}{0.0224G} = \frac{4.23V_m}{G} \cdot 10^5 \qquad (4-9)$$

式中：S_w——比表面，m^2/kg；

　　　N——阿伏加德罗常数，$6.023 \times 10^{23}\ mol^{-1}$；

　　　A——吸附氮每个分子的投影截面积，$15.8 \times 10^{-20}\ m^2$；

　　　0.0224——摩尔体积，m^3/mol；

　　　G——试样质量，kg。

2)流动吸收色谱法。流动吸附色谱法实验装置示意图如图4－21所示。

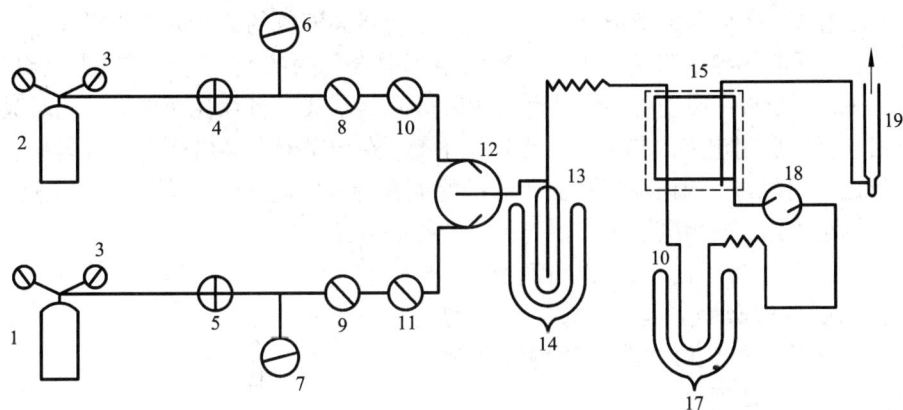

图 4－21　流动吸附色谱法实验装置示意图

1—载气瓶；2—氮气瓶；3—减压阀；4、5—稳压阀；6、7—压力表；8、9—可调气阻；10、11—三通阀；
12、18—混合气；13—冷阱；14、17—杜瓦瓶；15—热导池；16—样品管；19—皂沫流量计

①流动吸附色谱仪法原理。混合气——吸附气(N_2)与载气(He 或 H_2)连续地通过固体或粉状样品，借助变化吸附气流速，以改变混合气中吸附气组成，得到不同的相对压强。在不同的相对压强和吸附气的液化温度下，吸附气被样品吸附，直至混合气中吸附气的分压达到吸附平衡压强，再回复到室温，使样品上吸附的吸附气解吸。在吸附或解吸过程中，气流中吸附气浓度发生变化，此气流作用于热导池检测器上，其桥路输出相应的脉冲信号，在记录器上得到吸附峰或解吸峰。为了标定吸附峰或解吸峰的量值，这时再由注射阀注射已知体积的吸附气，通过热导池于记录器上得到一个标定峰。相继得到三个峰即组成一个吸附色谱图。由此可求出样品的吸附量：

$$V = \frac{273P_t}{760T_t} \cdot \frac{S_A}{S_i}V_i \qquad (4-10)$$

式中：P_t——试验时大气压；

　　　T_t——试验时绝对温度；

　　　S_A——解吸峰或吸附峰面积；

　　　S_i——标定峰面积；

V_i——标定时注射的吸附气体积。

吸附平衡时相对压强 P/P_0 数值可由混合气流速与吸附气流速的流速比确定:

$$\frac{P}{P_0} = \frac{R_N}{R_T} \cdot \frac{P_t}{P_0}\qquad\qquad(4-11)$$

式中: P——吸附平衡时的压力;

P_0——吸附气液化时饱和蒸气压;

R_T——混合气流速;

R_N——吸附气流速。

这样,由相对压强各点得到的 V 和 P/P_0 值作 B.E.T 图,即可求出样品的比表面积。

②测定方法。混合气经热导池、样品管,热导池的测量臂由皂泡流量计放空。此时,由于在室温下样品无吸附作用,故经热导池的参考臂和测量臂气体的流分相同,电桥达到平衡,输出电压为零,在自动平衡记录仪上走基线。将盛满液氮的杜瓦瓶套于样品管上浸泡到固定标记位置,此时热导池测量臂由于样品吸附了混合气中的氮,使混合气中氮组分减少,电桥产生不平衡,出现了吸附峰,待吸附平衡后仍回到基线。将杜瓦瓶取下,此时吸附在样品上的氮由于受热脱附出来。热导池又出现不平衡,在记录器上又出现了一脱附峰。一般脱附峰的峰形比吸附峰好,因而一般用脱附峰的峰面积计算吸附量。峰面积可由求积仪、剪纸称重法或计算法求出,或用电子积分器与记录器并联直接读出。

实验时往往并不将吸附峰绘出,而仅绘出与标定峰极性相同的解吸峰。因此,通常得到的色谱图上只有解吸峰和标定峰。典型的解吸峰和标定峰色谱图如图 4-22 所示。

流动气体色谱法与静态气体吸附法比较,其优点是明显的:

a. 比表面积测量范围宽。

b. 测量快速。

c. 系统不需要高真空,样品预处理可直接在载气流下进行,去掉了易碎和复杂的玻璃管系统,不再接触有毒物质汞。

d. 参数自动记录,操作简单。

e. 重现性好。

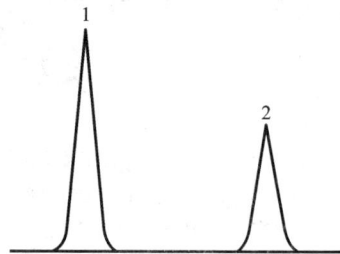

图 4-22 典型的解吸峰和标定峰色谱图
1—标定峰;2—解吸峰

但也存在一定的局限性,如流量变化对峰面积影响大;气流中若含高于液氮沸点的气体杂质,特别是水分时,对结果影响严重;存在热扩散现象,往往限制了仪器所能测定的最小表面积值;热导池的非线性情况对测量结果有影响,应预先标定。

4.4.3 物料密度和堆密度的测定

单位体积物料的质量叫做密度,用 ρ 表示,其单位按国际单位制为 kg/m^3 或 g/cm^3。致密无气孔物料的密度称为真密度;单颗粒(块)有气孔物料的密度称为视密度;堆集的颗粒(块)群的密度称为堆密度。密度的测定,物料的质量容易称量,关键是物料体积的测量,特别是不规则物料的体积测量。物料密度和堆密度测定方法如下。

固体物料密度通常在室温下测定，温度的些许变化对固体密度影响不大，因而不必注明，但试料必须事先干燥（$105 \pm 2℃$）。

（1）大块密度的测定

大块状的视密度可以通过简单的质量法进行（见图4－23）。首先将物料烘干，然后用细金属丝做一个圈套将矿块圈套好，由于金属丝很难将物块套稳，因而最好用金属丝做一个小笼子，将待测物块放在笼内，笼子用一根尽可能细的金属丝做成的钩子挂在天平横梁上，在空气中称量，矿块和笼子在空气中质量为m_1，笼子在空气中质量m_3。将物体挂在灵敏的工业天平或分析天平横梁的一端，其称量精度为$0.01 \sim 0.02$ g，再将一盛水的容器放在一个桥形的小台上，小台应不会碰到秤盘，并使物体完全浸入水中同时不致于碰到容器。首先测笼子在水中的质量m_4，然后测笼子与物体在水中的质量m_2。这里没有考虑连结物体和天平横梁的那根金属丝，由于金属丝很细，浸入水中部分的长度变化引起浮力发生变化很小，误差也小，故可忽略。由于矿块结构不均一，需测多块取其平均值计算，公式如下：

$$\rho_c = \frac{(m_1 - m_3) \cdot \rho'}{(m_1 - m_3) - (m_2 - m_4)} \qquad (4-12)$$

式中：ρ_c——矿块视密度，g/cm^3；

　　m_1——矿块和笼子在空气中质量，g；

　　m_2——矿块和笼子在水中质量，g；

　　m_3——笼子在空气中质量，g；

　　m_4——笼子在水中的质量，g；

　　ρ'——介质密度，g/cm^3。

对非亲水性或含可溶于水的物料，则介质应选用酒精、苯和二甲苯一类的物质。

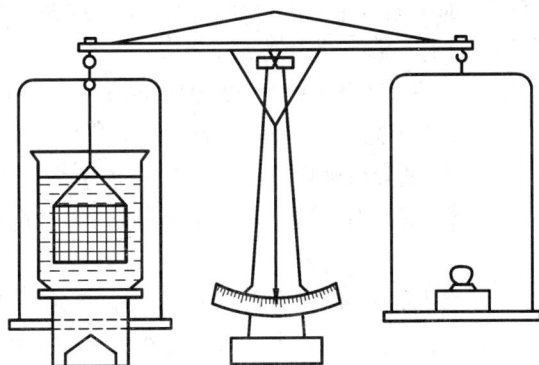

图4－23　普通天平测密度装置

密度天平法与普通天平法的原理是相同的，但所用的称量仪器是专用密度天平，因而测定时可直接读出矿块密度，不需要再用公式计算，如国产岩石密度计（WMGI－62型，北京地质仪器厂制造）。

（2）粉状物料真密度的测定

为测定不包含孔隙的物料密度，需将物料研磨到小于0.1 mm。真密度测定方法很多，常用的是比重瓶法，采用冶标YB—373—75，其步骤如下：

①用25 mL的比重瓶，用洗液洗净、烘干，采用感量为万分之一克的天平称量比重瓶的

质量为 m_1；

②取经烘干、粒度小于 0.1 mm 的试样放入瓶中，试样装入量为容积的 1/3 左右，称出瓶和试样的质量为 m_2；

③向瓶内注入蒸馏水，达容积的 2/3，用抽气法或在热水浴中煮沸，除去试样中附着的气泡。将瓶和用于试验的蒸馏水同时置于真空抽气缸中进行抽气，其缸内残余压力不得超过 2.67 kPa，抽气时间不得少于 1 h，关闭马达，由三通开关放入空气。经静置冷却后，再将经抽气的蒸馏水注满至瓶口，塞上瓶塞，使水从瓶塞上的毛细管中溢出，才说明瓶中已装满水。擦干瓶外的水分，称量瓶和水及试样的质量为 m_3；

④从瓶中倒出水和试样，洗净后装满蒸馏水，称瓶和水的质量为 m_4。

$$\rho_0 = \frac{(m_2 - m_1) \cdot \rho'}{(m_4 - m_1) - (m_3 - m_2)} \qquad (4-13)$$

式中：ρ_0——物料的真密度，g/cm^3；

$\quad$ m_1——比重瓶质量，g；

$\quad$ m_2——比重瓶和试样的质量，g；

$\quad$ m_3——比重瓶、试样和水的质量，g；

$\quad$ m_4——比重瓶和水的质量，g；

$\quad$ ρ'——介质的密度，g/cm^3。

真密度测定需平行做两次，其平行样差值不得大于 0.02 g/cm^3，求其算术平均值，取两位小数。

测定中须注意下列几点：

①比重瓶必须事先用热洗液洗去油污，然后用自来水冲洗，最后用蒸馏水洗净。

②为了完全除去比重瓶中水中的气泡，也可在抽真空的同时将比重瓶置于 60℃～70℃的热水中，使水沸腾，然后再冷却到室温下进行称量。

③水在 4℃时的密度为 1 g/cm^3，20℃时的密度为 0.998232 g/cm^3，不同温度下的比重可查阅有关资料，但在对精确度要求不高时均可近似地认为等于 1 g/cm^3。

粉状物料的密度测定，可根据试验精确度的要求和试样重量采用量筒法、比重瓶法、显微比重法、扭力天平法、重液变温法、微比重仪（利用磁流体技术）等。选冶试验中常用比重瓶法。

（3）堆积密度的测定

所谓堆积密度是指在规定条件下，散状物料在自然状态下堆积时，单位容积内的质量（g/cm^3）。堆积密度取决于许多因素，粒度与粒度组成、颗粒形状及表面状态、颗粒湿度、装料方式等都会影响堆积密度。

测定堆密度的主要目的是为设计矿仓、堆栈等贮矿设施提供设计依据。

原矿以及粗碎和中碎产品，因粒度大，其堆密度一般应在现场就地测定，细碎和选冶产品的堆密度，可在试验室内测定。至于试样是否需要测定堆密度，以及应在什么粒度下测定堆密度，应与设计部门协商决定，因为实验室试样的原始粒度和破碎粒度一般与工业生产有差异。

用于测定散状物料的堆积密度比较简单，取一已经校准其体积为 V 的容器，装满料刮平后测量其质量为 m_2，堆积密度 ρ_D 可用下式计算：

$$\rho_D = \frac{m_2 - m_0}{V} \qquad (4-14)$$

式中：ρ_D——堆积密度，g/cm^3；

　　m_0——容器质量，g；

　　m_2——试样和容器的质量，g；

　　V——容器体积，cm^3。

测定时，应取多次测定结果的平均值，对于粒度较大的试样，容器的边长不得小于最大块尺寸的 5 倍。这种方法可测量干料，也可测定不同湿度的物料。若要求测定压实状态下的碎散物料的堆密度，则在物料装入容器后可利用震动的方法使其自然压实，然后测定。

（4）孔隙率的计算

试样中全部孔隙的体积与试样总体积之比，用体积百分数表示。可根据测得的真密度 ρ_0 和视密度 ρ_c 计算：

$$\varepsilon = \left(1 - \frac{\rho_c}{\rho_0}\right) \times 100 \qquad (4-15)$$

式中：ε——孔隙率，%；

　　ρ_c——视密度，g/cm^3；

　　ρ_0——真密度，g/cm^3。

4.4.4　水分的测定

一般常将水分分为：

①外在水分或表面水分。它覆盖在颗粒表面上，在干处保存时，这部分水分将逐渐蒸发掉，直到变为"风干"状态。

②分析水分或吸着水分。它含在颗粒的孔隙和裂缝处，其含量与水蒸气的压力和空气的相对湿度有关。

③化合水或结晶水。

试验时，需要测定的是前两项，这两项水分的总和叫做总水分或游离水分。在烧结球团试验研究中，主要对试验原料的水分和烧结的制粒水分、球团的造球水分等进行测量，其测定方法如下：

取不少于200 g的试样称重后，置于干燥箱内，在(105 ± 5)℃的温度下干燥（烘干时间不少于 2 h）至恒重，设干燥前后的试样质量为 G_1，G，则试样的含水量 W（湿基）为：

$$W = \frac{G_1 - G}{G_1} \cdot 100(\%) \qquad (4-16)$$

式中：W——水分含量，%；

　　G——干样质量（指烘干样），g；

　　G_1——湿样质量，g。

用这种方法测定的物料水分，不包括物料所含的化合水或结晶水。

4.4.5　细粒物料成球性能测定

（1）毛细湿容量与分子湿容量测定

物料的毛细湿容量（最大毛细水）和分子湿容量（最大分子水），在成球过程中起重要作用，它直接影响成球速度和生球强度。

用容量法测定毛细水的装置如图 4 – 24 所示，这是由中南大学设计的，其测定原理：水在毛细力作用下，沿物料颗粒之间形成的毛细孔上升，直至水将全部毛细孔充满为止。

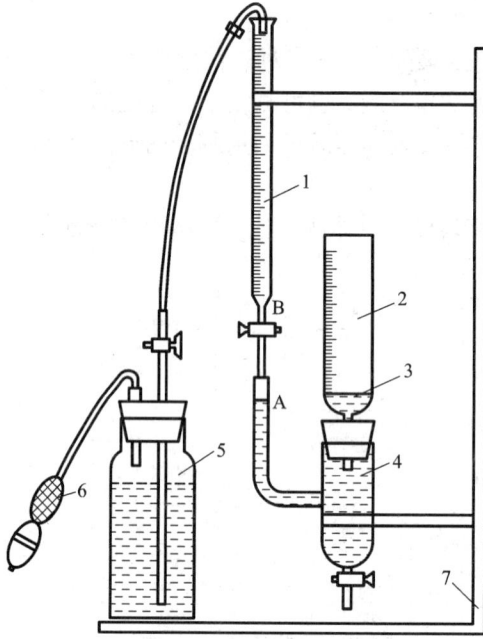

图 4 – 24　容量法测定毛细水装置

1—滴定管；2—玻璃装料器；3—筛板；4—玻璃贮水器；5—水瓶；6—打气球；7—支架

测定前，将装料容器和筛板涂上一薄层石蜡，筛板放入容器中，并在筛板上面铺两层滤纸。然后将已烘干的试样称质量(m，g)，并以松散状态装入容器内，装料高度 80 ~ 100 mm，并使料面平整。先调整好进水管上的刻度 A 与筛板在同一水平面上，随即注入蒸馏水到刻度 A，并记下滴管的刻度数 A_0。当水沿毛细孔上升时，基准线 A 的水位逐渐下降，此时应不断从滴管放入蒸馏水，以保持基准线 A 的水位，放水速度与毛细水上升速度一致，开始时上升速度比较快，以后逐渐减慢，直到试样不再吸水为止，记下滴管的刻度数 A_1，试样吸水量 $A = A_0 - A_1$。此时物料毛细湿容量已达到饱和状态，即可用下式计算最大毛细湿容量。

$$W_{毛} = \frac{A}{m + A} \times 100\% \tag{4 – 17}$$

式中：$W_{毛}$——最大毛细湿容量，%；

$\quad\quad A$——试样吸水量，g；

$\quad\quad m$——干料试样质量，g。

分子湿容量或分子水的测定是基于分子水被牢固的吸附在矿粒表面，失去了自由水的一切特性，以至在较大的离心力或压力下都难于使分子水与矿粒分离。

测定分子水的方法较多，有离心法、吸滤法和压滤法等，在造块试验中，多采用压滤法。它是使用一定压力使试样中的自由水排出的方法，并用滤纸吸收，仍保留在试样中的水为最大分子水。

压滤法测定设备如图 4 – 25 所示。测定前，先将试样的润湿至饱和状态，静置 2 h 以上，使颗粒表面得以充分润湿为止。测定时，将下压塞放进套筒中(内径为 60 mm)，并将 20 层滤纸放在下压塞上，将已准备好的试样放在滤纸上铺平，其厚度不超过 2 mm，然后在试样上面再盖上 20 层滤纸，放上上压塞。将装有试样的压模放在液压机上，以 65.5 kg/cm² 的压力压 5 min，压后取出试样称量 m_1，并在 (105 ± 5)℃下烘至恒重 m_2，按下式计算：

$$W_{分} = \frac{m_1 - m_2}{m_1} \times 100\% \qquad (4-18)$$

式中：$W_{分}$——最大分子湿容量，%；

$\quad\quad m_1$——试样加压后的质量，g；

$\quad\quad m_2$——加压试样烘干后质量，g。

每一种试验必须平行测定两次，两次误差不得大于 0.5%。

(2)成球性指数测定

至今还没有一个统一的测定方法，比较有代表性有维邱金和迪克逊法。

①维邱金 B.M 法。它用试样的最大毛细水和最大分子水作静态评定，前者表明试料的表面特性，两者均能说明物料的润湿性，评定成球性指数(K)的计算公式如式(4-19)。

$$K = \frac{W_{分}}{W_{毛} - W_{分}} \qquad (4-19)$$

式中：K——成球性指数；

$\quad\quad W_{分}$——试料的最大分子湿容量，%；

$\quad\quad W_{毛}$——试样的最大毛细湿容量，%。

(4-19)式能较好地说明固相与液相间的相互作用以及细粒物料的聚集过程。利用成球性指数(K)将物料成球的难易程序区分为：

$\quad\quad K < 0.2$ ——无成球性；

$\quad\quad K = 0.2 \sim 0.35$ ——弱成球性；

$\quad\quad K = 0.35 \sim 0.6$ ——中等成球性；

$\quad\quad K = 0.6 \sim 0.8$ ——良好的成球性；

$\quad\quad K > 0.8$ ——优等成球。

成球指数(K)接近生产实际，被普遍采用。

②迪克逊法是根据物料在造球设备中的成球粒度来评价成球性的。在一定程度上，反映了物料粒度、亲水性和成球动力学等方面的综合影响。

测定时，根据造球设备的大小，取 5~10 kg 试料，先润湿到比适宜造球水分低 1%~2% 的水分值，经混匀后，一次加入造球设备中，转动造球设备的同时，再补加 1%~2% 的水到适宜值，按规定造球 20~25 min 后，取出已造好的球，用 10 mm 或 6 mm 的筛子分级，以大于 10 mm 或 6 mm 的产出量百分数表示成球性指数(K_0)。

$$K_0 = \frac{m}{m_0} \times 100\% \qquad (4-20)$$

式中：m——合格球(大于 10 mm 或 6 mm)量，kg；

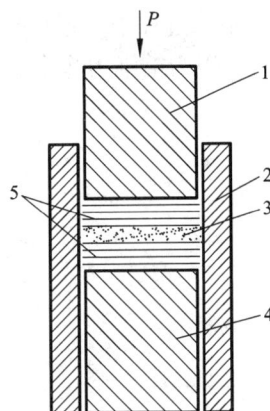

图 4-25　压滤法测定分子水
1—上压塞；2—压模；3—试样；
4—下压塞；5—滤纸

m_0——生球总量，kg。

在造球过程中，毛细水起着主导作用。当物料润湿到毛细水阶段，物料的成球过程才明显进行，因为毛细力将水滴周围的颗粒拉向水滴中心，而形成了小球。各类铁矿石及常用添加物的最大毛细水含量见表 4 - 20。

表 4 - 20 各类铁矿及常用添加物的最大分子水和最大毛细水含量

矿石名称	粒度/mm	最大分子结合水含量/%	最大毛细水含量/%
磁铁矿	0 ~ 1	4.9	9.3
	0 ~ 0.15	6.4	14.3
	0 ~ 0.074	6.0	17.6
赤铁矿	0 ~ 1	5.2	11.0
	0 ~ 0.15	7.4	16.5
	0 ~ 0.074	7.3	17.5
褐铁矿	0 ~ 1	21.2	37.3
	0 ~ 0.15	21.3	36.8
膨润土	0 ~ 0.20	45.11	91.8
消石灰	0 ~ 0.25	30.1	66.7
石灰石	0 ~ 0.25	15.3	36.1

4.4.6 生石灰活性度测定

活性度是衡量生石灰的反应速度的指标，是检验生石灰质量的重要标准之一。通常采用粗颗粒滴定法测定生石灰活性度。将一定粒度(1 ~ 10 mm)的生石灰溶于水中，以生石灰的水化反应速度来表示其活性度。测定装置如图(4 - 20)所示，试验操作如下：

(1)将事先准备好的(40 ± 1)℃的蒸馏水 2000 mL 倒入 3000 mL 的烧杯中，滴入 5 ~ 6 滴酚酞指示剂。

(2)在滴管内装好 500 mL 的 HCl(4N)的溶液，然后开动搅拌机(转速 225 r/min)。

(3)把 50 g 粒度为 1 ~ 10 mm 的生石灰，一次加入水温为 40℃ 的烧杯中，同时滴入 4 N HCl 溶液，并开始计时。滴入 HCl 时，应使溶液始终保持当量点(显微红色)。

图 4 - 20 生石灰活性测定装置

1—滴管；2—支架；3—电机；

4—生石灰、水溶液；5—搅拌器

(4)分别测定滴定 5 min 和 10 min 到达终点(即红色消失)时的 HCl 消耗量，生石灰的活性用 HCl 的消耗量来表示。

要求两次平行试验的误差不超过 5%，否则需要重做，并取平均值。

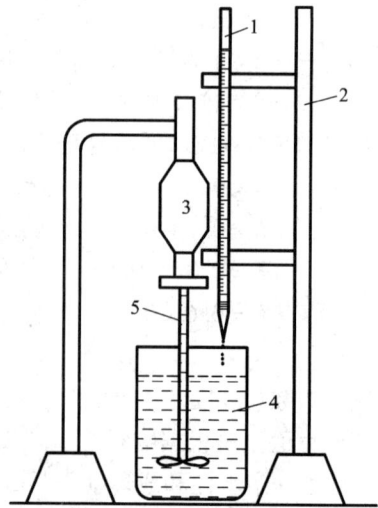

另一种测定方法是将石灰石放入水或酸中，用测定溶液达到最高温度的时间来评估石灰的活性。表 4-21 列出各国测定标准。活性石灰达到最高温度的时间小于 3 min，普通石灰为 3~10 min，过熔石灰大于 10 min。

表 4-21　使用温升法测定石灰活性的标准

项　目	石灰量/g	粒度/mm	水溶剂/cm³	水温/℃	反应能力指标/min
美　国	76	<3	380	24	达到最高温度的时间
加拿大	75	0.15	225	24	最高温度/时间，小于 20 为活性
德　国	150	1.5	600	20	同美国
前苏联黑色冶金研究所	10	0.08~1.0	20	20	最高温度开始降低的时间

4.4.7　膨润土性质的测定

膨润土是国内外球团生产广泛采用的黏结剂。其主要成分是蒙脱石，并含有一定数量的其他黏土矿物和非黏土矿物（如石英、长石、方石英等）。蒙脱石是一种具有膨胀性能、呈层状结构、吸水性强的含水硅铝酸盐，所以，采用膨润土做黏结剂，可以起到调节造球原料水分，稳定造球操作的作用。而且，膨润土是一种高分散性物质，添加膨润土后改善了造球物料的粒度组成，使生球内毛细管径变小，毛细力增大。另一方面膨润土吸水后呈胶体颗粒，填充在生球的颗粒之间，增加了颗粒之间分了的黏结力。因此，它可以提高生球强度，但是它会降低球团矿品位。通过测定各膨润土的物理性能，可以判断其质量的优劣，对于造球时膨润土的选择将具有指导作用。然而，由于膨润土具有复杂的物理化学性质，一个单独的参数不能全面反映膨润土的质量，目前尚无统一的检测方法和标准。尚需制定既适用又尽可能简单的测定方法。

1976 年前苏联 N·E·鲁奇金认为，作为球团黏结剂的膨润土应具有以下特性，可供研究膨润土质量作参考。主要指标如下：

①吸水性：不小于 5 cm³/g；

②膨胀倍数：大于 9.5 倍；

③分散度：在水中膨胀后小于 1.5 μm 的含量不小于 90%；

④皂土数（蒙脱石含量）：不小于 95%；

⑤可交换阳离子含量：82~97 mg 当量/100 g；

⑥在交换络合物中 Na^+ 和 K^+ 的总含量：大于 45 mg 当量/100 g；

⑦在水分为 4%~6% 时，-200 目占 90%；

⑧水分（磨矿后）：4%~6%；

⑨含硫量：小于 0.1%。

目前，国内一些单位采用的通用的检测内容：胶质价、膨胀倍数、吸水性、吸蓝量及蒙脱石含量等。

测定前，必须对试样进行统一的严格准备工作。要求试样粒度 -200 目占 95%，在 80℃烘箱中烘烤 24 h 后置于干燥器中存放和备用。各指标测定方法如下：

（1）胶质价的测定

胶质价又称胶体含量或胶质度,它是表明膨润土中含有多少蒙脱石的参数,按试样和一定比例的水混合所形成的凝胶层并静置 24 h 后占整个体积的百分数来衡量。其操作步骤如下:

①取膨润土试样 15 g(精确到 0.1 g)装到直径为 25 mm 的 100 mL 带塞量筒中(筒内先注入 20 ~ 30 mL 蒸馏水,以免试样黏附筒壁,不易摇均匀)。

②加入蒸馏水到 90 mL 处,并仔细振动摇匀 5 min,使其成为均匀的悬浮液,然后加入 1 g 氧化镁分散剂,再加水到 100 mL 处,振动摇匀 1 min,然后静置 24 h,读出沉降物柱体高度对整个高度的百分比,即为该试料的胶质价。

(2)膨胀容的测定

膨胀容又称膨胀倍数,它与膨润土在水中的分散能力有关。

准确称取 1 g(准确至 0.01 g)经彻底干燥后的膨润土试样,向装有 75 mL 蒸馏水的直径为 25 mm 的 100 mL 带塞量筒内以缓慢速度均匀间断撒下。经摇匀后加入 25 mL 盐酸(浓度为 1 M)至刻度,振动摇匀 3 min,静置 24 h 待其沉降,读出沉降界面处刻度值,即膨润土膨胀后在量筒内所占的体积,即可得膨胀容(mL/g)。

(3)吸水率的测定

吸水率是参考美国一些球团厂膨润土质量检测方法,采用简易测定方法测定,具体的操作步骤如下:

①将铁盆装满水,然后将多孔砖浸泡水中,使多孔砖吸足水。

②保持铁盆内水面低于多孔砖上表面 5 mm,在测定过程中始终保持此水位。

③在 1/1000 g 天平上称出称样瓶质量 m_1。

④将滤纸放在吸足水的多孔砖上,让它也吸足水后,放在称样瓶内并盖好盖子,防止在称重过程中水分挥发,称出湿滤纸和称样瓶的质量 m_2。

⑤将滤纸放回多孔砖上,称 2 g 已烘干的膨润土,均匀地撒在滤纸上,在室温下静放 2 h,取出滤纸和试样,放在称样瓶内称出它总质量 m_3,得出膨润土吸水质量 $m_4 = m_3 - m_2 - 2$。

按下式计算膨润土吸水率(%):

$$\eta = \frac{m_4}{2} \times 100 \tag{4-21}$$

(4)吸蓝量的测定

膨润土在水溶液中吸附亚甲基蓝的能力为吸蓝量。它以 100 g 膨润土吸附亚甲基蓝的克数表示。

1)亚甲基蓝溶液 2 g/L

将亚甲基蓝(指示剂)在(93 ± 3)℃的烘箱中烘干 4 h,置于干燥器中冷却至室温。称量 2 g 置于烧杯中,加水使其完全溶解(如不溶解,可微加热,温度不宜太高,以免分解),移入 1000 mL 容量瓶中,加水稀释至刻度,摇匀备用。

2)1% 焦磷酸钠溶液

称取 10 g 焦磷酸钠置于烧杯中,加水使其完全溶解(可微加热),移入 1000 mL 容量瓶中,加水稀释至刻度,摇匀备用。

吸蓝量的测定操作步骤如下:

①称取 0.2 g(精确到 0.001 g)试样,置于已经加入 50 mL 水的锥形瓶中,振动摇匀,使试样在水中充分散开,再加入 20 mL 焦磷酸钠溶液,振动摇匀。

②将盛有混合溶液的锥形瓶置于电炉或电热板上，加热 5 min，取下自然冷却至室温。

③用亚甲基蓝溶液滴定，开始时可以依次加 5 mL，再逐次缩小间距至 2～3 mL，快到终点时，每次滴加 0.5～1.0 mL，每次滴加后振动摇匀 15～30 s，用直径为 2.5～3 mL 的玻璃棒沾一滴试液于中速定量滤纸上，观察中部深蓝色斑周围有无出现明显的浅绿色晕环，若未出现，则继续滴加，当在沿蓝色斑点周围出现明显的浅绿晕环时，再摇动 30 s，用玻璃棒沾一滴试液于滤纸上，若浅绿色环仍不消失，即为滴定终点，记下滴定所耗亚甲基蓝标准溶液的体积 V，到终点后可继续滴加 1～2 mL 亚甲基蓝溶液。若浅绿色晕环变得明显且加宽，则表示终点判断无误。

计算公式为：

$$M = \frac{C \cdot V}{G} \times 100 \qquad (4-22)$$

式中：M——吸蓝量，g/100g 膨润土；

　　　C——亚甲基蓝溶液浓度，g/mL；

　　　V——滴定至终点时所耗亚甲基蓝溶液体积，mL；

　　　G——试样质量，g。

(5)蒙脱石含量的测定

蒙脱石是膨润土中的主要成分，具有吸蓝能力，测定其含量的主要方法是利用亚甲基蓝的吸附作用进行间接的测定，根据 X 衍射物相分析，蒙脱石含量为 100% 的人工提纯的钙基蒙脱石，100 g 钙基膨润土吸附亚甲基蓝量为 44.2 g，所以试样中蒙脱石的相对含量为：

$$蒙脱石相对含量 = \frac{M}{44.2} \times 100 \qquad (4-23)$$

式中：M——吸蓝量，g/100 g 膨润土。

(6)粒度测定

膨润土粒度测定是将膨润土矿样在自动恒温干燥箱中 105℃ 下烘干，热态下在天平(精度为 0.02 g)快速称 20 g，迅速放入经 105℃ 预热的 200 目筛子上(筛底和筛盖同时预热)。然后立即开动振动筛，使之振动 20 min，取出并称出筛上物和筛下物质量，算出小于 200 目含量。每个试样测两次，筛上物和筛下物之和的质量与检测样之差不超过 0.1 g。表 4-22 为国内球团厂普遍采用的膨润土参考质量标准。

表 4-22　铁矿球团用膨润土参考质量标准

指标	级别	
	一级	二级
蒙脱石含量/%	>60	45～60
2 h 吸水率/%	>120	100～120
膨胀倍数	>12	8～12
粒度	-0.074 mm 应占 99% 以上	
水分/%	<10%	

第 5 章　烧结试验

5.1　概述

烧结法(sintering)是将粉状物料(如粉矿和精矿等)加入熔剂和固体燃料,按要求的比例配料、混匀、加水混合制粒后,在不完全熔化的条件下经点火抽风烧结成块,进行高温固结的方法。所得产品称为烧结矿,外形为不规则多孔状。烧结所需热能由配入烧结料内的碳与通入过剩的空气经燃烧提供。

5.1.1　烧结试验内容

粉状物料的烧结试验主要内容:确定烧结方法和流程;研究影响烧结过程的各因子;查明各因子对烧结过程影响的主次及其相互关系,以确定最佳烧结工艺条件,获得烧结技术经济指标。

在一般情况下,烧结试验主要研究内容如下:

①粉体矿物原料的烧结性能评定。

②新建工厂设计和原有工厂改进的烧结工艺条件研究。

③降低烧结能耗,改善烧结产品的冶金性能。

④烧结新工艺、新设备和新方法研究。

⑤烧结基础理论研究。

⑥烧结过程中原料的综合利用研究。

⑦烧结过程中劳动条件保护和三废处理研究。

在实际试验工作中,经常进行第 1～5 项研究,其中基础理论研究关系到烧结领域科学技术的发展方向和有关理论的深化,应该受到足够重视。第 6 项对含有多种有价元素的矿物原料提出应该如何回收和利用问题,这对充分利用宝贵的自然资源是极其重要的。第 7 项不仅关系到劳动、环境保护问题,而且关系到自然界的生态平衡,这一课题随着科学技术的日益发展而受到重视,并且我国对此制订了专门的法律条文,因此,科技工作者应给予足够关心并列入试验研究范围。

5.1.2　烧结试验流程

烧结试验工艺流程基本上与实际生产流程相同,由于是实验室试验,故强调试验设备和工艺过程的模拟性,必须十分重视各工艺参数的控制和检测,获得可靠的数据。

图 5-1 为实验室常用的铁矿粉烧结试验的工艺流程,主要由烧结混合料制备、混合料的点火烧结、烧结产品处理和成品烧结矿的性能检测等四大部分组成。

熔剂　　焦粉　　　铁矿　　　　　　返矿

配料

生石灰消化（5 min）

水　→　人工混匀（加水）

二混（圆筒混合机）

混合料　→　取样

混合料性能检测

布料、点火、烧结、冷却

单辊破碎

烧结矿

落下

铺底料
10~20 mm

筛分（40 mm, 25 mm, 16 mm, 10 mm, 5 mm）

−5 mm

10~40 mm

物理性能检测

化学成分、冶金性能、矿相鉴定

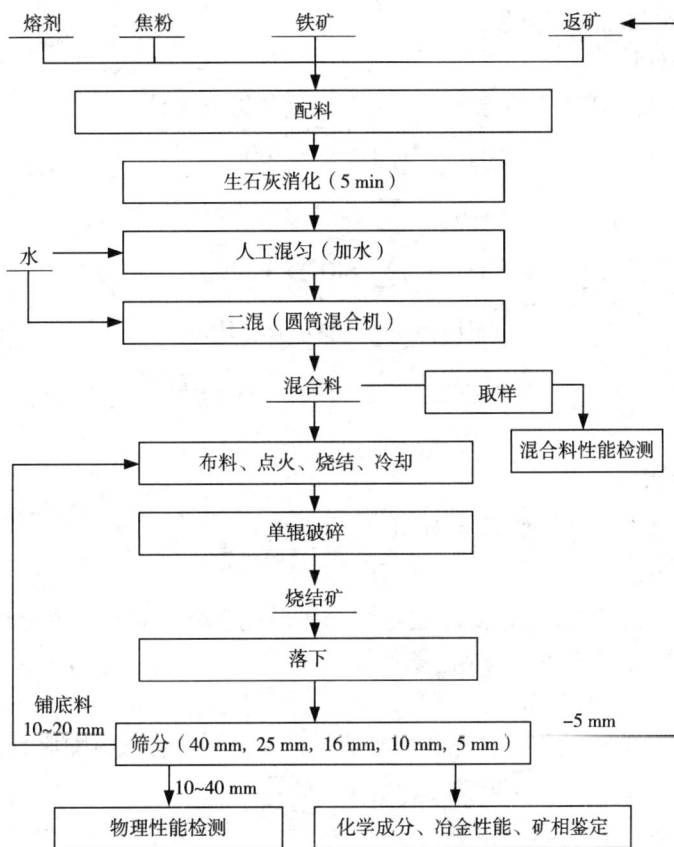

图 5 – 1　铁矿粉烧结试验典型工艺

5.2　烧结试验原料准备、试验设备和操作技术

5.2.1　配料计算

　　烧结配料计算是根据已知原料的物理化学特性，按照烧结矿化学成分的要求，根据试验目的、原料的供应情况、价格、烧结特性和化学成分，选择并计算各使用原料的配比。配料计算的基本原则，是"物质守恒"原理。常用的配料计算方法有：经验计算法，迭代计算法，理论计算法及基于多目标求解的线性规划优化计算法。不过，随着计算机应用的发展，简化的理论计算法和线性规划计算法已成为主要的计算方法。

　　烧结配料计算是根据已知原料的物理化学特性，原料供应量(或烧结矿产量)以及规定的烧结矿含铁量、CaO/SiO$_2$、S 及 MgO 含量等确定合适的配料比例。烧结配料计算的基本原则是根据"物质守恒"的原理，按不同成分的物料平衡，列出一系列方程式，然后求解。烧结处理的原料种类繁多，且物理化学性质差异很大，通过配料计算可以掌握和控制烧结矿的化学成分，确保产品质量符合高炉冶炼要求。下面介绍线性规划优化配料计算方法。

　　（1）列出烧结原料种类（X_i）、化学成分（Fe_i，CaO_i，SiO_{2i}，MgO_i，Al_2O_{3i}……Ig_i）及价格

Z_i，同时列出各原料供应情况和原料水分含量 H_2O_i。

（2）确定目标函数与约束方程

①烧结矿组分计算。

设生产 100 kg 烧结矿所需各原料量为 x_i kg，则各组分含量

$$Fe_{烧} = \sum Fe_i \times x_i/100$$

$$CaO_{烧} = \sum CaO_i \times x_i/100$$

$$SiO_{2烧} = \sum SiO_{2i} \times x_i/100$$

$$MgO_{烧} = \sum MgO_i \times x_i/100$$

$$Al_2O_{3烧} = \sum Al_2O_{3i} \times x_i/100$$

......

②建立目标函数。

$$Z = min\left(\sum Z_i \times x_i\right)$$

③列出约束条件。

根据烧结厂以及高炉生产的要求，确定烧结矿碱度和烧结矿主要成分组成；根据原料库存及生产要求，确定各原料必须满足的条件等。

（3）采用线性规划模型求解

计算获得生产 100 kg 烧结矿各原料需要的干料量 x_i kg，各原料配比为 X_i。

$$X_i = x_i/\sum x_i$$

（4）各原料湿料量 G_i

$$G_i = x_i/(1 - H_2O_i)$$

5.2.2 烧结料的混合与制粒

（1）混合设备

烧结实验室设备与生产设备比较要小得多，为保证试验结果尽可能接近生产实际情况，在设备选型及有关工艺参数的控制方面，应根据相似原理模拟生产过程。在实验室一般选用兼有混合与制粒双重作用的圆筒混合机。

实验室用的圆筒混合机与 ϕ300 mm × 700 mm 的烧杯配套，圆筒直径为 400 ~ 600 mm，圆筒长度与直径比例为 2.0 ~ 3.0，圆筒转速可调，最大转速低于临介转速的 25% ~ 30%，圆筒倾角在 0 ~ 45° 范围的可调，便于制粒料从圆筒内卸出。

（2）混合制粒步骤和操作技术

实验室一般采用先混匀后制粒的两段式操作方法，因料量少，混匀用人工操作，制粒则在圆筒混合机中进行。

①根据配料计算确定的配比称取各原料，将各原料置于橡皮布或钢板上，人工用铁铲多次（一般 4 ~ 5 次）翻转混匀，并加水润湿。加水量由计算确定，可以一次加入，或留少部分水在制粒过程中补加。

②经混匀润湿的配合料，停留 4 ~ 6 min，待各种物料粒子都被水完全润湿后，将料装入

混合机内，启动混合机并开始计算时间，制粒时间为 1 ~ 3 min。

③混合制粒后，停混合机，取下卸料端盖板，倾斜圆筒角度至 40° ~ 45°，再启动混合机，让混合料自由从圆筒内卸出，以免破坏已制粒的小球。

④从制粒混合料中取样分别测定混合料水分、混合效率、制粒性指数和透气性指数，一般采用混合料制粒前后的粒度组成变化和透气性指数作为评价制粒效果的主要指标。

关于制粒小球的结构，日本山冈洋次郎用"准颗粒模型"来描述，见图 5 - 2。准颗粒从中心到表层由三层粒度不同的颗粒组成：①起粒核作用的粗粒部分；②即使干燥也不剥落的细粉黏附的中间层，它包裹着核颗粒；③易碎裂的外层部分。这就形成了三种颗粒，即核粒子、黏附粒子以及制粒粒子。采用直接筛分、干燥筛分、水洗筛分检测核粒子与细粉末的黏附情况，分别用 A，B，C 指标表示准颗粒的细粉末黏附量。黏附率 A 表示黏附在制粒粒子与全干颗粒之间在热应力作用下破裂下来的黏附量。为了保证烧结过程中料层的透气性和烧结机产率，必须保持制粒粒子即使受热应力作用也不破裂的强度，希望黏附率 A 小，B 和 C 大。

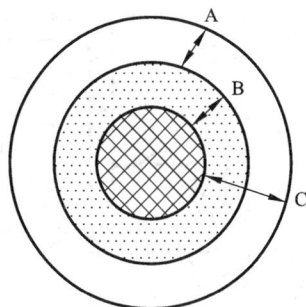

图 5 - 2　制粒小球结构的"准颗粒模型"

$$黏附率 A = \left[干_{(-0.5)} - 制_{(-0.5)} \right]$$
$$黏附率 B = \left[洗_{(-0.125)} - 干_{(-0.125)} \right]$$
$$黏附率 C = \left[洗_{(-0.25)} - 制_{(-0.25)} \right]$$

式中：制$_{(-0.5)}$、制$_{(-0.25)}$ 分别为制粒原料粒度组成中小于 0.5 mm 和小于 0.25 mm 粒级含量，%；干$_{(-0.5)}$、干$_{(-0.125)}$ 分别为全干颗粒粒度组成中小于 0.5 mm 和小于 0.125 mm 粒级的含量，%；洗$_{(-0.25)}$、洗$_{(-0.125)}$ 分别为水洗粒度组成中小于 0.25 mm 和小于 0.125 mm 粒级含量，%。

5.2.3　混合料烧结

混合料烧结是在高温下完成的。这一过程包括：燃料燃烧，物料在高温条件下进行分解、化合、氧化、还原等一系列的反应，并伴随着新的化合物生成和均相转变。这些反应受气体力学、传热、传质诸多因素的影响。研究烧结过程中产生的各种复杂变化规律，通常是模拟烧结机相当于截取出一个微分单元的烧结试验装置中进行试验研究。

图 5 - 3 是根据模型化条件设计的烧结试验装置，这套装置包括：点火器、烧结杯、抽风室、除尘器和抽风机等组成。

因圆形烧结杯散热面积小，边缘效应影响也较小，故实验室大多数烧结装置都采用圆形烧结杯。从几何形状看，烧结杯与带式烧结机并不相似，但是，当烧结杯在其散热、蓄热和气体力学等特性与烧结机相似时，通过控制风量、负压、温度等条件，使之与生产实际相等或相似，把烧结杯理解为从烧结机上截取一单元体来研究烧结过程中的各种变化规律是完全可行的。

当烧结杯直径小于 ϕ300 mm 时，则应在烧结杯内周边装填细料，以减少边缘效应的影响。填料可以是返矿或精矿，粒度小于 0.5 mm，填料厚度不小于 10 mm，也同样可以获得与烧结机生产相同的效果。由于 ϕ300 mm 的烧结杯装料量较多，实验室常采用 ϕ150 mm 的烧结杯进行烧结试验研究。

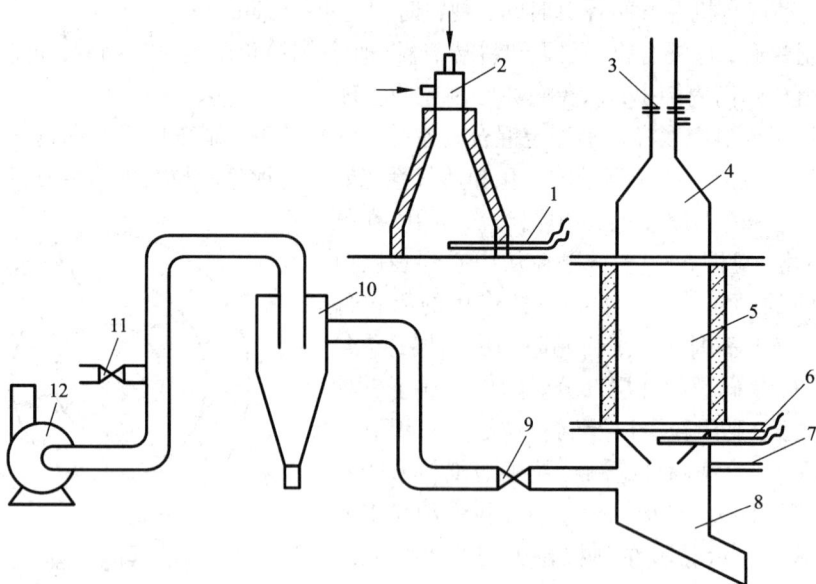

图 5-3 烧结试验装置

1—点火测温热电偶；2—点火烧嘴；3—进气孔板流量计；4—进气罩；5—烧结杯；
6—废气测温热电偶；7—负压测管；8—抽风室；9，11—调节阀；10—除尘器；12—抽风机

烧结机箅条可用 5~6 mm 厚的钢板钻孔或用圆钢条焊制，要求孔的有效面积占 15% 以上。

设计点火器时应考虑满足点火强度、温度、点火时间、点火烟气的组成与烧结生产实际过程的边界条件相同。为此，最好选用气体燃料(煤气或液化气)点火。

在烧结试验时为研究烧结过程的特性和规律，需要安置检测仪表。不同的研究对象，所需检测的项目不相同，对于一般铁矿石烧结工艺而言，需要测定项目有：

①烧结点火负压、点火时间和温度。

②烧结废气温度。

③抽风烧结负压。

④烧结时间。

如果研究需要，还可进行下述项目的测定：

①烧结杯进出口风速。

②烧结废气流量和气相组成。

③烧结料层温度、阻力和负压变化等。

在试验测定过程中，特别需要注意测定方法，测试仪表和测试位置的选择，以便使测试结果能真实地反映出烧结过程的本质。

粉状物料经混合、制粒后模拟生产工艺参数，在烧结杯上进行烧结试验，包括装料、点火、烧结和冷却。

烧结饼经冷却后，从烧结杯内卸出，经齿辊破碎机破碎后称重。为模拟生产中烧结饼在转运过程中的破碎情况，需进行落下试验，一般情况下将烧结饼放入落下试验的箱子里，将箱子提升到 2 m 高，使烧结饼自由落下至钢板上，通常反复落下两次，若实验室没有单齿辊破碎机，则要求落下三次。然后用 40 mm、25 mm、16 mm、10 mm、5 mm 的筛子分级，称量

各粒级重量，大于 5 mm 的为成品烧结矿。从成品烧结矿中取样检验烧结矿的性能，包括化学成分、矿相组成、物理性能和冶金性能等。

5.3　烧结试验过程检测与评价

5.3.1　混合料主要工艺性质测定

（1）混合料水分测定

烧结混合料水分是影响混合制粒效果及烧结料层透气性的主要因素。考虑到混合料粒度及成分不均一性，取测定试样量不应小于 500 g，在烘箱中 105 ±5℃ 烘干至恒重，用感量小于 0.5 g 的天平称重，以百分数表示混合料水分含量。

$$W = \frac{m_1 - m_2}{m_1} \times 100\% \tag{5-1}$$

式中：W——混合料水分含量，%；

$\quad m_1$——烘干前混合料质量，g；

$\quad m_2$——烘干后混合料质量，g。

（2）混匀效率测定

混匀效率主要用于评定各化学成分分布的均匀性，其测定方法是取混合前后试样均匀系数最大值 $K_{最大}$ 与最小值 $K_{最小}$ 的比值来表示。

$$\eta = \frac{K_{最大}}{K_{最小}} \tag{5-2}$$

式中：$K_{最大}$——混合料均匀系数最大值；

$\quad K_{最小}$——混合料均匀系数最小值。

若 η 值接近 1，则表明混匀效率好，K 值可按下式求得。

$$K_1 = \frac{C_1}{C} \cdots K_n = \frac{C_n}{C} \tag{5-3}$$

式中：$K_1, \cdots, K_n$——各试样的均匀系数；

$\quad C_1, \cdots, C_n$——某成分在试样中含量，%；

$\quad C$——某成分在试样中平均含量，%。

$$C = \frac{C_1 + C_2 + \cdots C_n}{n} \tag{5-4}$$

亦可用平均均匀系数 K_0 来表示混匀效果，其计算式如下：

$$K_0 = \frac{\sum (K_a - 1) + \sum (1 - K_b)}{n} \tag{5-5}$$

式中：K_0——试样的平均均匀系数；

$\quad K_b$——试样中均匀系数小于 1 的值；

$\quad K_a$——试样中均匀系数大于 1 的值；

$\quad n$——试样个数。

平均均匀系数 K_0，愈接近零，则混匀效果愈好。

（3）制粒效果的测定

混合料的制粒效果，是以物料在制粒前的粒度及其粒度组成的变化来评定。测定方法有：烘干分析法、冰冻分析法、加黏结剂固结粒子分析法等。其中以烘干分析法最为简便，其操作步骤如下：

从试验物料中取两组平行试样，每个试样为 1 kg 左右，试样平铺在瓷盘上，料层厚度不超过 5 mm，在低于 80℃ 的烘箱中烘干至残留水为 2%～3% 时（约 20 min）取出，在空气中冷却停放 1 h，让残留水重新均匀分布，以保持制粒小球的强度；将烘干试样称量后，分别用 10 mm，5 mm，3 mm，1 mm 和 0.25 mm 的筛子，用人工轻轻筛分，尽量避免小球破碎。用（5-6）式计算各粒级的产出率。一般认为烧结混合料的制粒小球中，2～5 mm 粒级应大于 50%，其平均粒径 d 为 2.4～2.6 mm 为宜。

$$p_1 = \frac{q_1}{m} \times 100\% \tag{5-6}$$

式中：p_1——某粒级产出率，%；

  q_1——某粒级产出质量，g；

  m——试样质量，g。

用下列指标来评价混合料制粒效果：

①平均粒度 $d_{平均}$。

$$d_{平均} = \frac{\sum p_1 d_1}{\sum p_1} = \frac{\sum p_1 d_1}{100} \tag{5-7}$$

式中：$d_{平均}$——混合料平均粒度，mm；

  p_1——某一粒级产出率，%；

  d_1——某一粒级的尺寸，mm。

②制粒效率 η——以制粒后某一粒级的增量来表示。

$$\eta = \frac{p_2 - p_1}{p_1} \times 100\% \tag{5-8}$$

式中：p_1——物料制粒前某一粒级（+3 mm）产出率，%；

  p_2——物料制粒后某一粒级（+3 mm）产出率，%；

η 愈大，制粒效果愈好，说明这种物料容易制粒。

③制粒性指数 GI——以制粒过程中某一细粒级（-0.25 mm）减少的百分数来表示。GI 愈大，说明物料制粒性能愈好。

$$GI = \left(\frac{A_1 - B_1}{A_1} + \frac{A_2 - B_2}{A_2} \right) \times 100\% \tag{5-9}$$

或

$$GI_0 = \frac{A_2 - B_2}{A_2} \times 100\% \tag{5-10}$$

式中：A_1，A_2——分别代表制粒前物料中 0.25～0.50 mm 和 -0.25 mm 粒级的分布率，%；

  B_1，B_2——分别代表制粒后的小球中 0.25～0.50 mm 和 -0.25 mm 粒级分布率，%。

（4）料层透气性测定

将烧结混合料作为充填层，测定其料层高度，以一定的负压通过料层抽风，测定抽风量。表示烧结料层透气性的公式很多，在我国及欧美和日本普遍采用 Voice 公式：

$$K_{\mathrm{D}} = \frac{Q}{A} \cdot \left(\frac{h}{\Delta P}\right)^{n} \tag{5-11}$$

式中：K_{D}——透气性指数；

　　　Q——通过料层的风量，$\mathrm{m^3/min}$；

　　　A——料层面积，$\mathrm{m^2}$；

　　　h——料层高度，m；

　　　ΔP——料层阻力损失，Pa；

　　　n——指数，一般情况下 $n = 0.6$。

实验室测定料层透气性，可按图 5-4 组装。透气性测定装置由料杯、U 型压力计、转子流量计及抽风机等组成。料杯为 $\phi 100\ \mathrm{mm} \times 500\ \mathrm{mm}$，测定时将试样装进料杯记录装料高度为 h，打开抽风机，调整抽风机风箱负压 ΔP，即可读出单位时间通过料层风量 Q，将测定数据代入式（5-11），即可计算出透气性指数 K_{D}。

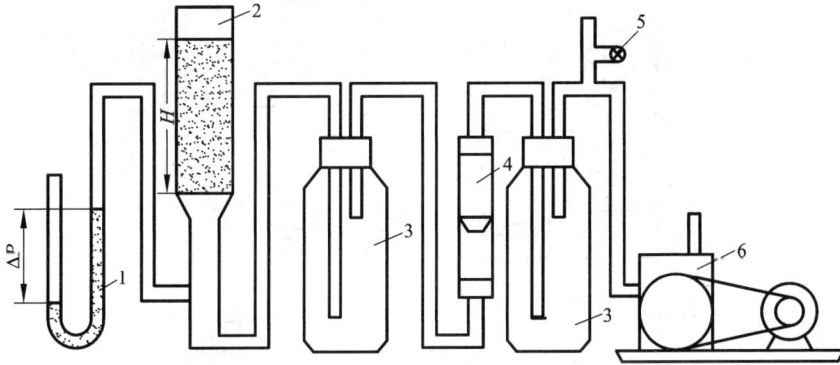

图 5-4　透气性测定装置

1—差压计；2—料杯；3—缓冲瓶；4—转子流量计；5—调节阀；6—抽风机

试验研究表明，烧结混合料的平均粒度 $d_{平均}$、制粒性指数 GI_0 与透气性指数 K_{D} 呈良好的正相关关系，如图 5-5、图 5-6 所示。即随 $d_{平均}$ 和 GI_0 的增大，料层透气性也提高。有良好透气性的料层，可获得较高的烧结生产率。

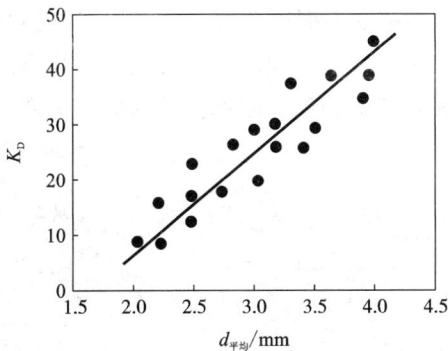

图 5-5　$d_{平均}$ 与 K_{D} 的关系

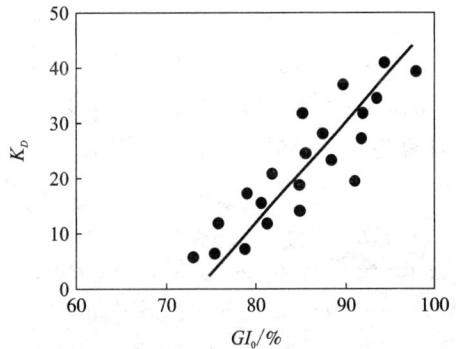

图 5-6　GI_0 与 K_{D} 的关系

5.3.2　烧结料层温度、阻力和气氛测定

这类工艺性质的测定，有助了解烧结过程中某些特性的变化规律，如传热、传质、气氛和料层各带阻力变化等，掌握烧结过程的变化规律，用于指导生产。

图 5-7 为实验室用来测定上述项目的实验装置。在烧结杯的侧壁上，每隔 50 mm 开有直径为 10 mm 的圆孔，通过圆孔可测定温度和阻力及进行气体取样。

与正常的烧结试验一样，测定时按试验要求，每隔一定时间记录一次各测定点的温度，阻力损失(压力降)，或用真空泵抽取一次料层气体进行成分分析。

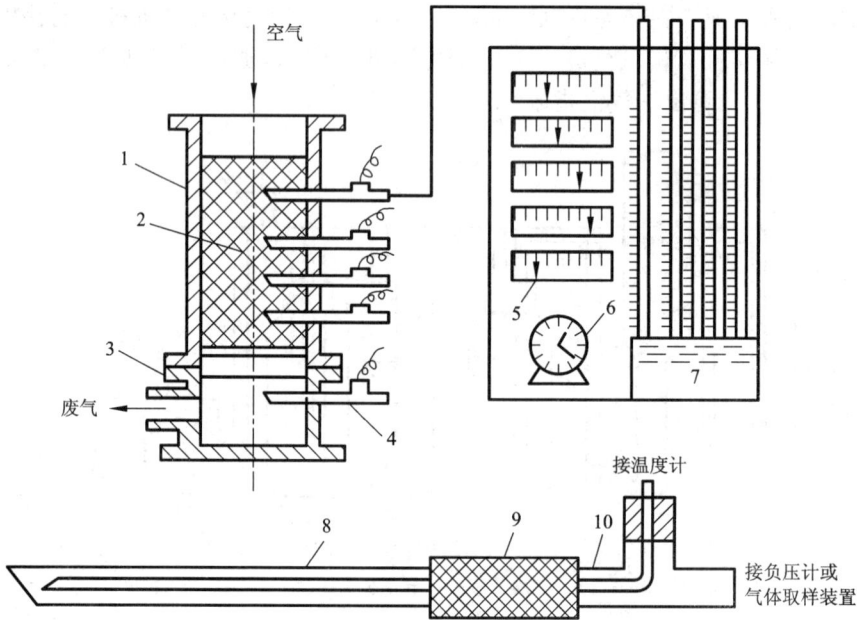

图 5-7　烧结料层温度、气氛或负压测定装置
1—烧结锅；2—烧结料；3—真空室；4—温度、气氛或负压测管；5—温度计；
6—时钟；7—负压计；8—高温瓷管；9—橡皮管；10—玻璃三通管

图 5-8 为料层中某测点的温度随烧结时间变化曲线，根据这曲线不仅可以了解料层各水平层温度的变化情况，而且可以知道整个料层中最高温度变化规律。并可根据最高温度点的移动速度来计算燃烧带的移动速度，即测定两相邻测点达到最高温度点的时间，用式(5-12)计算各水平层的燃烧带移动速度：

$$u = \frac{h}{t_2 - t_1} \tag{5-12}$$

式中：u——燃烧带移动速度，mm/min；

h——两相邻测点间距离，mm；

t_1，t_2——分别代表两相邻点达到最高温度的时间，min。

并可根据燃烧带的移动速度估算燃烧带宽度：

$$H = u \cdot t \tag{5-13}$$

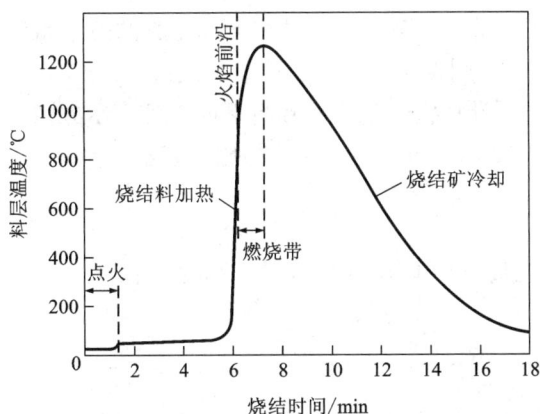

图 5 - 8　烧结料层内某水平面温度变化曲线

$$t = 3730 \int_0^R rdr/r^{0.37} + 0.144 \tag{5-14}$$

式中：H——燃烧带宽度，mm；

t——碳粒燃烧完毕所需时间，min；

r——碳粒半径，mm。

图 5 - 9 为料层各带压力降的变化。烧结过程中燃烧带由于生成大量液相其阻力最大。干燥预热带和过湿带也使阻力增加，特别是混合料热爆裂产生的粉末影响极为明显。

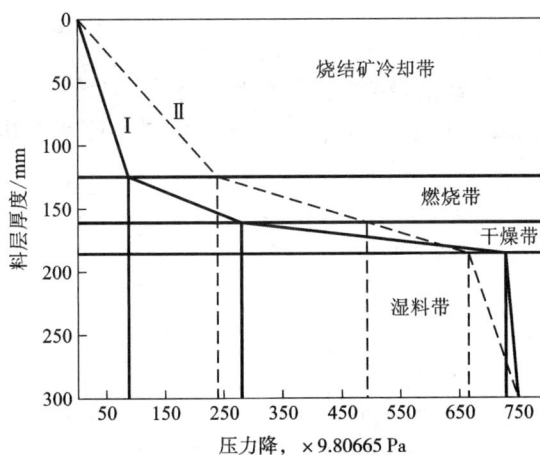

图 5 - 9　烧结料层内的压力降

Ⅰ—赤铁矿烧结料；Ⅱ—添加 3% 皂土的赤铁矿烧结料

将连接抽气机的取样管插入料层内，抽取料层内的废气进行气体分析。对烧结料层内废气成分的测定，则可帮助了解烧结过程中碳的燃烧情况，了解物料氧化及还原反应的发生和发展、烧结的气氛性质等问题。

物料烧结的燃烧产物中含有 CO_2，CO 和 O_2，则燃烧产物中总氧量为：

$$\sum O_2 = CO_2 + 0.5CO + O_2 \tag{5-15}$$

若取样测得废气组成计算的总氧量，超过按上式计算的总氧量时，则说明烧结过程发生了铁矿石的还原反应；反之，则发生了铁矿石的氧化反应。

根据废气成分分析结果计算空气过剩系数有下面三种表示方法：

1) 以空气中的含氧量（21%）与氧的消耗量的比值表示：

$$\alpha = \frac{21}{21 - O_2} \qquad (5-16)$$

2) 以空气中含 O_2 量与废气中 CO_2，CO 含量之和的比值表示：

$$\alpha = \frac{21}{CO_2 + CO} \qquad (5-17)$$

3) 以废气中含氮量来表示：

$$\alpha = \frac{N_2}{N_2 - 3.762(O_2 - 0.5CO)} \qquad (5-18)$$

式中：α——空气过剩系数；

O_2，N_2，CO_2，CO——干燃烧产物中 O_2，N_2，CO_2，CO 的含量，其中 $N_2 = 1 - (CO_2 + CO + O_2)$；

$3.762 = \dfrac{0.79}{0.21}$（干燥空气中 N_2/O_2）

应该注意，在实际应用中，无论选用哪一种表示方法，都要考虑铁矿石和石灰石类矿物在烧结过程中，还原、氧化和分解反应带来的影响。

5.3.3 烧结主要技术指标计算

（1）垂直烧结速度

当烧结混合料料层高度为 h（从烧结杯箅条至混合料料面高度），烧结时间 t（从点火开始至废气温度升至最高并开始下降之时所用的时间，记录精确到秒），垂直烧结速度 $V_\perp$ 表达式：

$$V_\perp = \frac{h}{t} \qquad (5-19)$$

式中：$V_\perp$——垂直烧结速度，mm/min；

h——烧结料层高度，mm；

t——烧结时间，min。

（2）烧结矿成品率

烧结饼自 2 m 高按规定的次数（通常为 3 次）自由落下到钢板上，用 5 mm 筛子筛出 +5 mm 成品烧结矿并称量质量 W_2，减去铺底料质量即为成品烧结矿，烧结矿成品率 S 表达式：

$$S = \frac{W_2 - P}{W_1 - P} \times 100\% \qquad (5-20)$$

式中：S——烧结矿成品率，%；

W_1——烧结饼总质量（包含成品烧结矿、返矿和铺底料），kg；

W_2—— +5 mm 成品烧结矿质量（包含成品烧结矿和铺底料），kg；

P——铺底料质量，kg。

（3）返矿率

烧结饼自 2 m 高按规定的次数（通常为 3 次）自由落下到钢板上，用 5 mm 筛子筛出返矿

并称量质量 K，用返矿量与烧结饼质量(烧结饼总质量 – 铺底料质量)之比表示：

$$b = \frac{K}{W_1 - P} \times 100\% \qquad\qquad (5-21)$$

式中：b——返矿率，%；

　　　K——返矿质量，kg；

　　　W_1——烧结饼总质量(包含成品烧结矿、返矿和铺底料)，kg；

　　　P——铺底料质量，kg。

(4)利用系数

烧结设备生产能力，即单位烧结面积成品烧结矿的小时产量，以 $t/(m^2 \cdot h)$ 表示：

$$q_0 = \frac{W_2 - P}{F \times t} \times 600 \qquad\qquad (5-22)$$

式中：q_0——利用系数，$t/(m^2 \cdot h)$；

　　　W_2—— +5 mm 成品烧结矿质量，kg；

　　　P——铺底料质量，kg；

　　　F——烧结杯面积，m^2；

　　　t——烧结时间，min。

5.3.4　烧结矿性能检测

烧结矿性能检测包括化学组成、冷态性能和热态性能。其中冷态性能主要包括烧结矿的粒度组成、筛分指数和转鼓强度等，热态性能主要包括烧结矿的还原性、低温还原粉化和软熔特性等。在试验研究过程中常采用矿相鉴定等方法对铁矿烧结规律及其成矿进行探讨和分析。其方法将在第8章和第9章中进行介绍。

5.4　铁矿粉烧结工艺因素的考察

5.4.1　混合料制粒工艺因素

(1)原料的性质

对烧结料混合制粒过程有影响的是矿物的润湿性、粒度与粒度组成和颗粒的形状等。

对烧结混合料制粒小球的结构研究表明，球粒一般是由核颗粒和黏附细粒组成。制粒小球称之为"准颗粒"。"准颗粒"的形成条件与粒度组成有密切关系。早期的研究是以小于0.2 mm 颗粒作为黏附细粒，大于0.7 mm 作为核颗粒。理想的核颗粒为 1~3 mm 作核，0.25~1.0 mm 的中间颗粒难于粒化，越少越好。对于铁精矿烧结，配加一定数量的返矿可作核颗粒，要求返矿粒度上限最好控制在 5~6 mm 以下。

此外，在粒度相同的情况下，多棱角和形状不规则的颗料比球形表面光滑的颗粒易成球，且制粒小球的强度高。

(2)加水量及加水方式

添加到混合料中的水量对混合料成球及透气性有很大影响，不同混合料适宜加水量也不一样。图 5 – 10 是有效制粒水与混合料制粒后的平均粒径、透气性之间关系。两种不同的铁精矿在这一制粒区呈现相同规律，确立了有效制粒水与制粒过程的关系，其制粒效果是受水的添加量制约的。

研究表明,细粒粉状物料的制粒,是从粒子被水润湿并形成足够的毛细力后才开始的。水对烧结混合料制粒过程的作用可区分为三个阶段。

在低水量区(Ⅰ),由于添加水被粒子表面吸附,还未能形成一定的毛细力,也就不可能有足够力使散状物料聚集成球粒。烧结料层透气性停留在低水平上,烧结过程无法进行。

随着水量增加,粒子间开始充填毛细水,在毛细力作用下,细粒粉末开始黏附在核粒子上形成黏附层,并不断长大形成准颗粒。这为制粒区(Ⅱ),制粒区所需水量为有效制粒水(混合料总水分去除吸湿水后的剩余部分)。烧结混合料制粒在很大程度上受有效水影响。

当水量继续增加时,过剩的水填满小球粒之间的孔隙,小球粒将会发生变形和兼并,使料层孔隙率下降,透气性恶化,这是烧结不希望出现的过湿区(Ⅲ)。

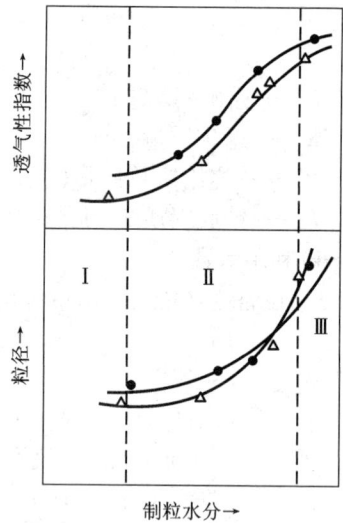

图 5-10 制粒水与粒度、透气性关系

加水方式是提高制粒效果的重要措施之一。一次混合的目的在于混匀测温,加水量占总水量的80%~90%。二次混合的主要作用是强化制粒,加水量仅为10%~20%。

(3)混合时间

为了保证烧结料的混匀和制粒效果,混合过程应有足够的时间。70年代初以前,世界各国的混合制粒时间大部分为2.5~3.5 min,即一次混合1 min,二次混合1.5~2.5 min。国外最近新建厂则大都把混合时间延长至4.5~5 min或更长,生产实践证明混合制粒效果在制粒时间5 min之内随时间增加效果改善明显。但日本釜石厂的混合时间长达9 min。

混合机转速决定着物料在圆筒内的运动状态。计算表明,混合机的临界转速为$30/\sqrt{R}$ r/min。一次混合机转速为临界转速0.2~0.3倍,二次混合机转速为临界转速的0.25~0.35倍。

(4)混合机的充填率

充填率是以混合料在圆筒中所占体积来表示。充填率过小时,产量低,且物料相互间作用力小,对混匀制粒不利;充填率过大,在混合时间不变时,能提高产量,但由于料层增厚,物料运动受到限制和破坏,对混匀制粒也不利。一般认为适宜的一次混合机的充填率为15%左右,而二次混合比一次混合的充填率要低些。

(5)添加物

生产实践表明,往烧结料中添加生石灰、消石灰、皂土等,能有效提高烧结混合料的制粒效果,改善料层透气性。此外,近期国内外研究有机添加物应用于强化烧结混合料制粒也取得明显效果,包括腐植酸类、聚丙烯酸酯类、羧甲基纤维素类等。

5.4.2 烧结混合料布料、点火与烧结工艺因素

(1)烧结混合料布料

烧结混合料布在铺底料的上面,铺底料用10~20 mm的烧结矿,铺底料厚度为20~30 mm。布料时要求烧结混合料的粒度、化学组成及水分等均匀分布,料面平整,并保持料层具

有均一的良好的透气性；另一方面，烧结混合料的粒度较粗，在 1 ～ 10 mm 之间，要求在布料时，尽可能减少粗粒过分集中在周边，造成不良的边缘效应，直接影响烧结过程。

（2）烧结点火

1）点火目的与要求

点火的目的是供给混合料表层以足够的热量，使其中的固体燃料着火燃烧，同时使表层混合料在点火器产生的高温烟气作用下进行干燥、碳燃烧和烧结，并借助于抽风使烧结过程自上而下进行。点火好坏直接影响烧结过程的正常进行和烧结矿质量。

为此，在设计烧结点火烧嘴时应满足如下要求：有足够高的点火温度（大于1100℃）和点火强度[29000 ～ 58600 kJ/（m²·min）]；点火烟气中有充足氧含量；烧结料面上点火要均匀。

2）影响点火过程的主要因素

①点火时间与点火温度的影响。为了点燃混合料中的碳，必须将混合料中的碳加热到其燃点以上，因此点火火焰须向碳提供足够的热量。点火温度一定时，相应的点火时间也有一个定值，才能确保表层烧结料有足够热量使烧结过程正常进行。延长点火时间，虽然可使烧结料得到更多热量，这对提高表层烧结矿的强度和成品率有利，但同时也会增加点火燃料消耗。这种办法对料层较薄时有一定的积极作用，现在烧结料层高度有了很大提高，表层烧结矿所占整个烧结料层的比例很小。因此，采用延长点火时间和增设保温段来改善烧结矿质量的方法也就不那么重要了。

若提高点火温度，点火时间可相应缩短，目前国内外研制的许多新型点火器，都是采用集中火焰点火，可以有效地使表层混合料在较短时间内获得足够热量，而且还可以降低点火燃耗。

②点火强度的影响。所谓点火强度是指单位面积上的混合料在点火过程中所需供给的热量或燃烧的煤气量。

料层表面所需热量由点火器供给。点火器的供热强度是指在正常的点火时间范围内，给单位点火面积所提供的热量，它与点火强度的关系式如式（5 - 23）所示。

$$J_0 = J/t \quad (kJ/m^2 \cdot min) \tag{5-23}$$

式中：J_0——点火器的供热强度，kJ/（m²·min）；

$\quad\quad$ J——点火强度，kJ/m²；

$\quad\quad$ t——点火时间，min。

根据测定的结果，点火深度基本上与点火器的供热强度成正比。点火供热强度高，点火料层厚度大，高温区宽，表层烧结矿质量好，但烧结速度减慢。为了把有限的点火热量集中在较窄的范围内，以提高料层表面的燃烧温度，点火器供热强度不宜太高，通常以 29000 ～ 58600 kJ/（m²·min）为宜。

③烟气含氧量的影响。烟气中含有足够的氧可保证混合料表层的固体燃料充分燃烧，这不但可以提高燃料利用率，而且也可提高表层烧结的质量。假若烟气中的含氧量不足，固体燃料燃烧推迟，一方面会使表层供热不足，另一方面会影响垂直烧结速度，产量下降。根据前苏联经验，当点火烟气中的氧含量为13%时，固体燃料的利用率与混合料在大气中烧结时相同。在氧含量为 3% ～ 13% 的范围内，点火烟气增加 1% 的氧，烧结机利用系数提高0.5%，燃料消耗降低 0.3 kg/t烧结矿。根据 Φ·卡帕林的计算不同固体燃料单耗的条件下，碳完全燃烧所需的点火烟气中最低氧含量时表明，当燃料单耗 40 kg/t烧结矿和成品率为 67% 时，最低氧含量为 8.1%，当燃料单耗为 67 kg/t烧结矿和成品率为 60% 时，点火烟气中的氧含量不

应低于 12.2%。

提高点火烟气中的氧含量的主要措施是：

①增加燃烧时的过剩空气量。点火烟气中的含氧量与过剩空气量可用式(5-24)计算：

$$Q_2 = 0.21(\alpha - 1)L_0 / V_n \times 100\% \qquad (5-24)$$

式中：Q_2——烟气中含氧量，%；

α——过剩空气系数；

L_0——理论燃烧所需空气量，m^3/m^3；

V_n——燃烧产物的体积，m^3/m^3。

由式(5-24)可以看出，点火烟气中的含氧量随过剩空气系数的增大而增加，图 5-11 为不同的点火气体燃料的烟气含氧量与过剩空气系数的关系。这些曲线表明，提高过剩空气量使烟气中氧含量增加的办法，只适用于高热值的天然气或焦炉煤气，对低热值的高炉煤气或混合煤气，其过剩空气量要大受限制。

②利用预热空气助燃。这不但可节省燃料，而且也是提高烟气氧浓度的方法。前苏联的生产经验表明，利用 300℃的冷却机废气助燃点火，可提高氧含量 2%，并可减少天然气或焦炉煤气 17%，高炉煤气 6.6%，降低固体燃耗 0.5 ~ 0.7 kJ/t$_{烧结矿}$，同时增产 0.6% ~ 0.8%。

③采用富氧空气点火。无论对高热值煤气或热值较低的煤气，富氧点火都是提高烟气氧含量的重要措施，点火烟气中含氧量增加到 9% ~ 10%，氧消耗为 3.5 $m^3/t_{烧结矿}$时，烧结矿生产率可提高 2.5% ~ 4.5%，固体燃耗可降低 10 kJ/t$_{烧结矿}$。但是采用富氧空气费用高，而且氧气供应困难。

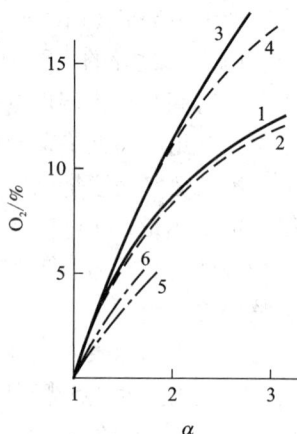

图 5-11 气体燃料燃烧产物含氧量与过剩空气系数的关系

曲线 1 ~ 3—天然气；

曲线 2 ~ 4—焦炉煤气；

曲线 5 ~ 6—高炉煤气

5.4.3 烧结主要工艺参数选择

影响烧结过程的工艺因素很多，合理选择烧结工艺参数，与烧结产质量提高有密切联系。下面主要讨论风量、风压、料高及返矿对烧结的影响。

(1)风量与负压

国内外烧结生产实践证明，在一定范围内增加单位烧结面积的风量，能有效的提高烧结矿的产质量。目前烧结风量与负压的选择有如下几种情况。

①大风量高负压烧结。20 世纪 70 年代以来，国外一些烧结厂在不断强化烧结过程的基础上，采用高负压大风量，以满足进一步提高烧结料层厚度的要求。单位烧结面积的风量一般高达 85 ~ 100 $m^3/(m^2 \cdot min)$，主风机的抽风负压为 14.2 ~ 17.1 kPa，有的竟高达 19.6 kPa 以上，首钢 2# 、3# 烧结机对比试验表明，单位烧结面积风量分别为 80 和 100 $m^3/(m^2 \cdot min)$时，烧结机利用系数提高 34%。

一般说在料高一定的条件下，提高负压伴随着风量增加，烧结利用系数提高，但烧结矿强度有所下降。若风量一定，随负压和料层高度的增加，利用系数几乎为一常数，烧结矿强度提高。

根据生产实践和实验室测定结果，烧结风量与负压、垂直烧结速度和单位烧结矿的电耗有关。

$$\Delta p = k_1 Q^{1.8} \tag{5-25}$$

$$v_\perp = k_2 Q^{0.9} \tag{5-26}$$

$$q = k_3 Q^{1.9} \tag{5-27}$$

式中：k_1，k_2，k_3——与原料性质和操作有关的系数；

　　　Δp——抽风负压，Pa；

　　　$v_\perp$——垂直烧结速度，mm/min；

　　　q——单位烧结矿电耗，kW·h/t；

　　　Q——风量，$m^3/(m^2 \cdot min)$。

上述关系式表明，风量增加，垂直烧结速度也增加。但风量增加采用提高负压的办法是不经济的。因负压与风量 1.8 次方成正比，即提高风机负压后风量增加并不大，而单位烧结矿的电耗则几乎直线上升。

日本和歌山的 3# 和 4# 烧结机，在原料条件、配料组成和强化措施大体相同，两者的利用系数几乎相等时，采用 14210 Pa 风机与 19600 Pa 风机相比较，其单位烧结矿的电耗从 16.3 kW·h/t 增加到 23 kW·h/t，增加 40%。

此外，高负压大风量还有一些不利因素，负压增加，主风机 Δp—Q 曲线向左移，漏风率增大，对料层压实收缩大，烧结矿气孔率减少，烧结矿还原性下降，同时高负压风机的噪音大，亦污染环境。因此，采用过高的负压和大风量生产并不是一个理想的方案，对于一般生产，采用多高负压和风量，要根据原料条件、料层厚度，对烧结矿的质量要求、燃料消耗和电力消耗综合进行考虑或通过实验来确定。

②低负压大风量烧结。采用高的单位面积风量和较低的风机负压，在不断强化烧结过程的基础上不断提高烧结料层厚度，其单位烧结面积每分钟的风量为 80~90 m^3，负压为 10290~12250 Pa。

实施大风量烧结主要靠改善料层透气性，表 5-1 列出首钢烧结厂采用六项提高料层透气性的措施(包括蒸汽预热混合料、改进布料、安装松料器、实行铺底料、配加少量粉矿和钢渣、严格控制返矿)后，提高料层高度各工艺参数的变化。这些措施，对于老厂改造，在既定风机能力的条件下，无疑是正确的。

表 5-1　改善料层透气性后风量和负压变化情况

料层高度 /mm	风量 /(m³·min⁻¹)	抽风面积 /m²	负压 /Pa	透气性指数 $P = \dfrac{Q}{A}\left(\dfrac{H}{\Delta p}\right)^{0.6}$
313	5648	75	10699	2285
378	5526	75	10750	2518
426	5344	75	10380	2637

低负压大风量法在改善料层透气性的基础上提高料层，每吨烧结矿的电耗相差很少。应该指出，增加料层厚度，由于料层总阻力增加，会降低垂直烧结速度。由此，采用此法提高料层高度同时必须改善料层透气性，否则，低负压下就不可能获得较高的生产率。

③低负压小风量烧结。这一方法使用较少，我国只有小型烧结厂由于条件限制采用此法。近年西欧和日本由于钢铁不景气而限制钢产量，烧结矿产量亦相应压缩，为降低烧结能耗及成本，并提高烧结矿质量，也采用低负压小风量方法。如日本住友 222 m² 的 3# 烧结机改用小风机，单位烧结面积风量由 94 m³/(m²·min) 降至 52 m³/(m²·min)。英国雷文斯克雷格 3# 烧结机(252 m²，机冷)设计采用 2 台风量为 92.8 m³/(m²·min)、负压 13280 Pa 的主风机，采用单机操作，每吨烧结矿节电 6.5 kW·h。日本广烟 320 m² 烧结机厂采用控制主风机转速，由 900 r/min，10500 kW 改为 600～900 r/min，2300 kW～7800 kW，每吨烧结节电 10 kW·h。

从节电角度考虑，采用大面积烧结机，低负压大风量操作，与采用较小面积，高负压大风量烧结方法比较，其产量相同时，电耗较低。此外，在料高一定情况下，低负压小风量操作，可使烧结成品率和机械强度提高，但利用系数会降低，而且大面积烧结机的投资比较高。因此，采用过分增加烧结面积以满足低负压小风量烧结也是不适宜的。

统计资料表明，国外自 20 世纪 70 年代中期以后所建烧结厂，单位烧结面积风量为 80～90 m³/(m²·min)，负压为 10780～12740 Pa。

(2)料层厚度

改变料层厚度能显著影响烧结生产率、烧结矿质量及固体燃料消耗。生产率随料层厚度的改变有极值特性，这是因为增加料层厚度，一方面使垂直烧结速度降低，另一方面由于烧结矿强度提高而使成品率增加。在一定的风机负压下，就有一个相应适宜的料层厚度，随着风机负压提高，适宜的料层厚度随之增加。

另外，料层厚度增加，使烧结料层中的蓄热量增加，烧结带在高温区的停留时间延长，烧结矿的形成条件改善，液相的同化和熔体结晶较为充分。而且料层增高后，表层烧结矿的数量相对减少。因此，厚料层烧结可在不增加燃料用量的条件下，提高烧结矿的强度。

对于每一料层高度的烧结混合料，其含碳量有一个相应值，此值应确保碳燃烧时放出的热量满足混合料烧结要求。随着料层厚度增加蓄热量增加。固体燃料消耗下降，可使烧结过程的温度——热量水平沿料层高度的分布较为合理。

但是，随着料层增厚，料层阻力增大，水分冷凝现象加剧。因此，为减少过湿层的影响，厚料层烧结应预热混合料，同时采用低碳低水操作。

(3)返矿平衡

返矿来源于烧结过程中的筛下产物，包括：未烧透和没有烧结的混合料，强度较差在运输过程中产生的小块烧结矿，包括：热返矿、整粒筛分返矿、高炉槽下返矿。返矿的成分和成品烧结矿基本相同，但其 TFe 和 FeO 较低，且含有少量的残碳，它是整个烧结过程中的循环物。

返矿作用为：由于返矿粒度较粗，气孔多，加入混合料中可改善烧结料层透气性。对于细粒精矿烧结来说，返矿可以作为物料的制粒核心，改善烧结混合料的粒度组成，提高垂直烧结速度。同时由于返矿中含有已烧结的低熔点物质，它有助于烧结过程液相的生成。热返矿用于预热混合料，可减轻过湿现象。

返矿平衡，就是烧结生产中产生的所有返矿(R_A)与加入到烧结混合料中的返矿(R_E)相等时，称之为返矿平衡。实际操作上，要完全相等是困难的，一般规定：

$$B = R_A / R_E = 1 \pm 0.05 \qquad (5-28)$$

返矿操作与返矿平衡的调节操作：

①返矿不参加配料，产生多少，加入多少。缺点：影响料流的稳定性和燃料配比的稳定性。

②返矿参与配料，稳定操作。

③当烧结成品率小幅度变化时，调整返矿配比。

④当烧结成品率大幅度变化时，应及时调整燃料用量，以调整返矿率。

返矿的质量和数量直接影响烧结的产质量，应当严格加以控制，正常的烧结生产过程是在返矿平衡的条件下进行的。烧结机投产后，需要较长时间才能达到返矿平衡（$B=1$），如果烧结生产的返矿出量增大，即 $B>1$ 时，则应适当增加烧结料中的燃料用量，以提高烧结矿的强度，减少返矿出量，使之达到平衡，若返矿出量减少，即 $B<1$ 时，则应降低混合料中的配碳可使返矿出量增加。烧结生产一般维持在大致平衡的程度，即 $B=1 \pm 0.5$。若相当时间仍未达到返矿平衡的要求，则表明烧结过程的目标参数与操作参数之间的关系不相适应，应全面进行调整。

第6章　球团试验

6.1　概述

球团法(pelletizing)是将细粒物料(尤其是细精矿)配加黏结剂、添加剂造球,然后根据不同要求、采用不同的焙烧方式进行固结。如高温氧化焙烧生产球团,主要向高炉炼铁提供优质炉料;还原焙烧视原矿含铁品位和产品金属化程度,可向高炉炼铁或电炉炼钢提供炉料;磁化焙烧则针对弱磁性矿物经处理后转变为强磁性矿物,然后经磁选获得磁性精矿和非磁性物;钠化焙烧或氯化焙烧用于回收含铁矿物中有色金属或贵重稀有金属。低温固结球团法多用于向小高炉提供炉料。

铁矿球团是20世纪40年代开发出来的一种细粒精矿的造块方法,它是富矿资源日益枯竭,贫矿资源大量开发利用的结果,现已成为高炉炼铁一种不可或缺的炉料。球团矿的某些优点是烧结矿所无法替代的,一方面,球团矿主要靠固相固结,不同于烧结矿,主要靠烧结过程产生的液相黏结,因此生产球团矿所需燃料较少;另一方面,由于球团矿生产节省燃料,产生的CO_2较少,减少环境污染,有利于环境保护。球团矿作为高炉炼铁原料,具有品位高、强度好、还原性能好、粒度均匀、炉料透气性好等优点,通过将酸性球团矿与高碱度烧结矿合理搭配的高炉炉料,可以优化炉料结构,提高高炉利用系数,达到增产节焦、降低成本和改善环境的目的。

一般球团法主要根据其用途、固结方式和设备等进行分类,见图6-1。

普遍采用的球团焙烧方法有竖炉球团法、带式焙烧机球团法和链箅机-回转窑球团法。竖炉球团法是最早发展起来的,曾一度发展很快。但随着钢铁工业的发展,要求球团工艺不仅能处理磁铁矿,而且能处理赤铁矿、褐铁矿及土状赤铁矿等;同时高炉对球团矿的需求量不断增加,要求设备向大型化发展,因此相继发展了带式焙烧机和链箅机-回转窑等方法。这些方法一直处于彼此相互竞争状态,几种方法的主要优缺点见表6-1。

表6-1　三种球团生产方法比较

设备名称	优　点	缺　点
竖炉	设备简单,对材质无特殊要求,操作维护方便,热效率高	单机生产能力小,最大年产量50万吨,加热不均匀,一般只适应于焙烧磁铁矿球团
带式焙烧机	全部工艺过程在一台设备上进行,设备简单、可靠、操作维护方便,热效率高,单机生产能力大,达500万吨/年,适应焙烧各种原料	需要耐热合金钢较多
链箅机-回转窑	焙烧设备较简单。焙烧均匀,单机生产能力大,适应各种原料的球团焙烧	干燥预热、焙烧和冷却需分别在三台设备上进行,设备环节多

球团法
高温固结
- 氧化焙烧
  - 竖炉焙烧
  - 带式机焙烧
  - 链箅机—回转窑焙烧
  - 环式焙烧机焙烧
- 还原焙烧（金属化球团）
  - 回转窑法
  - 竖炉连续装料法
  - 竖炉间歇装料法
  - 竖罐法
  - 带式机法
- 磁化焙烧—竖炉法
- 氧化—钠化焙烧
  - 竖炉法
  - 链箅机—回转窑法
- 氯化焙烧
  - 竖炉法
  - 回转窑法

低温固结
- 水泥冷黏结法
- 热液法
- 碳酸化法
- 锈化固结法
- 焦化固结法
- 其他方法

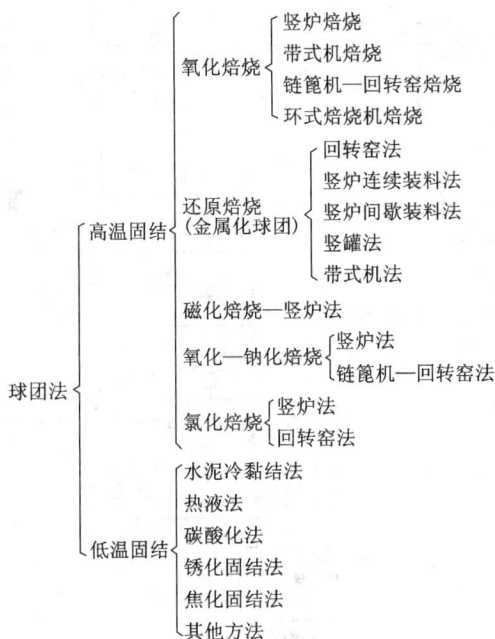

图 6-1　球团方法分类

6.1.1　球团试验内容

球团试验研究的主要内容：
①针对物料特性，研究制取生球团的方法和工艺；
②研究球团制备各因子的影响，确定最佳工艺参数，为球团厂设计提供依据；
③研究球团厂提高产量和质量的主要技术措施；
④成球机理与固结机理研究；
⑤球团生产新工艺和新设备研究。

球团生产过程包括原料准备、生球制取、生球固结三个主要工序，由于球团固结方式不同，其固结机理也有很大差异。因而在实验室的球团试验流程，也将按原料特性和用户对球团产品的要求不同来设计并进行试验研究。

6.1.2　球团试验研究流程

氧化球团是铁矿球团中应用最为广泛的一种球团方法，图 6-2 示出从原料准备到成品球的全试验流程。一般情况下，当原料粒度满足不了造球要求时，都应磨矿，其磨矿细度根据造球效果来确定，通常要求 <200 目(-0.074 mm)应大于80%。为保证球团均一，一般应有检查筛分，把10(8) mm 到15(13) mm 的球团定为合格球。生球经干燥、预热和高温氧化焙烧，获得强度高、还原性能好、粒度均一的氧化球团作为高炉炉料。除氧化球团外，预还原球团和低温固结球团近年来也获得迅速发展。

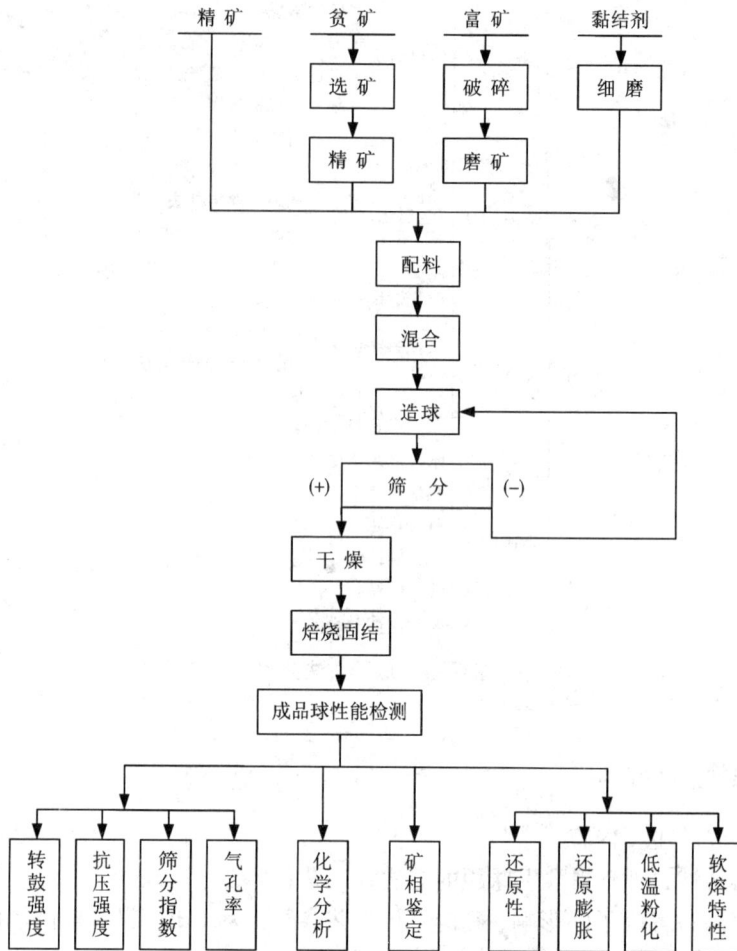

图 6-2 铁矿氧化球团试验流程

6.2 球团原料准备、球团制备试验设备和操作技术

6.2.1 球团原料准备

球团原料具有一定的粒度、适宜的水分及均匀的化学成分是生产优质球团矿的三个重要因素。

对原料粒度,国外球团厂通常要求小于 0.074 mm 粒级含量达到 90% 以上,国内球团厂通常要求大于 80%。当原料粒度满足不了造球要求时,都应磨矿。

原料的造球水分与原料性能(包括粒度、亲水性、密度、颗粒孔隙率等)有关,适宜的造球水分能保持造球机稳定的正常运转,保证生球的良好指标。一般进入造球机的原料水分为适宜造球水分的 80% 左右。当原料水分过高时,必须对原料进行干燥,然后在混合时调整原料水分,使其达到进入造球机的原料水分要求。一般磁铁矿和赤铁矿适宜生球水分范围

7.5% ~10.5%。黄铁矿烧渣和焙烧磁选精矿，由于颗粒孔隙率大，其适宜生球水分可达 12% ~15%。褐铁矿适宜生球水分高达17%。

原料均匀的化学成分是成品球团化学成分稳定的保证。国内一般球团厂使用的原料种类比较少，因而球团厂一般不设中和料场，化学成分的稳定由原料供应和配料操作保证。国外对含铁原料的中和很重视，很多球团厂都设有现代化的中和料场。日本要求铁含量波动范围0.2% ~0.3%，法国为±0.4%。

近年来，随着钢铁行业的快速发展，国内外适用于球团生产的优质铁精矿的供应量越来越少，采用品质较差的铁矿配矿或单独造球的情况日益增多，对成球性较差的原料，为了减少膨润土等添加剂的用量，可考虑对原料进行预处理，近年来采用的方法有润磨预处理和高压辊磨预处理。

图6-3为实验室型润磨机示意图。配加适量黏结剂的铁矿粉(润磨水分5% ~6%)经过润磨预处理后，粒度明显降低(小于0.074 mm含量可提高8% ~12%)，粒度分布更为合理，比表面积增大，形成大量的新鲜表面，有利于降低黏结剂用量和提高球团矿强度。

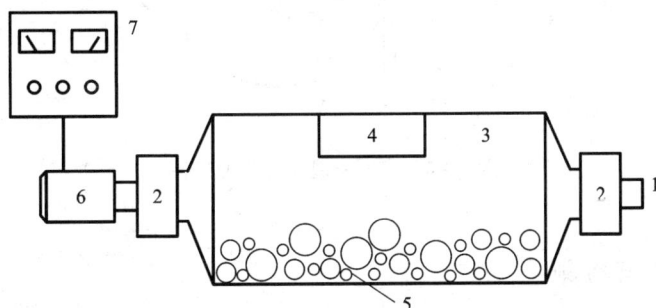

图6-3 实验室型润磨机示意图

1—主轴承；2—机座；3—筒体部；4—加(出)料口；5—钢球；6—电动机；7—电机控制箱

高压辊磨是借助于一对能连续作业的无隙的高压辊子处理混合料的粉碎设备，图6-4、图6-5分别为高压辊磨液压系统示意图和高压辊磨机工作原理图。整个辊磨过程通过两个

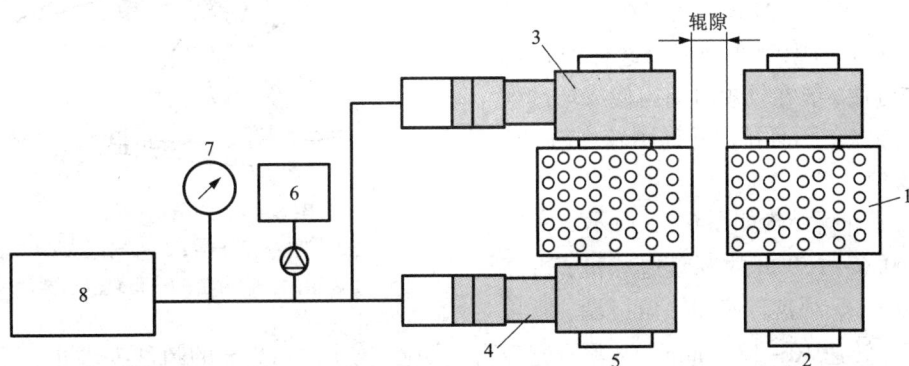

图6-4 高压辊磨液压系统示意图

1—柱钉辊面；2—定辊；3—轴承座；4—活塞；5—动辊；6—氮气囊；7—压力表；8—油箱

相向转动的辊子实现，其中一个辊子位置固定，另一个辊子根据压力可以左右移动，物料之间的挤压力可通过液压系统来调节。混合料辊磨机的粉碎原理属于典型的料层静压粉碎，与传统的基于冲击粉碎原理设计的破碎机相比，后者使混合料"一分为二"，而高压辊磨机的料层静压粉碎则使混合料"粉身碎骨"，同时可以导致一种"选择性"磨碎，即裂纹首先沿着矿石内的晶体界面发生、扩展。这种准静压粉碎方式相对于冲击粉碎方式节能约30%，设备磨损也明显地减少。

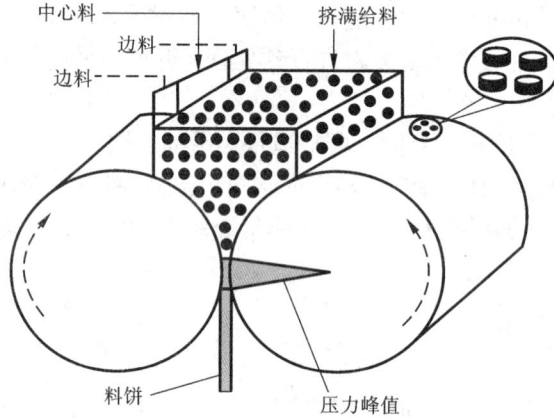

图6-5　高压辊磨机工作原理图

6.2.2　生球制取与检测

（1）生球制取

造球物料经混匀并加水润湿后，在造球机内滚动成型，形成粒度一定的球团，通常称之为生球。

①造球设备。生产上常用的造球设备有圆盘造球机和圆筒造球机，两种造球设备制取的生球质量差异不大，在实验室条件下，大都采用圆盘造球机，这种设备可靠，操作方便，能在较短时间内使成球过程进入平衡状态，而且排出的球团较均匀，筛下循环物少。

圆盘造球机结构如图6-6所示。实验室常用φ0.6~1.0 m的圆盘造球机，边高150~200 mm，圆盘转速和倾角可调，倾角40°~50°，转速10~18 r/min。

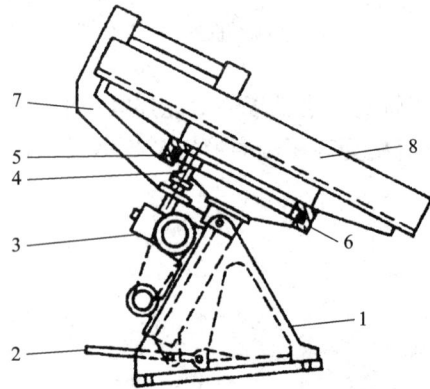

图6-6　圆盘造球机

1—机座；2—调整倾角装置；3—传动装置；4—轴；
5—小齿轮；6—内齿轮；7—桁架；8—圆盘

试验研究表明，实验室使用φ1.0 m的圆盘造球机与工业上使用φ6.0 m的圆盘造球机相比，适宜的造球水分稍低，生球落下强度也低一些（见表6-2）。

表 6-2　试验用与工业用圆盘造球机比较

项　　　目	球团厂 1 号机	球团厂 2 号机	试验用圆盘
圆盘直径/m	6.0	6.0	1.0
精矿比表面积/(m^2·g^{-1})	1500	1500	1500
生球水分/%	9.3	9.3	8.9
生球粒度/mm	12～15	12～15	12～15
生球抗压强度/(N·球$^{-1}$)	7.8	7.6	7.3
落下次数/[次·(个$^{-1}$·0.5 m^{-1})]	5.8	5.1	4.6

②造球试验操作技术。通过造球试验,确定造球的最佳工艺参数有:适宜的成球水分;适宜的造球时间;造球物料的适宜粒度及粒度组成;添加剂种类与用量以及影响成球动力学的有关参数等。

在实验室条件下,一般可先进行间歇式造球试验,在确定各因子最佳值的范围后,再进行连续式造球试验。

1)间歇式造球试验:间歇式造球是在固定条件下,根据物料成球分三个阶段,分段进行操作。每次取试验物料 5 kg,加入黏结剂人工混合 4～5 次后,加入计划总给水量的 70%～80%,经人工仔细混匀(4～5 次)后送去造球。首先取已混匀的试样 500 g 左右放入转动的圆盘内,加滴状水使之形成 3 mm 左右的母球,造母球的时间一般为 1～2 min。

向母球上喷加雾状水的同时,用小铲将物料均匀给到已被润湿的母球上,在毛细力和滚动形成的挤压力作用下,母球逐渐长大。在母球长大过程中,要特别注意加水、加料速度的控制,保证在规定时间内把物料和补加水加完,母球长大时间控制在 10～15 min,停止加水加料后,继续让生球在盘内滚动 2 min,使生球进一步紧密。

最后取出全部生球,进行筛分分级,并按生球的检测标准,评定生球质量。

2)连续造球试验:连续造球是模拟生产过程,连续加料、加水,当造球过程达到平衡状态时,即给料量和排出生球量连续稳定的情况下,测定造球过程的工艺参数,取出合格生球并进行质量检测。

(2)生球强度与爆裂温度测定

①落下强度测定。取 10 个粒度均匀的生球(按合格球径的平均值 $d_{平均}$ ±0.5 mm),从 500 mm 高,逐个自由落到 10 mm 厚钢板上,直至出现明显裂纹或碎裂时的落下次数,以 10 个球的平均落下次数作落下强度指标,单位为次/(个·0.5 m)。

②抗压强度测定。按我国检测方法试行草案规定,取直径 11.8～13.2 mm 的生球 20 个,实验室可取 10 个,逐个在压力机上测定每一个球的破碎压力,加压速度不得大于 10 mm/min,用 10 个球平均值表示抗压强度,单位为 N/个。

③生球爆裂温度的测定。生球爆裂温度测定又称为热敏感性或热稳定性的测定。有动态法或静态法两种,目前国内大都采用动态法,因为生产过程中干燥都是在流动介质中进行的。

爆裂温度的测定是在定向干燥的管式电炉中进行,试验装置如图 6-7 所示,这套装置由鼓风机、流量计、热电偶、管式预热电炉、保温炉和吊篮组成。干燥介质(空气)经鼓风机送入管式预热电炉时被预热，然后热气流进入保温炉，通过置于吊篮内的生球，将生球团干燥，然后取出球团检查爆裂情况。

我国拟定的爆裂温度检测方法草案提出：取粒度 10～16 mm 的生球团 50 个装入吊篮内，控制气流速度为 1.8 m/s，待气流被预热到规定的温度值时，将装有生球团的吊篮放入保温炉内，热风通过时间为 5 min。然后取出干燥球检查，以干燥球出现破裂或裂纹的球个数达 10% 时的温度，作为爆裂温度。若大于 10% 则降低风温，若小于 10% 则升高温度。每次试验的温度间隔为 25℃或 50℃。要求同一条件下重复试验 2～3 次，其绝对误差不超过 1%。

以生球的爆裂温度作为生球干燥的最高临界温度，在这一临界温度和热风速度条件下，分别测定所需干燥时间和脱水率，则可为球团生产提供依据。在生产中为确保生球干燥的安全，所选择的干燥温度较临界温度低 50℃或以上。

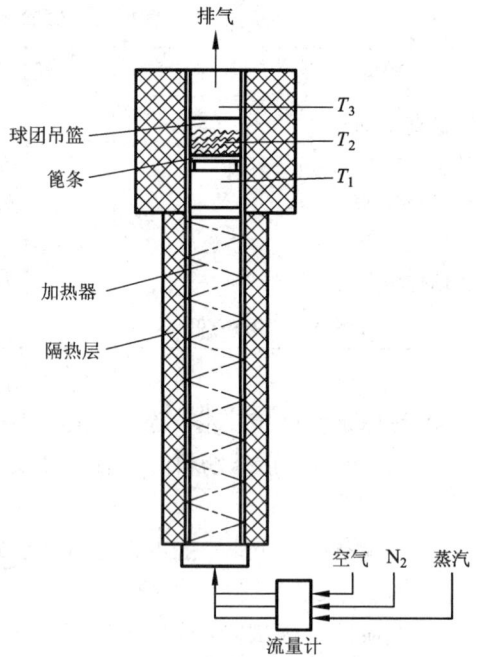

图 6-7 生球爆裂温度测定试验用管式炉

热电偶代号：T_1—干燥气流温度；

T_2—球团料层温度；T_3—排出气流温度

6.2.3 生球干燥与预热

（1）生球干燥脱水率及脱水速度的测定

生球在干燥过程中脱水率及脱水速度的测定，主要是为了确定在一定的干燥制度下，所需的干燥时间，以便选择干燥机的长度和机速。

其测定方法：分别在不同干燥条件下，按干燥时间间隔取样，测定残留水量，计算生球脱水率和脱水速度。生球干燥脱水率为：

$$q_1 = \frac{m_0 - m_1}{Am_0} \times 100\% \qquad (6-1)$$

式中：q_1——生球经过 t 时间干燥后的脱水率，%；

m_0——生球干燥前质量，g；

m_1——生球干燥 t 时间后质量，g；

A——生球干燥前含水量，%。

脱水速度按式（6-2）计算：

$$V_1 = \frac{m_0 - m_1}{t} \qquad (6-2)$$

式中：V_1——单位时间所脱除的水分，g/min；

t——干燥时间，min。

在试验中要特别注意，球团在取样时因气温高水分会继续蒸发，取出的试样应迅速放入称量瓶中密封，以减少因蒸发而带来的误差，每次取球样不少于 5 个。

（2）干燥球强度测定

生球干燥后的强度指标包括抗压、落下和抗磨三种，抗压与落下强度测定方法与生球测定方法相同。

抗磨强度指数的测定，国内外尚未有统一的标准。日本采用内径 210 mm，长 200 mm 的瓷球磨筒，干球装入量一般为充填率的 10%，以 88 r/min 的转速转 5 min 后即取出，用孔径 5 min 的筛子筛分，以大于 5 mm 的质量占装入试样总量的百分数表示。

美国 AC 公司采用内径 203 mm，长 276/356 mm 的转筒，如图 6-8 所示，转筒转速为 50 r/min，转 1 min 后，用筛子筛分，以小于 5 mm 粉末的产出量百分数计算干球抗磨强度指数。

$$\delta = \frac{m_0}{m} \times 100\% \qquad (6-3)$$

式中：δ——干球抗磨强度指数，%；

m_0——转 5 min 后小于 5 mm 粉末的产出量，kg；

m——装入转筒内的试样质量，kg。

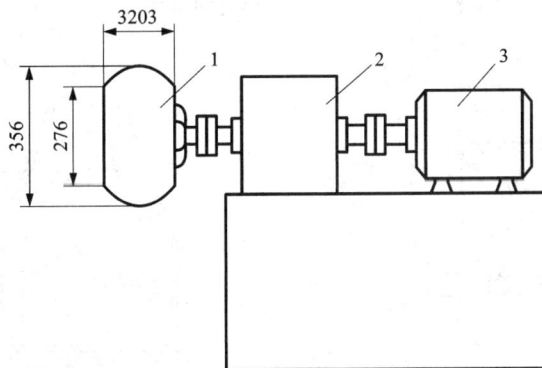

图 6-8 耐磨强度测定装置示意图

1—转鼓；2—减速箱；3—电动机

（3）预热球强度测定

在氧化球团生产中生球须经过干燥、预热，然后进行高温焙烧，在实际研究过程中，一般不检测干球质量，而重点检测预热球质量，因此常检测预热球抗压强度和耐磨指数，检测方法与干球抗压强度和耐磨指数检测方法相同。

6.2.4 生球焙烧固结

生球经干燥、预热后，其强度仍然很低，满足不了冶炼要求。高温焙烧固结是提高球团强度的一种重要方法，根据焙烧气氛不同，有氧化球团焙烧和还原球团焙烧两种，但其所用的焙烧设备基本相同。根据所选球团焙烧工艺、试验研究的目标和要求，选择适宜的球团焙烧试验设备来模拟球团焙烧过程，其中球团焙烧升温过程、各阶段停留时间以及气氛和气体流速等是球团试验研究重点内容，也是球团焙烧生产工艺设备设计的主要依据。实验室球团焙烧试验研究经常分为小型试验和扩大试验研究，小型试验重点研究焙烧过程中球团变化规律，研究各阶段焙烧温度、焙烧时间、焙烧气氛等工艺参数的影响，同时可以全面研究黏结剂等对球团制备的影响以及生球制备工艺参数的影响规律。小型试验常采用管式电炉进行。扩大试验研究是在小型试验研究的基础上进行的，模拟生产过程中温度、时间、气氛、气体流速等对球团焙烧的影响，为球团焙烧生产工艺设计提供依据。下面介绍几种常用的球团焙烧试验设备。

(1)管式焙烧装置

管式焙烧装置是用电加热的一种小型球团焙烧设备试验，每次装球量少，在管式炉内可进行各种球团焙烧固结的因子和水平试验。由于这种装置可以较准确地控制试验条件，如温度、气氛、流量，因此，大型试验前，是进行各因子探索和有关理论性研究的重要手段。

在实验室常用的电加热管式焙烧炉，有水平式和竖式两种。竖式电炉见图6-9，它是由干燥预热炉和高温焙烧炉连用，并配备有鼓风设备、流量计和测温热电偶。使用竖式电加热管式焙烧炉焙烧球团，将生球装在用耐热金属编织的吊篮里并可上下运动，生球逐步送入不同温度区域，控制焙烧温度、时间和气氛，即可获得焙烧的有关参数。与水平式电加热管式焙烧炉比较，竖式炉加热均匀，气流分布均匀，焙烧球质量稳定，而且每次装球量较多，是一种较为理想的小型实验室球团焙烧装置。与干燥装置比较，因焙烧需要更高温度，故作焙烧用时，焙烧段应采用SiC电加热体，加热温度不低于1300℃。

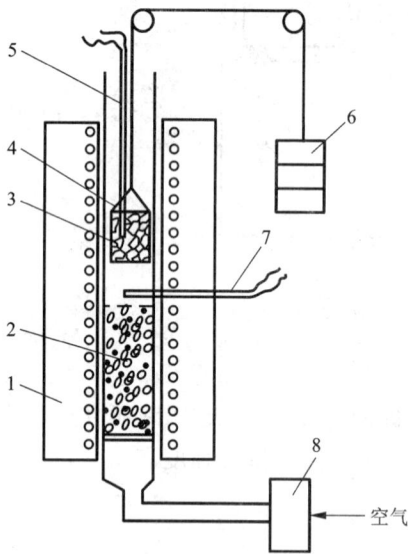

图6-9 竖式球团焙烧装置

1—二段加热炉；2—氧化铝球层；3—球团试样；4—吊篮；5—热电偶；6—平衡锤；7—热电偶；8—流量计

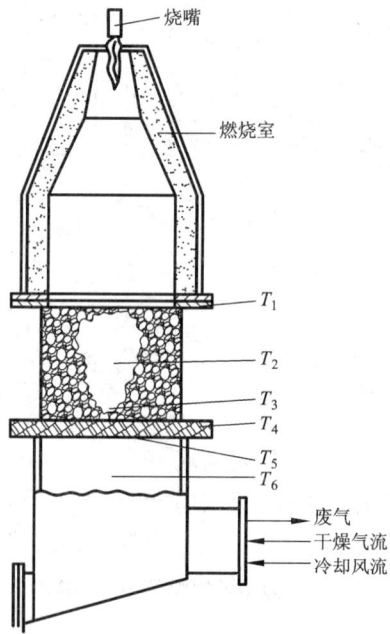

图6-10 固定式球团焙烧装置

T_1—料层上部；T_2—料层中部；T_3—铺底料上部；T_4—铺底料下部；T_5—箅条；T_6—风箱内；T—温度控制点(热电偶)

(2)固定式焙烧杯

固定式焙烧杯是在抽风烧结法的基础上研制出来的，图6-10所示为固定焙烧杯装置简图，这一装置由烧嘴、焙烧杯和抽风、鼓风系统三部分组成，其工艺过程按抽风或鼓风方式进行。试验时主要是通过调控进入焙烧杯内球层的气流速度、温度和时间，达到模拟带式焙烧球团的全过程，包括干燥、预热、焙烧及冷却四个阶段。固定式焙烧杯若仅采用单一的抽风系统，则难于满足球团焙烧工艺的要求，因此须设置独立的燃烧室、独立的抽风和鼓风系统，如图6-11。

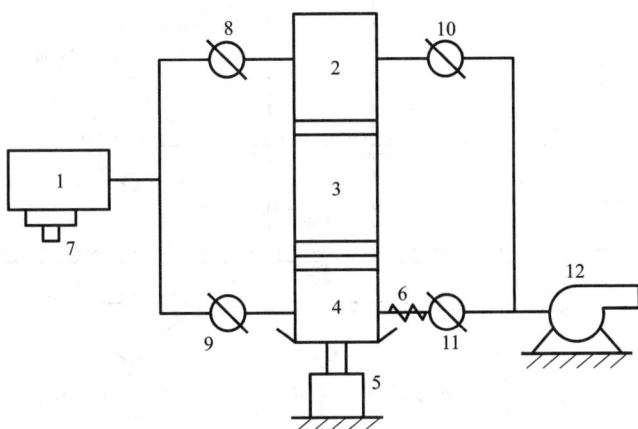

图6-11 改进后的供风、供热系统
1—燃烧室；2—混风室；3—杯体；4—真空室；5—机座；
6—波纹管；7—烧嘴；8~11—阀门；12—风机

使用焙烧杯焙烧球团要特别注意"边缘效应"给焙烧过程带来的重大影响，减少"边缘效应"的主要措施有二：

1) 用细粒物料或耐火纤维板铺边，在焙烧杯内侧与生球之间形成一个隔热层，阻止对流传热，这样中间层就相当于耐火保温套。特别是耐火纤维板耐高温，热容低，绝热好，有一定弹性，是一种优良的内衬材料，已获广泛应用。

2) 用耐火砖制成波纹形，内衬置于焙烧杯内侧，这种波纹内衬易装易取，同样可减少"边缘效应"的影响。

这种焙烧杯具有模拟生产性强的特点，在焙烧试验中，可通过试验条件改变和调整模拟生产，如：

A. 气流方向和干燥方式；

B. 风箱内的压力；

C. 焙烧气氛与气流速度；

D. 干燥、预热、焙烧的温度特性曲线；

E. 燃料种类。

由于球团料层本身的良好透气性，所选用焙烧风机的负压最高不超过8000 Pa，风量则要求较大，一般为 $90 \sim 100$ $m^3/(m^2 \cdot min)$。

(3) 移动式烧焙杯

焙烧杯也可以是移动式的连接焙烧，根据不同的工艺阶段，每个焙烧杯可移动到另一个所需的位置上去，每个不同的位置单独控制温度和气流方向及流量。图6-12模拟带式焙烧机的移动式焙烧装置。由于移动过程中焙烧杯的密封难于保证，且设备和操作复杂，故较少使用。

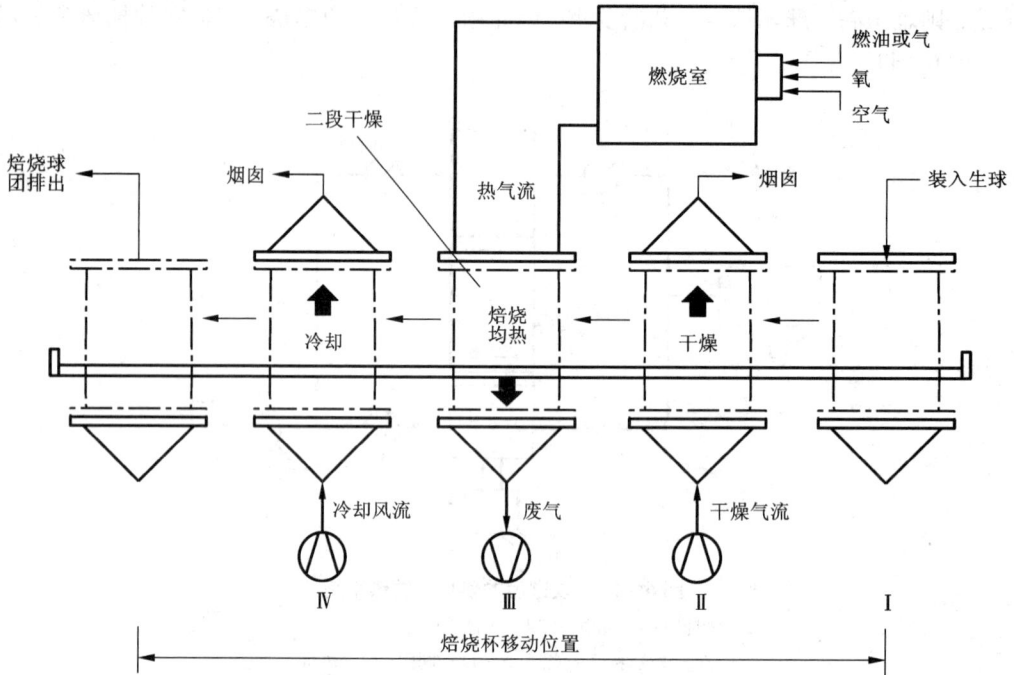

图 6 - 12　球团焙烧试验用移动型焙烧杯

（4）链箅机—回转窑焙烧装置

链箅机—回转窑模拟试验是在小型管炉试验研究基础上进行的，其相应的试验规模比小型试验显著扩大，所采用的润磨机为 $\phi 1000$ mm $\times 500$ mm，造球圆盘机为 $\phi 1000$ mm，球团焙烧采用链箅机—回转窑球团焙烧试验装置。焙烧时，将造好的生球直接装入模拟链箅机中，在链箅机上按干燥预热流程进行操作。预热好的球团用装料设备装入回转窑内，回转窑内操作按升温、高温恒温、冷却三个阶段进行，然后通过卸料装置进行卸料，焙烧好的球团矿自然冷却。

链箅机—回转窑球团焙烧试验装置是由干燥预热罐和间断操作的回转窑两部分组成。模拟链箅机由链箅杯、混风室、真空室、密封装置和排料装置所组成（见图 6 - 13），链箅杯由不锈钢焊接而成的双层圆筒形，内外层之间填有保温材料，杯体内径为 $\phi 300$ mm、高 500 mm。模拟链箅机设有 2 个燃烧室。干燥燃烧室产生的热气体供鼓风干燥和抽风干燥用，热气体温度可在 $150 \sim 900$℃范围内控制。模拟链箅机干球预热所需要的预热风由预热燃烧室供给，热风温度可控制在 $800 \sim 1100$℃范围内。

回转窑规格为 $\phi 300$ mm $\times 900$ mm，由窑体、传动装置、卸料装置及烧嘴组成（见图 6 - 14）。窑体中间为圆筒形，两端为圆锥形。外壳用钢板焊接而成，内衬用黏土质耐火材料预制成。外壳与内衬之间填有保温材料。筒体上设有三个测温孔，热电偶与固定在窑体外壳上的铜环相连，分别测量窑头、窑中及窑尾的温度。

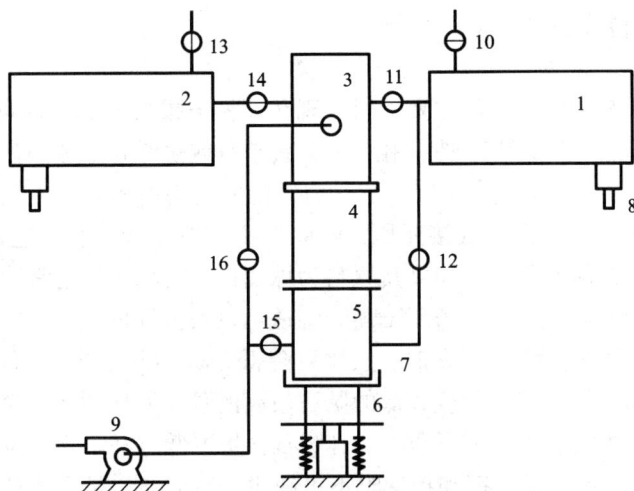

图6-13 模拟链箅机结构示意图
1,2—燃烧室;3—混风室;4—杯体;5—真空室;6—机座;
7—波纹管;8—烧嘴;9—风机;10~16—阀门

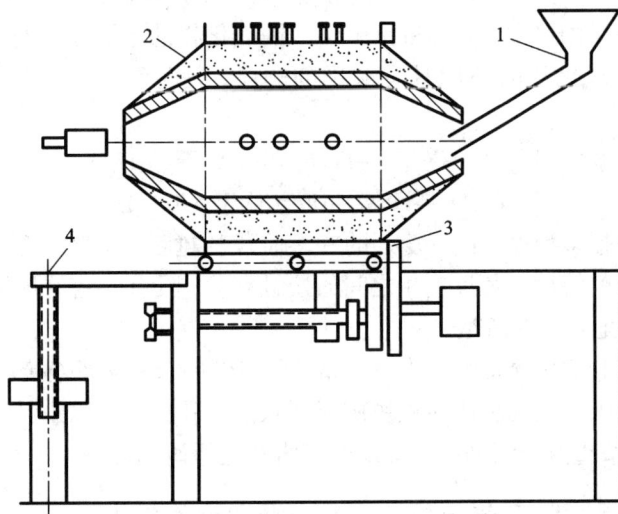

图6-14 回转窑结构示意图
1—装料漏斗;2—窑体;3—移动架;4—升降架

6.2.5 焙烧球团性能检测

焙烧球团性能检测包括化学组成、冷态性能和热态性能。其中冷态性能主要包括球团的抗压强度、转鼓强度、筛分指数和气孔率等,热态性能主要包括球团的还原性、还原膨胀、低温还原粉化和软熔特性等。在试验研究过程中常采用矿相鉴定等方法对球团焙烧规律及其机理进行探讨和分析。其方法将在第8章和第9章中进行介绍。

6.3 金属化球团试验

烧结矿和球团矿是高炉炼铁的主要炉料。现在和将来相当长一段时间内高炉仍将是世界上主要的炼铁设备，但高炉炼铁需要使用高品位铁矿石或烧结矿、球团矿，并消耗宝贵的焦炭。直接还原法是一种非高炉炼铁技术，它是将铁的氧化物用还原剂在低于产生液相的温度下还原为金属铁，这种方法称为直接还原，也称为预还原或金属化。它的产品统称为海绵铁，也称为金属化铁或预还原铁。如果其原料为球团矿，则其产品通常称为金属化球团矿或预还原球团矿。这种金属化球团矿若用于高炉炼铁可以大大降低焦比，提高生产率。冶炼结果表明：当炉料中金属化铁增加10%时，焦比可降低5%～6%，生产率可提高5%～9%左右。通常用于炼铁的多为金属化程度较低的脉石较高的预还原球团矿。金属化球团矿用于电炉炼钢时，金属化程度要求高达90%以上，且脉石含量愈低愈好。高品位的直接还原铁是一种相对纯净的产品，是冶炼优质钢和特钢时不可缺少的稀释剂，是理想的电炉钢原料，发达国家电炉钢炉料比中DRI已高达40%～50%。目前世界钢铁生产正加速向"直接还原铁/废钢——电炉炼钢"的短流程方向发展，直接还原铁生产已成发展热点之一。

自1920年以来，国内外报道了上百种直接还原方法，种类繁多。一般按还原剂分类：气基法和煤基法。按炉型分类：竖炉法、回转窑法、转底炉法和流化床法等。按含铁原料分类：块矿法、氧化球团法、预还原球团法和粉矿法。铁氧化物的还原是一种复杂的气—固反应，理论和实验证明，铁氧化物的还原具有明确的顺序，是逐级由高价铁氧化物向低价依次转变：

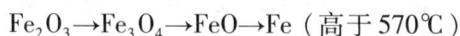

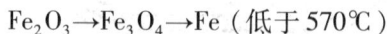

$$Fe_2O_3 \rightarrow Fe_3O_4 \rightarrow FeO \rightarrow Fe （高于570℃）$$

$$Fe_2O_3 \rightarrow Fe_3O_4 \rightarrow Fe （低于570℃）$$

氧化物的还原包括多种独立的、复杂的和多阶段的过程，这些过程与铁矿石性质有关，同时与还原反应体系的特性以及反应相之间的接触有关，具有一定的规律，但这些规律往往错综复杂，常常难以把它解释清楚。

我国优质铁精矿和非焦煤资源都十分丰富、分布较广，为发展直接还原铁的生产提供了充分的物质条件。我国天然气和优质铁块矿资源缺乏，适宜发展以铁精矿球团为原料的"煤基直接还原法"。本节重点介绍铁精矿球团煤基直接还原研究方法。

6.3.1 金属化球团试验工艺流程、试验步骤和操作技术

图6-15示出从原料准备到金属化球团的全试验流程。铁精矿球团煤基直接还原工艺试验研究主要包括生球制备、球团固结和直接还原等试验研究。

（1）生球制备

生球制备与氧化球团生产中生球制备方法相似，其生球制备试验研究设备和手段与氧化球团生球制备相同。但金属化球团工艺中对品位和杂质含量有较严格要求，因此，常常对铁矿选矿、铁精矿预处理和黏结剂选择等方面提出更高要求，导致生球制备难度加大，须采用强化措施。

（2）球团固结

球团固结的目的是为了满足下一阶段直接还原工艺要求，球团固结方法有低温固结、中

温固结和高温固结等方法，其研究手段可采用氧化球团焙烧相同的设备，根据需要进行相关的改造以满足工艺的要求。

(3)直接还原

一般情况下，考察任何还原过程都需要解决两个基本问题：

1)在升温还原过程中，需要确定采用有效的直接还原制度(包括还原温度、还原时间、还原气氛等)进行还原，确定各阶段进行的化学反应以及铁氧化物还原的步骤与进程。

2)确定氧化物还原过程中哪个阶段是决定整个还原过程总速度最缓慢的阶段。这个最慢的步骤决定着综合反应速度，称之为速度控制步骤。

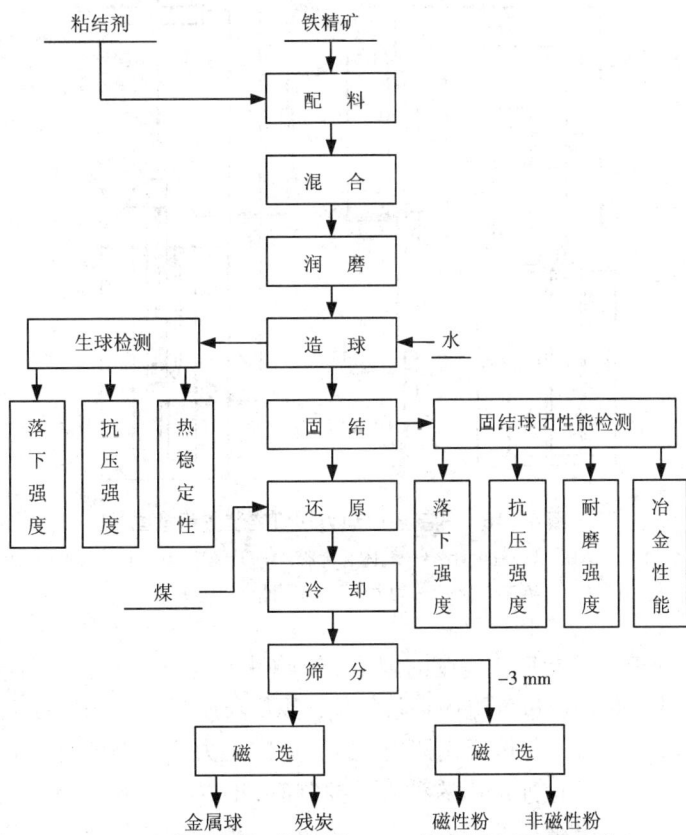

图 6-15 铁精矿球团煤基直接还原试验流程

通过对铁矿石或铁矿球团的还原动力学研究，有助于回答上述两个问题，可为实际铁矿还原技术与工艺的发展和提高提供理论依据。还原反应动力学研究的主要内容与研究方法：

①铁矿石的还原性研究。铁矿石的还原性决定还原剂从铁矿石内的铁氧化物脱氧的难易程度，它与铁矿石颗粒大小、形状、颗粒大小分布、密度、孔隙度、晶体结构及成分有关。铁矿石的还原性可用多种试验方法来确定。一般采用连续法和间断法。连续法是用弹簧称或热天平连续记录还原失重与时间的关系，且常结合用苏打吸收并计量气体产物中的 CO_2 以确定样品在还原过程中任一时刻的失氧量和失碳量，从而可确定还原率和残碳率，此法不能直接求得还原样品的金属化率。间断法是当样品还原到预定时间后，取出试样分析其化学组成，

确定还原率、金属化率和残碳率。

图6-16为气基还原动力学研究装置示意图。实验设备包括电子天平、动力学反应管、动力学炉、通气管、设备控制系统等。实验室使用的动力学炉，由反应炉及温度调控和热重天平测定装置两部分组成，再与配气及气氛控制装置连接。反应炉包括刚玉管和加热炉。质量测定部分包括热重天平，热重天平固定在升降台上，试验时先将铁矿样品装入石英管中，并用细钢丝垂直悬挂于热天平正下部的挂钩上，通过调节升降按钮控制石英管的位置。

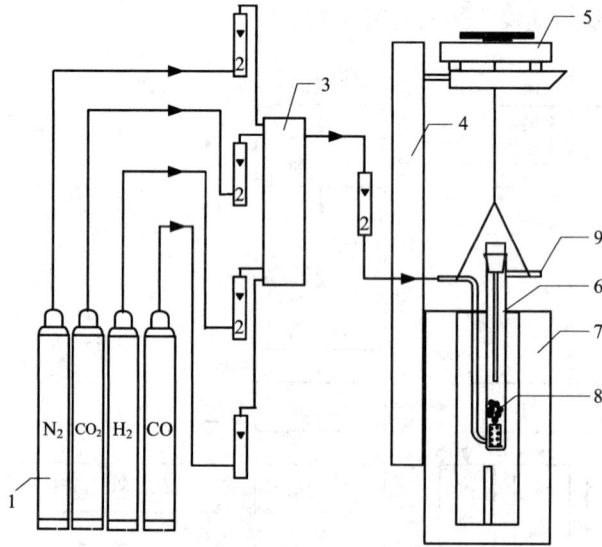

图6-16 气基还原动力学研究装置示意图
1—气体瓶；2—流量计；3—气体混合器；4—升降架；5—电子天平；
6—石英玻璃管；7—动力学炉；8—试样；9—尾气出口

②控制步骤的研究。控制反应速度的因素，影响铁矿石还原速度的因素：第一，在固相物料加热升温过程中，热量通过气流向物料传热，热量与质量的传递速度在某些情况下成为速度控制步骤。例如，在流态化床反应器内，边界层的阻力可忽略不计，但在回转窑内可能成为速度控制的步骤。当反应速度由这种现象控制时，称为边界层控制。第二，还原气体向内和析出气体向外，通过已被还原的铁层的扩散速度，能控制铁氧化物的还原速度。这种情况常出现在大块铁矿石颗粒还原过程中，称为气体扩散控制或铁孔隙控制。第三，在维氏体—铁相界面化学反应速度控制，称为相界面反应控制。如果当气体扩散控制与相界面的反应控制同时影响还原反应速度，称为混合控制。

关于铁氧化物还原过程的气—固反应动力学，提出了不少数学模型，既具有较明确的物理意义又能以一定的精度表述铁氧化物还原过程的模型主要有：未反应核模型、两阶段模型、单级和多级区域反应模型、微颗粒模型和多阶段反应模型等。其中未反应核模型应用最广，数学处理也比较简单。

③还原工艺参数的研究。铁矿石还原影响因素的研究主要包括还原温度、还原时间、还原剂种类及用量等，同时铁矿石和球团矿中的杂质含量以及添加剂种类和用量对还原动力学过程有重大影响。

铁精矿球团煤基直接还原工艺试验研究的主要内容：

①开发直接还原用的铁精矿黏结剂；

②针对铁精矿和黏结剂的特性，研究制取生球团的方法和工艺；

③直接还原用煤的选择；

④研究直接还原热工制度，确定最佳工艺参数，为金属化球团厂设计提供依据；

⑤研究金属化球团提高产量和质量的主要技术措施；

⑥研究直接还原机理；

⑦研究金属化球团生产新工艺和新设备。

6.3.2 金属化球团试验内容

金属化球团生产过程包括原料准备、生球制取、球团固结、直接还原四个主要工序，在实验室进行金属化球团试验与研究的流程，将按原料特性和用户对金属化球团产品的要求不同来设计。

（1）直接还原用黏结剂开发与制备

黏结剂按其来源可分为：无机黏结剂（如膨润土、水玻璃、石灰石和水泥等）；有机黏结剂（如沥青、煤焦油、淀粉、糖浆、聚丙烯胺类等）或者有机和无机复合黏结剂。直接还原用黏结剂应具备的基本要求：

①改善铁精矿的成球性能；

②提高生球、干球强度及热稳定性且有利于改善球团矿质量；

③在较低的固结温度下可获得满足直接还原工艺要求的球团矿；

④不带有害元素，尽量不降低或少降低铁矿品位；

⑤在适宜的添加量时，成本不能太高；

⑥黏结剂来源充足等。

黏结剂种类日益繁多，有无机黏结剂、有机黏结剂或复合黏结剂，在实际应用与研究过程中，应根据不同工艺要求，利用天然有机物或工业废料到有机合成或有机和无机复合等方法进行研究与制备。黏结剂对物料表面性质、成球机理及成球动力学等都有明显影响，在研究中，应提出不同黏结剂作用机理模式。如黏滞毛细力模型和干球内黏结剂固体桥键作用模型等。在黏结剂研制与开发中应加强基础理论研究：

①根据不同矿物组成及其表面性质差异，采用药剂分子设计理论指导黏结剂的人工合成与制备。

②黏结剂的标准应规范化、定量化，制定出一套通用的黏结剂参数，便于工业应用。

③加强黏结剂作用机理研究。

④开发多功能黏结剂。

黏结剂在开发和研究过程中，实验室使用效果良好，并不代表工业应用效果一定会好，需要加强从实验室到工业化过程中各个环节的研究，加强黏结剂的推广和应用：

①尽量降低黏结剂成本。

②黏结剂使用方便、添加量少、无环境污染。

③利用高效多功能黏结剂开发新的固结工艺，代替高温固结工艺，达到节能增产目的。

（2）造球混合料预处理

　　一般情况下，当原料粒度满足不了造球要求时，都应磨矿，其磨矿细度根据造球来确定，通常要求小于 200 目（ -0.074 mm）应大于 80% 。在直接还原黏结剂选择时，常选用有机黏结剂或复合黏结剂，其添加比例小（1% 或小于 1%），由于其主要黏结成分为高分子有机物，黏度大，必须使其均匀分散，常采用润磨机和高压辊磨机等对造球混合料进行预处理。通过混合料预处理使铁精矿颗粒比表面积增加、产生表面裂纹等，部分机械能转化为表面能。由于表面能的增加，使其与高分子的活性基团及水分子间的作用增强，改善水分子对铁精矿颗粒表面的润湿动力学条件，提高生球强度。

　　（3）球团制备及其固结

　　生球制备及其固结方法与 6.2 节所述基本相同，但当黏结剂为有机黏结剂时，其成球规律和成球动力学特征与添加膨润土的铁精矿存在较大区别，采用常规的造球方法难以顺利成球，无法保证生球质量，所以造球机的给料点、加水点、刮板（分级）的位置以及圆盘的倾角和转速要作相应的调整。造球时，为保证球粒均一，一般设有检查筛分，把 10（8） mm 到 15（13） mm 的球粒定为合格球。生球经干燥、预热或高温氧化焙烧，获得满足直接还原工艺要求的球团矿。

　　（4）直接还原用煤

　　在直接还原工艺中，煤的消耗一方面作为还原剂夺取含铁原料中的氧，另一方面作为燃料为工艺过程提供还原所需要的热量。目前国内外对煤基直接还原用煤的技术评价，主要从煤的工业分析和冶金性能两方面来评价。

　　煤的工业分析包括煤中水分、灰分含量及其成分、挥发分、固定碳、硫含量等。对于回转窑直接还原用煤的工业分析基本要求：

　　①要求入窑煤的水分含量要相对稳定，应以小于 10% 为宜。

　　②虽然煤的灰分含量高达 30% 也可使用，但在条件允许的情况下，最好选用灰分含量低于 15% 的煤作为还原用煤。

　　③实践表明，煤的挥发分在 20% ~30% 为宜。

　　④生产单位直接还原铁所需煤量很大程度上取决于煤的固定碳含量，因此，煤中固定碳含量愈高愈好。较理想的固定碳含量是 50% ~60% 。

　　⑤硫含量应控制在 1% 以下。

　　煤的冶金性能包括灰分的软化温度、煤的反应性、热稳定性、结焦和自由膨胀指数以及煤的热值。对于回转窑直接还原用煤的冶金性能基本要求：

　　①灰分的软化温度是指其在还原条件下开始变形的温度。要求其尽可能高，一般要求其温度比回转窑正常操作温度高 100 ~150℃ 。

　　②煤的反应性是指在某一温度下，煤中的固定碳与料层中 CO_2 反应生成 CO 的能力。通常希望煤的反应性在 950℃ 时达到 90% 以上。

　　③煤的热稳定性指在加热过程中维持其原始粒度的性质。不同煤种的热稳定不同，不同还原工艺对煤的热稳定性要求不同。一般认为烟煤热稳定性较好，褐煤及无烟煤的热稳定性次之。研究表明，煤的热稳定性指标 TS_{+6} 大于 70% 即可适用。

　　④在直接还原生产中，希望选用结焦指数小于 3 的煤（大于 5 不能用），自由膨胀指数小于 1（大于 3 不能用）。

　　⑤非结焦煤中烟煤的低发热值一般波动在 26 ~30 MJ/kg，一般选用其下限的煤作为直接

还原用煤。

根据对煤基直接还原所进行的技术评价，使我们能够确定可适用煤的范围及对有关性能的要求，从而缩小了选煤的范围和减少了选择过程所花费的时间和费用。煤质的检测结果可以较明确推荐生产备选煤种，但最终定论需要通过试验研究进行综合评估。

（5）直接还原

铁矿石或球团直接还原实验室试验研究中，将根据原料特性和用户对金属化球团产品的要求提出相应的试验研究流程，从而选择相应的模拟实验设备进行试验。按照实验室试验、扩大试验和工业试验三个阶段逐步进行，实验室试验研究直接还原基本规律、工艺参数以及其还原机理等，确定技术上的可行性。扩大试验在小型试验的基础上，进一步确认小型试验研究的结果，考查小型试验不能肯定的重要工艺条件，寻找接近工业生产条件下可能达到的技术经济指标。图 6-17 为中南大学研制的回转窑煤基直接还原扩大试验装置示意图。

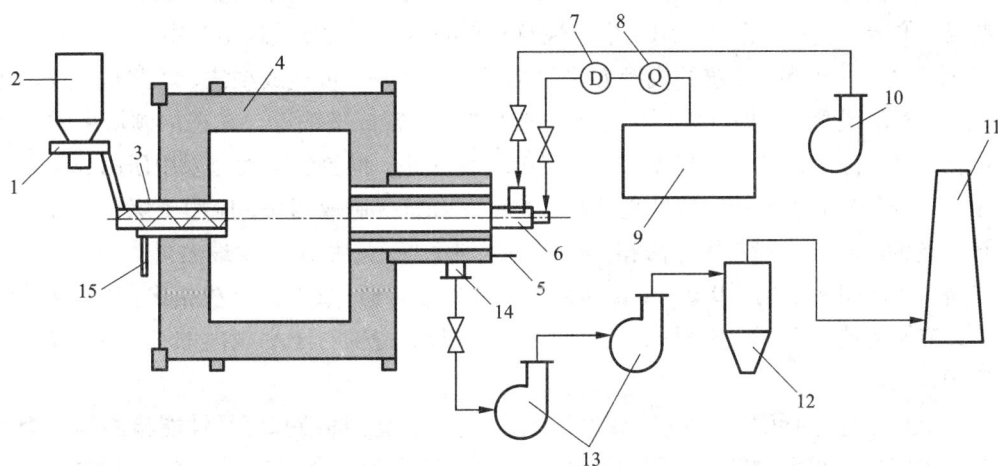

图 6-17　间歇式回转窑直接还原试验装置示意图

1—圆盘给料机；2—煤斗；3—螺旋输煤机；4—窑体；5—窑内气体成分取样；
6—节能燃烧器；7—油压表；8—油量表；9—贮油罐；10—助燃风机；
11—烟囱；12—旋风除尘器；13—排烟风机；14—废气导管；15—测窑内压力导管

第7章 压团试验

7.1 概述

压团成型是最早使用的一种造块方法。它是指借助于机械压力和模型在一定压力下，将粉末物料加工成为具有一定形状、尺寸、密度和强度的块状物料的过程。成块后一般需经过相应的固结，使之成为具有较高强度的团块。目前广泛应用于粉末冶金、耐火材料、建筑材料、型煤生产等工业中，也可以用于生产规模较小的冶金原料预处理工艺中。

压团成型方法很多，传统的成型方法包括机压成型法、可塑成型法、注浆成型法、等静压成型法、振动成型法、捣打成型法、挤压成型法、对辊成型法等。在选冶领域中常采用机压成型法、挤压成型法和对辊成型法等。近二十多年来，世界各国大力采用压团成型方法处理钢铁厂废弃物料，将钢铁厂各种废弃含铁物料混合直接制成团块，应用于炼铁或炼钢炉料中。该工艺的应用与一般传统方法相比，具有下列优点：①粉矿粒度最大可为 10 mm，不必进行破碎，而球团法中大于 0.2 mm 的必须进行破碎或再磨；②与烧结法相比，该方法造块成本低，为节能型造块方法。压团成型对于中、小规模，特别对于小规模的细粒物料的造块，具有重要意义。

压团试验工序包括配料、润磨(或碾压)、混匀、压型、固结和产品性能检测等六个工艺环节。试验时应根据矿物特性及用户对产品要求来选择辅助剂和黏结剂，以及与之相适应的成型方法和固结方式。例如选用黏结性烟煤作为添加剂时，就可将混合料预热至烟煤软化温度下进行塑性压团，再经焦化固结提高团块强度。大多数的黏结剂团块，采用低温固结方法使团块获得最终固结强度。

7.2 压团成型试验设备

压团设备有两种类型：液压机和机械压机，一般在实验室中选用液压传动的压力机。它具有行程大、料腔长，可无级变速和调压，因而可以根据试验要求灵活控制，适应性大。在实验室小型压团试验研究中常采用模具挤压成型方法对添加剂或黏结剂的选择及其用量和成型工艺参数等进行研究。

在实验室小型压团试验研究中，应考虑模拟压团的成型工艺参数：①加压方法和加压时间；②压团压力的大小；③团块的形状和尺寸；④团块从模具退出方式。

合理选择加压方式，是保证团块密度和强度均匀的一个重要因素。压型模具由阴模和模冲组成。单向压制时，阴模和下模冲不动，由上模冲单向加压，在这种情况下，因摩擦力而造成应力分布不均，会导致团块密度分布不均匀，离受压面越远，密度越低，强度变差。故单向加压只适用于压团高度小的团块。其高度 H 与直径 D 之比 H/D 约为1。

双向加压时，阴模固定不动，上下模冲以大小相同、方向相反的压力，同时加压。这种加压方式较单向加压的团块，其密度与强度较均匀。为使团块的密度尽可能均匀。在压团高度选择时，应使团块高度 H 与直径 D 之比 $H/D = 0.88$ 左右，即：$H = 0.88D$。

关于实验用压力机的总压力确定，应考虑到每当团块直径增加一倍时，就要求压力机总压力增加四倍，例如当压型的压力要求 2500 N/cm² 时，直径 25 mm，则需总压力机总压力 12500 N。直径 50 mm，则总压力为 50000 N。为满足不同团块成型所需的压力要求，选用实验室用的团压机的总压力在 50000 ~ 100000 N 之间为宜。

因团矿形状比较简单，结构上一般都是整个阴模和型腔在一个零件上。要求模具型腔表面光滑，以减少冲压过程的摩擦阻力，改善团块在高度方向上的均匀性，也有利于退模。

根据生产实际要求，对圆柱形团块，其阴模直径一般选取 20 ~ 50 mm，阴模高度 H_e 可按经验公式计算：

$$H_e = 1.1 k \cdot H \tag{7-1}$$

式中：k——物料受压时收缩系数，$k = 1.8 ~ 2.5$，矿粉取1.8；煤粉取2.5；

H——团块高度，mm；

1.1——安放模冲系数。

阴模的结构，入口倒角为45°，深度为模腔直径的1/10，其主要作用是导向。为了减少压坯在脱模过程中的逐渐膨胀导致压坯产生横向裂纹，因此模腔允许向脱模方向扩大，脱模方向的锥度斜角为 0.5° ~ 1°，深度为 8 ~ 10 mm。

模冲是形成压坯的端面，并把成型压力传递给压坯的模具零件，根据团块形状要求，模冲端面可加工成凹状成半圆面。团块形状多成圆柱型、枕型、卵型。圆柱型用于抗压强度的测定，枕型、卵型用于测定落下和转鼓指标。模冲与阴模的配合间隙为 0.05 ~ 0.10 mm，以免矿粉进入间隙中。

在实验室扩大试验研究中，可采用辊式压团机进行连续式压团试验，可选用直径 400 ~ 600 mm，辊面宽 100 ~ 150 mm 的压团机。辊子转速每分钟在 10 ~ 20 转之间调节，辊间间隙应有专门调节装置。辊面槽孔形状尺寸，按试验要求加工。辊式压团机作用原理见图 7-1，它主要靠两个相向转动的辊轮，使流入两辊间隙时的混合料受压成型。要保证压团效果可减小两辊间的间距和增大进入间隙混合料密度，即增大压缩比以提高压团产品强度。一般压团压力为 1000 ~ 2500 N/cm²，若控制压辊转速和增加两辊增压弹簧时，压力可增大至 3500 N/cm² 以上。

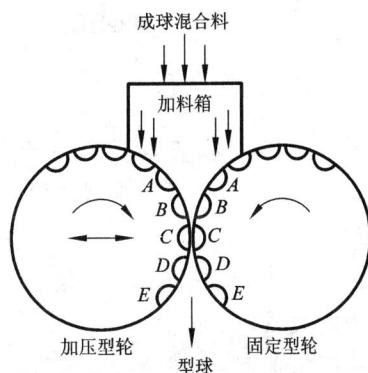

图 7-1 辊式压团机作用原理

我国生产的液压型高压对辊压球机压力可远远超出弹簧型，可用于要求压团强度高者。两辊辊面上可开出型槽，型槽数目和大小根据需要设计，其产品可为卵型、枕型或椭圆型，单个团块重可变动于 50 ~ 100 g。

7.3 原料准备、压制步骤及操作技术

压团试验流程如图7-2，主要工序包括原料准备、压团和团块固结以及生团块和干团块质量检测等。

7.3.1 压团原料准备

压团成型对原料的粒度及粒度组成没有特别要求，可适应各种原料的成型。由于原料种类多、粒度组成范围宽、须添加黏结剂，在原料准备过程中，必须加强混匀和预处理。首先将各种物料按比例进行配料，混合料置于橡皮布或钢板上，人工用铁铲翻转4~5次进行混匀。然后加水润湿，加水量由设计生团块含水量减去原料含水量计算确定，要求一次加入，再次用铁铲翻转4~5次进行混匀，然后放置10 min左右进行润湿。如果物料中部分原料黏性大，难于分散或铺展时，应采用润磨或碾磨等方法对物料进行原料预处理，特别是当黏结剂黏性大，分散困难时应该进行原料预处理。采用润磨预处理时，润磨水分有一定要求，但以物料在润磨过程中不黏结设备为宜。润磨有利于物料充分混合同时强化黏结剂的作用。

7.3.2 混合料压团

混合料压制后获得具有一定形状、尺寸、密度及强度的团块，压制过程包括称料、装料、压制和脱模等工序。然后对团块进行强度检测。

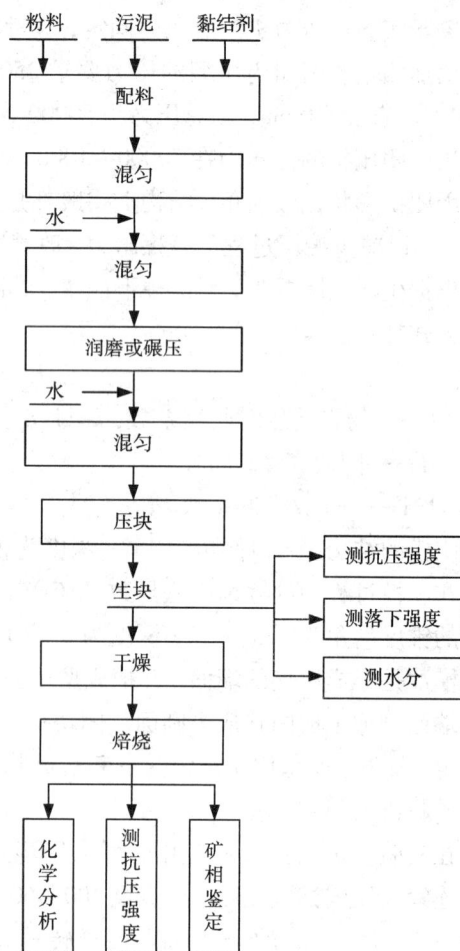

图7-2 试验流程图

称料：为保证压坯具有一定的密度，需要一定质量的粉料，压坯质量与压坯的相对密度和体积的关系如下：

$$M = V \cdot \rho = \frac{\pi}{4}d^2 \cdot H \cdot \rho_0 \cdot K \tag{7-2}$$

式中：M——压坯质量，g；

V——压坯体积，cm^3；

ρ——压坯的相对密度，g/cm^3；

ρ_0——混合料的堆积密度，g/cm^3；

$\qquad K$——压缩比 H_0/H；

$\qquad d$——压坯直径，cm；

$\qquad H_0$——装料高度，cm；

$\qquad H$——压坯高度，cm；

从上式可以看出，称料不准确，即压坯质量或大或小时，若型块的尺寸合格，则密度也随之或大或小，如密度合格，则尺寸不合格。密度不等的团块，其强度也不相同。所以，称料准确度是重要的。一般称料采用量程 200 g、感量小于 0.1 g 的工业天平。

装料：装料对团块的尺寸、密度均匀性及掉边掉角都有直接影响。实验室中常用人工装料，装料时注意：①保证每份料重量在允许误差范围内；②装料要均匀，边角处要充填均匀；③不能过分振动阴模，以免引起粉料按比重分层偏析。

装料前按团块的规格选用适宜尺寸的压模。阴模的退模端在下，装料端在上，先将下模冲放入阴模，然后均匀的将粉料加入模腔，使料面平整后，装上模冲即可移至压力机上压制。

如果要研究试料温度对压块质量影响，其加热方式有两种。一是将粉料在装料前预先加热，二是将粉料装入阴模内，靠绕在阴模外的电热丝加热，试样的温度由插入料中的温度计测量。

压制：系借助压力使粉料紧密的过程。为保证同一试验条件下，各型块的密度和尺寸相同，压制过程通过控制行程来实现，压制行程等于粉料在阴模中的松料高度和型块高度之差。

控制方法有行程限制法和压力限制法两种。行程限制法是把压制行程的误差限制在很小范围内，从而可得到尺寸合格的团块，但团块密度的误差较大，强度也因此发生差异；压力限制法是控制油压机压力的方法，故压制的团块密度较一致，强度也较均一，但团块的尺寸有误差，这时应严格控制装料量的一致，并要求压力表精度要高，两种方法比较，因油压机的压力控制操作方便，故实验常使用压力限制法。

退模：团块压制完成后，自阴模中退出时，应保证其外形尺寸的完好率。因此要控制退模的速度，其脱模速度与粉料的加压速度大致相同。太快就容易导致团块产生膨胀裂纹。团块退出方向应沿脱模端的扩大方向，可自上而下，也可把阴模倒转，自下而上退模。

7.3.3　生压团块检测

自压模退出的团块，通常称为生团块。生团块的各种性能应能满足下一步工艺加工的要求。压块的性能检测，主要是检查生团块的外型，落下强度和抗压强度。

生团块外形包括：外型尺寸、裂纹等。对于外形有缺陷和带有裂纹的团块，则应从试样中分出作废品处理，不能进入下一步工艺加工。

落下强度和抗压强度测定方法，基本上与球团测定方法相同。强度要求指标视下一工艺要求而定。与球团抗压强度不同的是团块抗压强度采用 N/cm^2 表示。

7.3.4　生压团块固结

成型团块或球团冷固结是指铁精矿或其他细粒原料靠配入某种黏结剂的条件下制成团块或生球，然后在专门设备内于 300℃ 以下，经过黏结剂的物理和化学固结而制备球团矿的方法。该法具有生产工艺简单、投资少、节省能源、不需耐热合金材料等优点，这对于不宜用烧结或高温焙烧球团的原料以及要求生产能力不大的厂家使用具有一定的优势。

目前，在世界上使用较多的是水硬性固结法、热液固结法和碳酸化固结法，其他如水玻璃固结法和有机黏结剂固结法在工业中也有应用。

（1）水硬性固结法

主要指采用硅酸盐类（或无石膏的水泥熟料）水泥等水硬性材料作黏结剂，加水后，使之发生结晶硬化和胶体化反应，生成水化硅酸钙和水化铁酸钙凝胶，并且经过一定养护阶段使水化反应逐渐向颗粒内部扩散，凝胶的水分减少，固体颗粒相互靠近，生成具有一定强度的冷固结团块或球团矿。

水硬性固结球团试验流程，包括原料准备及预处理、造球、硬化固结和产品性能检测等工艺环节。其中球团硬化固结是关键环节，球团硬化可以分为三个不同的时期。首先是静止期，这期间抗压强度基本不增加。这个时期一般由几小时延续到30 h。然后出现一个迅速硬化期，一般三至六天。这期间，抗压强度迅速增长并达到最终强度的70%，它与冷固时间的对数大致成线性关系。最后为最终硬化期，这个时期非常长，通常在养护四周之后才可达到最终强度。为了缩短硬化期，需要添加速凝剂与早强剂。

考查冷黏结球团固结的因素主要有：粉料与黏结剂的组成及粒度、黏结剂用量、养护期湿度、温度，添加速凝剂与早强剂等。

（2）热液固结法

是以石灰和二氧化硅作黏结剂，制成的团块或生球装入固结车内，然后推入高压釜中，再通入饱和过热蒸汽进行固结处理，蒸汽压力达 1.2 ~ 1.3 MPa，温度约170℃，常用固结程序是：加热1.5 h，恒温保养4 h，放汽1.5 h，共7 h即可完成。黏结剂成分在高压釜内进行硬化，它们部分溶解，发生化学反应，并生成含钙的水化硅酸盐凝胶，反应式为：

$$Ca(OH)_2 + SiO_2 + 1.5H_2O = CaO \cdot SiO_2 \cdot 2.5H_2O$$

这种凝胶干燥后，变成类似骨架的固体物质，把颗粒黏结在一起成为耐湿热、耐风化、高温热稳定性较好的坚实球团。

热液固结球团法可用于铁矿粉造块、钢铁厂废料造块和生产预还原球团矿。

（3）碳酸化固结法

该法是在原料中配入适量消石灰（一般为15% ~ 20%），在有少量催化剂的条件下造球或制成团块的，然后将生球或团块置于低温（50 ~ 70℃）和含有较浓的 CO_2 气氛（25% ~ 30%）中，使 $Ca(OH)_2$ 经过碳酸化反应并生成碳酸钙微晶结构，从而使球团或团块得到固结，并具有足够强度。

碳酸化固结法不仅可以生产由精矿和消石灰两种原料制得的熔剂性球团矿，还可以生产由精矿、消石灰和无烟煤粉等多种原料制得的综合性球团矿。综合性球团矿不仅解决了矿粉造块的问题，还可以解决无烟煤粉代替冶金焦炭的问题。值得一提的是，此过程是高炉中碳酸盐分解的逆过程，所以使用这种球团矿在高炉冶炼时，其热强度是人们所注意的一个问题。

碳酸化固结试验流程，包括原料准备及配料、混合、造球或压团、碳酸化固结和产品性能检测等工艺环节。考查碳酸化固结过程的主要因素：①球团中 $Ca(OH)_2$ 含量和介质中 CO_2 的浓度成正比。②生球的湿度。③碳酸化介质的温度、湿度和流量。④生球的质量。如气孔率、结构疏松的情况以及生球的尺寸等。

7.3.5　成品团块检测

成品团块性能检测包括化学组成、冷态性能和热态性能。其中冷态性能主要检测成品团块的抗压强度、转鼓强度、筛分指数和气孔率等，热态性能主要包括球团的还原性、还原膨胀、低温还原粉化和软熔特性等。在试验研究过程中常采用矿相鉴定等方法对成品团块规律及其机理进行探讨和分析。其方法将在第 8 章和第 9 章中进行介绍。

7.4　压团成型工艺因素的考察

影响压团过程的因素很多。它们为往往是相互联系、互相促进和互相制约的。因为有些因素对团块性能（如密度和强度）的影响是一致的，有些又是相互矛盾的，有些物料的良好特性可弥补它的缺点。因此，对影响压团过程的因素进行认真的研究，有助于团块质量的提高。

7.4.1　压团原料的天然性质对压团过程的影响

影响压团过程的原料性质主要是物料的塑性、颗粒形状和粒度及粒度组成。

物料的塑性越大，压团阻力越小，颗粒越易产生塑性变形，在比较小的压团压力下，就能达到较大的密度，并能发挥强大的原料分子黏结力的作用，因此要求压团原料具有一定的塑性。压团原料的塑性，除决定于原料中有用矿物外，在很大程度上还取决于所含的脉石成分。例如泥质氧化镍矿比硅质氧化镍矿具有较大塑性的原料，一般认为石英质 SiO_2 降低压团物料的塑性。与此相反，黏土或高岭土，将提高物料的塑性。石灰石也和石英一样，将降低物料的塑性。

颗粒形状对团块的密度和强度的影响是相反的。

通常，物料松装时密度较大，表面比较光滑而流动性比较好的物料，对提高团块的密度有利。因为在压团过程中，这种类型物料的颗粒能够迅速地产生位移和形变。因此，在相同压力下，用相同成分的物料进行压团时，球状颗粒的物料所获得的团块密度较好，多角形状次之，树枝状和针状粉料最差。

但是形状比较复杂的颗粒，对提高团块的强度有利。因为形状复杂的粉料能使团块中颗粒之间的机械啮合力增加。因此，在相同的压力下，用相同成分的物料进行压团时，与密度相反，树枝状粉料所得的团块的强度较好，球状粉料强度较差。

凡是能提高团块强度的因素，都能使团块的弹性后效减少。因此对于同一成分而言，形状复杂的粉料压成的团块，其弹性后效小，颗粒形状简单的粉料压成团块的弹性后效大。

压团物料粒度对压团过程也有影响，粒度太细的物料，松装密度小，流动性差，不易压制。粒度太大的物料，它们的单个颗粒体积大，压团时移动和变形都很困难，所以压制性也差。因此很细和很粗的物料对提高团块的密度和强度都不利，并会使团块的弹性后效增加。

　　具有一定粒度组成的物料压团性能较好。因为粉料粒度大小不一，有利于小颗粒填充到大颗粒之间的孔隙中去，以达到紧密的排列。所以压制一定粒度组成的物料时，团块密度和强度增加，团块弹性后效减小。

7.4.2　添加物对压团过程的影响

　　往原料中加入一定性能和数量的添加物，不仅能使压团过程顺利进行、团块的密度和强度提高，而且能改善团块的热稳定性和还原性，有利于冶炼过程。特别需要强调的是，对某些矿粉来说，若不加入一定数量的添加物，便很难得到符合要求的团块。

　　一般来说，添加物对压团过程的作用有：

　　①减少物料颗粒间及颗粒与模壁间的摩擦，以有利于压团过程的进行。添加物多半是软而易于变形的物质，甚至是流体。当加入添加物后，一方面由于颗粒表面较均匀地包裹了一薄层添加物，故大大减少了物料颗粒表面的粗糙状况，使物料颗粒间的摩擦状况得以改善；另一方面，当物料相对于压模壁运动时，物料颗粒表面的添加物（软而易于变形物质），又会填充到模壁的凹坑中去，使模壁得到润滑，这样就改变了它们之间的摩擦性质，使摩擦表面上的摩擦系数大大降低，由于摩擦而引起的压力损失便会大大减少，因而使团块密度和密度分布的均匀性得到提高。例如，物料加有沥青、纸浆废液、水玻璃、膨润土、石灰等添加物时，可在较低的压力下进行压团。

　　②添加物促使压团物料变形，减少由于密度分布不均匀和弹性后效造成的团块开裂。加入适当类型和数量添加物，能促使压团物料变形的原因，除了因为减少摩擦阻力外，另一个重要的原因，就是增大了压团物料的塑性，从而使它易于塑性变形和在较低的压力下密集成型。

　　在相同条件下，加入适当添加物（如石灰或膨润土）的生团块强度要比不加的大些。这是因为石灰、膨润土等都是比铁矿粉更软和易于塑性变形的物质，它不仅大大降低了矿粉和压模间的摩擦系数，使其因外摩擦引起的压力损失减小，相对而言，即提高了静压力，故可使团块强度得到提高。另外这些高度分散的添加物能吸附到矿物的表面，并在压力作用下，渗透到颗粒表面裂缝的深处或脆性碎裂后的孔隙中，增大了颗粒间的接触面积，传递着分子力，促使物料的塑性变形，从而使团块的强度得到提高。

7.4.3　压团工艺条件对压团过程的影响

　　前面讨论了物料本身所具有的各种特性对压团过程的影响后，现在需要进一步研究促使物料变形的外因。即压团过程中各工艺条件，如压团压力、加压方式、持压时间、加压速度等对压团过程及团块质量的影响。同时必须注意到在影响压团过程的工艺条件中，必有一种条件是主要，即起主导的、决定的作用。这就是团压压力和水分。

　　①团压压力和压团前物料的水分含量对压团过程的影响。团压压力和水分含量，在不加添加物的压团过程中起着决定性的作用，他们是两个紧密相关、相互影响的因素，在一定的压力下，则要求有一定的水分，反之亦然。

　　这一关系是由压团过程的物理本质所决定的。在压团过程中，物料颗粒发生紧密。此时毛细管中的、内部裂缝中的一部分水被压至颗粒的表面，减小颗粒表面间的摩擦而起着润滑剂的作用，使物料颗粒能在一定的压力下达到更大的密集。如果物料内的水分不足，则排出的水量较少，也就是说，在压力一定时，不能得到必需的密集，团块不牢。当细粒物料中的水分过大时，则最初阶段的密集容易进行，但是，由于水是不可压缩的，当物料中水量很大时，颗粒间的水膜妨碍颗粒直接接触，颗粒间的分子黏结力大大降低。

磁铁精矿压团时，在每一种团压压力下，均有最适宜的水分值，即在最适宜水分条件下，生团块强度最大。在一般情况下，团压压力愈大，最适宜的水分值就愈低。所以，在水分最适宜的条件下，团压压力增高，物料的密集程度也增大。理论上，如果压力足够大的，任何物料都可压制成团，同时物料愈硬，所要求的压力愈高。但是在实际上，当团压压力过高时，密集在团块内的颗粒不能支持这么大的压力而发生开裂，这时生成的新表面间的内聚力非常小，团块结构的连续性部分被严重破坏时，团块将失去强度。

另外，团块密度随着团压压力的增加而增加，这只是一个较直观的定性的概念，实际上团块密度随着团压压力的变化并不是一种简单的直线关系。

②加压方式、速度及持压时间对压团过程的影响。加压方式对压团过程影响很大。例如在相同的压力下，若采用双向加压便可使团块的密度及密度分布的均匀性提高；若在加压时，同时附加振动或预先振动，可使压团效果变好。同时，要达到相同的团块密度，加压方式不同，所需的团压压力不同。

对于压团性能较好的物料，采用单面一次加压已能满足要求。但对于压团性较差的物料，而团块的强度又主要取决于压团过程时，双向加压及多次加压便具有一定的意义。例如，当生产磁铁精矿加铸铁屑的炼钢用团块时，因为这些混合物往往是硬而脆的，而且具有不利于成型的针状结构，这时，若采用单向一次压团，生团块强度往往很低（当压力为 2500 N/cm^2 时，团块抗压强度最高值为 280 N/cm^2；压力升高到 10000 N/cm^2 时，团块抗压强度最高值为 570 N/cm^2），不便运输，很难满足锈化固结要求。

同时，对于像磁铁精矿加铸铁屑这一类物料，当采用单向压团时，由于物料颗粒间及颗粒与模壁间十分严重的摩擦效应，使团压压力沿团块高度产生显著的降低，而导致团块密度沿团块高度方向的不均匀分布现象十分严重。在单向压团情况下，为了提高团块下部的密度，便只有提高压力，这样虽然可使下部密度得以提高，但在团块上部却已产生了较严重的应力集中的现象，而使团块分层和开裂。若采用双向加压或换向加压的多次压制，则团块密度不均匀分布现象可以大大克服，而团块的强度也得以较大的提高。

在压团生产中，通常当物料压团性能较好或在加热状态下进行压团时，加压速度及持压时间往往不产生显著的影响。所以，有些矿－煤热压团采用辊式压团机压团时的生产效率非常高，每排压模（凹槽）每分钟成型 286 个团块或更多。但是，对于那些硬度较高、流动性较差、粒度太粗的物料，减慢加压速度和延长持压时间具有一定的意义。因为这样可以使压力缓慢传递，促进细粒物料的位移和变形，促使颗粒重新排列，填充孔隙，产生弹塑性变形等，从而使团块密度和强度提高。因为任何物体（包括细粒物料群）受到一个外力作用后，总要经过一段时间才能发生变形（或位移），即有应变滞后的问题。此外，为了得到牢固的团块，不仅团压的总时间重要，而且各个团压阶段中的时间分配同样重要。物料在最大团压压力下的作用时间愈长，团块就愈牢固。因此，压团机应该设计成在最初阶段，压团进行较快，然后随着接近团压压力的最大值时团压速度应较慢。

除此之外，加料方式对压团过程也有影响。加料方式有重力加料和强制加料两种。矿粉压团一般都采用强制加料（又称预压）。强制加料方法很多，最普遍的方法是采用螺旋加料（图 7 - 3）。强制加料的作用除加料外，同时对物料进行预压，破坏物料的"拱桥效应"，排除物料中一部分气体，产生初步的位移，提高压团物料的密度，减少团块脱模后的弹性后效。采用强制加料方式，将预压压力加于物料上，不仅可以克服物料被挤回到加料箱的现象，而且对最佳型轮直径、成型压力、设备尺寸和成本都有很大影响。当强制加料预压压力由重力加料时的 0.07 N/cm^2 提高到强制加料时的 0.7 N/cm^2 时，理论上所需的型轮直径可减小一半。预压压力增加，则所需型轮直径可减小一半。预压压力增加，则所需型轮直径和作用力减小，于是压团机的尺寸和重量、成本也相应减少。

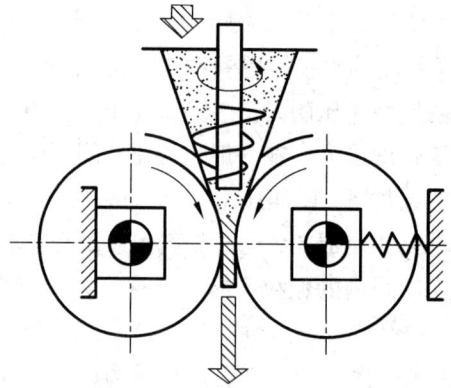

图 7 - 3　竖螺旋强制加料预压器示意

第8章　造块产品性能检测

造块产品质量必须满足用户的要求，因此，它随原料性质和用户的要求不同而有所差异。即使同一冶炼方法，由于冶炼设备规格型号不同及其操作工艺制度差异，对入炉造块产品质量指标要求也有差别，很难用统一的造块质量指标和统一的检测方法来规范。一般而言，各国按照各自的原料条件，根据不同的造块方法和不同的冶炼方法，制定适应本国国情的造块产品统一的检测方法和质量标准。我国从1983年开始，陆续完善、制定了适合我国国情的检测标准方法和造块产品的质量标准。

铁矿粉造块产品在高炉冶炼过程中，应该保持高炉料柱具有良好透气性和保证高炉冶炼过程中炉料顺行而正常生产。不同规模的高炉对炉料的化学组成及其波动和炉料的冷态强度、粒度组成和粉末含量以及冶金性能等都有严格的要求。当烧结厂或球团厂连续生产时，重点关注化学成分及其波动和冷态强度等。例如高碱度烧结矿生产，烧结厂日常要求其质量标准应达到表8-1的要求。而成品球团矿的质量应满足高炉炼铁或直接还原铁生产用的要求，其产品质量应符合表8-2的要求。

对于实验室造块产品检测内容与工业生产中常规检测有所不同，实验室主要检测内容包括：产品的化学组成、产品的冷态性能和热态性能，而化学组成的波动性不在考查之列。

表8-1　高碱度烧结矿的质量要求

炉容级别/m³	1000	2000	3000	4000	5000
铁分波动/%	≤±0.5	≤±0.5	≤±0.5	≤±0.5	≤±0.5
碱度波动/%	≤±0.08	≤±0.08	≤±0.08	≤±0.08	≤±0.08
铁分和碱度波动达标率/%	≥80	≥85	≥90	≥95	≥98
含FeO/%	≤9.0	≤8.8	≤8.5	≤8.0	≤8.0
FeO波动/%	≤±1.0	≤±1.0	≤±1.0	≤±1.0	≤±1.0
转鼓指数，+6.3 mm/%	≥71	≥74	≥77	≥78	≥78

表8-2　成品球团矿的质量要求

项　　目		高炉用球团矿	直接还原用球团矿
化学成分	TFe/%	≥64±0.3	≥66±0.3
	FeO/%	≤1.5	≤1.5
	S/%	≤0.02	≤0.02
	P/%	≤0.03	≤0.03
粒度组成	8～16 mm/%	≥90	≥90
	-5 mm/%	≤3	≤3

续表 8-2

项 目		高炉用球团矿	直接还原用球团矿
物理性能	转鼓强度(+6.3 mm)/%	≥92	≥95
	耐磨指数:(-0.5 mm)/%	≤5	≤5
	抗压强度/(N·个球⁻¹)	≥2200	≥2800
冶金性能	还原度指数(RI)/%	≥65	≥65
	还原膨胀指数/%	≤15	≤15
	低温还原粉化率(+3.15 mm)/%	≥65	≥65

8.1 产品的化学组成

无论是哪一种供冶炼使用的造块产品,都应满足其主要成分含量高、脉石含量低,有害成分(如 S,P 等)含量少的要求。

采用化学分析法分析产品的化学组成,常规分析包括: TFe, FeO, SiO_2, CaO, MgO, Al_2O_3, S, P;必要时,分析 Cu, Pb, Zn, K_2O, Na_2O 等。一些有害杂质的危害及高炉生产的要求含量见表 8-3。

表 8-3 矿石中有害杂质的危害及界限含量

元素	允许含量/%	危 害	
S	<0.3	使钢产生"热脆"易轧裂	
P	<0.3	对酸性转炉生铁	磷使钢产生"冷脆"。烧结及炼铁过程皆不能除磷。不同质量钢允许的磷含量为,%: 普通钢 <0.055% 优质钢 0.035%~0.04% 高级优质钢 <0.03%
	0.03~0.18	对碱性平炉生铁	
	0.2~1.2	对碱性转炉生铁	
	0.05~0.15	对普通铸造生铁	
	0.15~0.6	对高磷铸造生铁	
Zn	<0.1~0.2	Zn 900℃挥发,上升后冷凝沉积于炉墙,使炉墙膨胀,破坏炉壳。烧结可除去 50%~60% 的 Zn	
Pb	<0.1	Pb 易还原,比重大,且与 Fe 分离沉于炉底,破坏砖衬。Pb 蒸气在上部循环累积,形成炉瘤,破坏炉衬	
Cu	<0.2	少量 Cu 可改善钢的耐腐蚀性。但 Cu 过多使钢热脆,不易焊接和轧制。Cu 易还原并进入生铁	
As	<0.07	砷使钢"冷脆"不易焊接。生铁含[As]: <0.1%。炼优质钢时,铁中不应有[As]	
Ti	(TiO_2) 15~16	钛降低钢的耐磨性及耐腐蚀性。使炉渣变粘易起泡沫。含(TiO_2)过高的矿可作为宝贵的 Ti 资源	
K, Na		易挥发,在炉内循环累积,造成结瘤,降低焦炭及矿石的强度	
F		氟高温下气化,腐蚀金属,危害农作物及人体,CaF_2 侵蚀破坏炉衬	

8.2　冷态性能测定

近代高炉冶炼的主要炉料烧结矿和球团矿，占入炉铁料的80%以上。为保证高炉料柱具有良好透气性和炉料顺行，对炉料的冷态强度、粒度组成和粉末含量都有严格的要求。因此，入炉之前必须检测烧结矿、球团矿的冷态性能，作为评价造块产品质量的重要指标。

检测项目包括：粒度组成、筛分指数、转鼓强度、落下强度和抗压强度等。

（1）粒度组成与筛分指数

目前我国对炉料的筛分采用的筛子尚未标准化，国内推荐采用方孔筛有 5 mm×5 mm，6.3 mm×6.3 mm，10 mm×10 mm，16 mm×16 mm，25 mm×25 mm，40 mm×40 mm，80 mm×80 mm 七个级别，其中6.3 mm，10 mm，16 mm，25 mm，40 mm 五个级别为必用筛，粒度组成按筛分各级的产出量计算，用质量百分数表示。

筛分指数的测定方法：取 100 kg 试样，分成五份，每份 20 kg，用 5 mm×5 mm 的筛子筛分，手筛往复 10 次，称量大于 5 mm 筛上物产出量 A，以小于 5 mm 占试样质量的百分数作筛分指数。

$$筛分指数 = \frac{100 - A}{100} \times 100\% \qquad (8-1)$$

我国要求烧结矿筛分指数≤5%，球团矿≤5%。

（2）转鼓强度

转鼓强度是评价烧结矿、球团矿抗冲击和耐磨性能的一项重要指标。目前世界各国的测定方法尚不统一，表 8-4 列出各主要国家的转鼓强度测定方法。其中，国际标准 ISO 3271—75 获得广泛使用，我国的测定方法是根据这一国际标准制订的，国家标准局已用 GB 3209—87 标准取代原有 YB 421—77，并于 1988 年 10 月 1 日开始实施。

GB 3209—87 标准采用转鼓内径为 1000 mm、宽 500 mm，鼓内侧有两个成 180° 相互对称的提升板（50 mm×50 mm×5 mm）、长 500 mm 的等边角钢焊接在鼓的内测。转鼓试验机示于图 8-1。在实验室条件下，为适应试样量少的特点，可缩小转鼓宽度（1/2 或 1/5），同时按比例减少装料量（7.5 kg 或 3 kg），测得数据同样具有可比性。

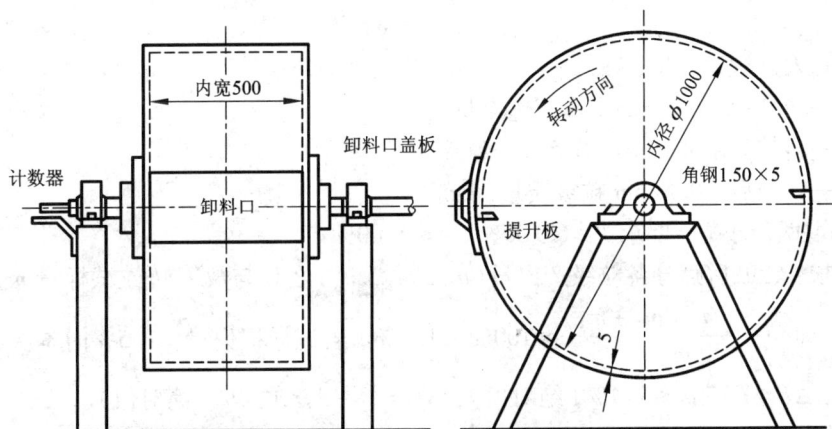

图 8-1　转鼓试验机

表 8 - 4 各国转鼓强度的测定方法

项目	标准	中国 GB 8209—87	国际标准 ISO 3271—75	日本 JIS—M3712—77	前苏联 ГОСТ 5137—77
转鼓	尺寸/mm	$\phi 1000 \times 500$	$\phi 1000 \times 500$	$\phi 914 \times 457$	$\phi 1000 \times 600$
	档板/mm	500×50，两块、180°	500×50，两块、180°	457×50，两块、180°	600×50，两块、180°
	转速/(r·min^{-1})	25±1	25±1	25±1	25±1
	转数/r	200	200	200	200
试样	粒度/mm				
	烧结矿	10～40	10～40	10～50	5～40
	球团矿	6.3～40	10～40	>5	5～25
	质量/kg	15±0.15	15±0.15	23±0.23	15
结果表示	鼓后筛/mm	6.3、0.5	6.3、0.5	10、5	5、0.5
	转鼓指数 T/%	>6.3	>6.3	>10	>5
	抗磨指数 A/%	<0.5	<0.5	<5	<0.5
	双样允许误差				
	ΔT/%	≤1.4	≤3.8±0.03T	6.6、0.8	2.3
	ΔA/%	≤0.8	≤0.8±0.03T	6.2	2.2

本试验方法规定，烧结矿试样需按实际的粒度组成，分 25～40 mm、16～25 mm、10～16 mm 三个粒级按比例配制转鼓试样。取 15±0.15 kg 放入转鼓内，在转速 25 r/min 转 200 r，然后将试料从鼓内取出，用机械摇筛分级。机械摇筛为 800 mm×500 mm，筛框高 150 mm。筛孔为 6.3 mm×6.3 mm，往复频率为 20 次/min，筛分时间为 1.5 min 共往复 30 次。如果使用人工筛，所有参数与机械筛相同，其往复行程规定为 100～150 mm。

测定结果表示方法如下：

$$T = \frac{m_1}{m_0} \times 100\% \qquad (8-2)$$

$$A = \frac{m_0 - (m_1 + m_2)}{m_0} \times 100 = \frac{m_3}{m_0} \times 100\% \qquad (8-3)$$

式中：T——转鼓指数，%；

A——抗磨指数，%；

m_0——入鼓试样质量，kg；

m_1——转鼓后 +6.3 mm 粒级质量，kg；

m_2——转鼓后 -6.3 mm +0.5 mm 粒级质量，kg；

m_3——转鼓后 -0.5 mm 粒级质量，kg。

T，A 均取两位小数，要求 $T \geq 60.00\%$，$A \leq 5.00\%$。

误差要求：转鼓后筛分各粒级产出量（m_1，m_2，m_3）之和与放入转鼓试样量 m_0 之差不得大于 1.0%，即 $\frac{m_0 - (m_1 + m_2 + m_3)}{m_0} \times 100\% \leq 1.0\%$，若试样损失量 >1.5% 时本次试验作废。

双试样：$\Delta T = T_1 - T_2 \leq 1.4\%$（绝对值）；$\Delta A = A_1 - A_2 \leq 0.8\%$（绝对值）。

（3）落下强度

落下强度用来表示烧结矿的抗冲击能力。将一定量的试样，提升至一定高度，让试样自由落到铁板上，经过反复多次落下，再计算所产生粉末量的比例。目前这一检测方法的试样量、落下高度、落下次数都很不统一，我国还没有测定标准，大都采用日本 JIS—M 8711—77 标准规定的参数。

试验装置由装料箱、提升机和冲击铁板组成。

落下试验取 10~40 mm 的烧结矿 20 ± 0.2 kg，放入一个 560 mm × 420 mm × 200 mm 的方型料箱中，用提升机将试样升至 2 m 处，让其自由落下到厚度大于 20 mm 的钢板上，往复四次。然后用 10 mm 的方孔筛分级，以大于 10 mm 的粒级质量的百分数表示落下强度指标。

$$F = \frac{m}{M} \times 100\% \tag{8-4}$$

式中：F——落下强度，%；

$\quad m$——落下四次后大于 10 mm 粒级产出量，kg；

$\quad M$——试样总量，kg。

当 $F = 80\% \sim 83\%$，为合格烧结矿；$F = 86\% \sim 87\%$ 为优质烧结矿。

在实验条件下，当试样不足 20 kg 时，可按实际数量计算，其操作参数不变。

（4）抗压强度

抗压强度通常用来表示球团矿或团块的强度指标，而不用来表示烧结矿和矿石的强度。

①定义。取具有代表性的一定数量的球团或团块进行检测，每个球团矿或团块置于平行钢板之间，以规定速度把压力负荷加到每个球团或团块上，直到球团或团块被压碎时的最大负荷，并求出算术平均值，其值为球团矿或团块的抗压强度。球团矿用牛顿/个球（N/个球）；团块以单位面积所承受的最大负荷，以牛顿/厘米^2（N/cm^2）为单位。

②检测方法。我国抗压强度的检验标准和国际标准 ISO4700 基本相同。其主要参数：压力机的最大压力 10^4N（相当于 1.0197×10^3 kgf），或更大一点；压杆加压速度 15 ± 5 mm/min，试样粒度 10.0~12.5 mm，每次随机取样 60 个球作检验，也可取更多球。在实验室小型球团焙烧试验研究中，由于试验规模小，每次试验球团个数较少，如果球团质量均匀，球团之间差异小时，随机取样数量较少，每次取球团数量亦可用下式计算。

$$n = \left(\frac{2\sigma}{\beta}\right)^2 \tag{8-5}$$

式中：n——每次测试球团矿个数；

$\quad \sigma$——若干次预备试验的标准离差；

$\quad \beta$——所要求的精确度（$\beta = 95\%$ 可信度下的标准离差）。

抗压强度指标以算术平均值计，必要时给出球团抗压强度 <850 N/个的百分比例。对氧化球团而言，合格球的抗压强度 ≥2000 N/个球，对中、小高炉为 1000~1500 N/个球。

8.3 热态性能测定

随着高炉炼铁技术的发展，对铁矿石（烧结矿、球团矿）不仅要求在冷态时应有良好的化学性能和物理性能，而且应具备能适应高炉冶炼的各种热态性能，具有良好的低温、中温和高温冶金性能。这就需要拟订相应的检测方法。

到目前为止，对铁矿石冶金性能的检测，主要产钢国家已拟订了适合本国国情的国家检测方法。国际标准化组织(International Organization of Standardization 简称 ISO)也已拟订了较先进的国际通用检测标准方法。我国参照 ISO 的对应标准,在组织联合试验、验证试验和专题研究的基础上,于 1990 年 10 月起草了铁矿石还原性、低温还原粉化性及球团矿相对自由膨胀指数三项冶金性能的国家标准检测方法,并于 1992 年 3 月由国家技术监督局批准颁布实施。

铁矿石冶金性能的检测内容主要包括:还原性、低温还原粉化性、球团矿还原膨胀性、高温软熔特性等。下面介绍国内外较为普遍采用的几种试验检测方法。

8.3.1　铁矿石还原性测定

铁矿石还原性是模拟炉料自高炉上部进入高温区的还原条件,用还原气体从铁矿中脱除铁氧化物中氧的难易程度的一种度量。它是评价铁矿石冶金性能的重要质量指标。

R·林德(Linder)最早提出模拟高炉还原过程测定铁矿石还原性的方法,后来日本、前苏联、德国等许多国家也拟订了本国的国家标准检测方法,国际标准化组织(ISO)参照有关国家的检测方法,于 1984 年和 1985 年先后讨论拟订了铁矿石还原性检测的国际标准方法(ISO 4695—84, ISO 7215—85),我国参照 ISO 4695 拟订 GB 13241 铁矿石还原性检测的国家标准方法。

中华人民共和国国家标准检测方法(GB 13241—91)是一种称重测定还原度的方法。该方法将一定粒度范围的试样置于固定床中,用 CO 和 N_2 组成的还原气体,在 900℃下等温还原,以三价铁状态为基准,即假设铁矿石的铁全部以 Fe_2O_3 形式存在,并把这些 Fe_2O_3 中的氧算作 100%,在还原气体作用下逐渐脱除氧,铁矿石还原度(RI)是以还原时间 180 min 后的失氧量占铁矿石中总氧量的质量百分数表示,还原速率(RVI)是以还原过程中当原子比 O/Fe =0.9 时的还原速率来表示。

①还原装置。如图 8-2 所示,主要由还原气体制备、还原反应管、加热炉及称量天平四部分组成。还原气体是按试验要求在配气罐中配气,若没有瓶装 CO 气体,则可采用甲酸(HCOOH)法或高温(1100℃)碳转化法制取 CO 气体(见第 4 章)。反应管置于加热炉内,加热炉应保证 900℃的高温恒温区内,其长度(或高度)不小于 200 mm,反应管为耐热不起皮的双壁管(见图 8-3),试样装在反应管内,还原过程的失氧量通过电子天平称量(感应量 1 g)获得。

②试验条件见表 8-5。

③试验结果表示。

(1)还原度计算

用下式计算时间 t 后的还原度 RI,计算 RI 时,t 为 3 h,以三价铁状态为基准,用质量百分数表示。

$$R_t = \left(\frac{0.11W_1}{0.43W_2} - \frac{m_1 - m_t}{m_0 \times 0.43W_2} \times 100 \right) \times 100 \qquad (8-6)$$

式中:R_t——还原时间 t 的还原度,%;

　　m_0——试样质量,g;

　　m_1——还原开始前试样质量,g;

　　m_t——还原 t 后试样的质量,g;

　　W_1——试验前试样中 FeO 的含量,%;

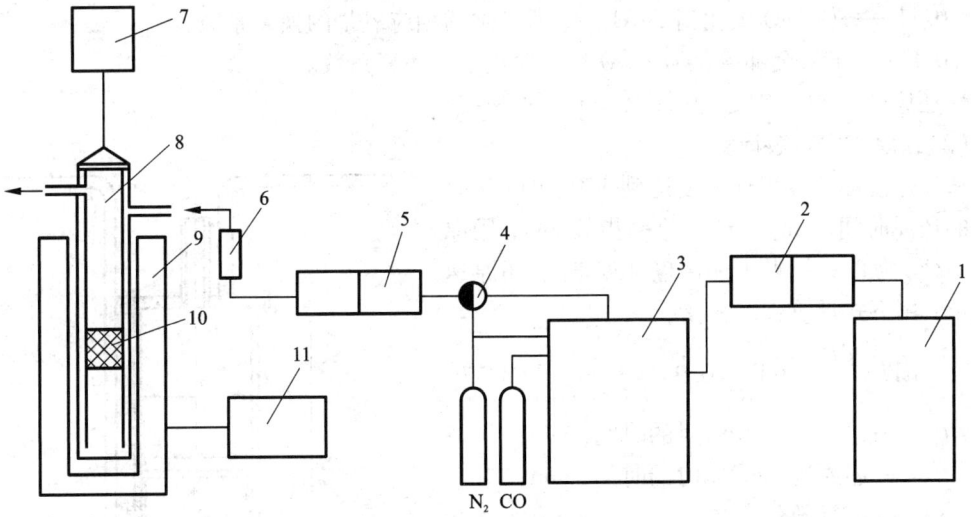

图 8 - 2 铁矿石还原装置

1—CO 发生器；2—气体净化器；3—配气罐；4—三通开关；5—气体净化器；
6—流量计；7—称量天平；8—反应管；9—加热炉；10—试样；11—温度控制器

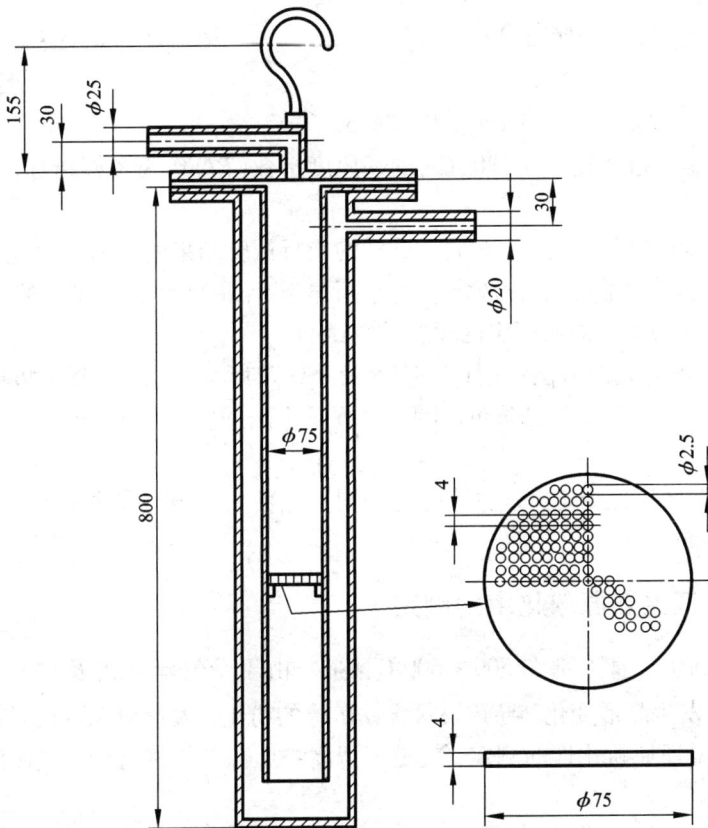

图 8 - 3 ISO4695 双壁反应管

W_2——试验前试样的全铁含量，%；

0.11——使 FeO 氧化到 Fe_2O_3 时，所必须的相应氧量的换算系数；

0 43——TFe 全部氧化为 Fe_2O_3 时，含氧量的换算系数。

作还原度 $RI(\%)$ 对还原时间 $t(\min)$ 的还原度曲线。

（2）还原速率指数计算

从还原度曲线读出还原度达到 30% 和 60% 时对应的还原时间（$\min$）。还原速率指数 RVI，用原子比 O/Fe 为 0.9 相当于还原度 40% 时的还原速率表示，用下式计算：

$$RVI = \frac{dR_t}{dt}(\text{O/Fe} = 0.9) = \frac{33.6}{t_{60} - t_{30}} \quad (8-7)$$

式中：t_{30}——还原度达 30% 时的时间，$\min$；

t_{60}——还原度达 60% 时的时间，$\min$；

33.6——常数。

在某种情况下，试验达不到 60% 的还原度，此时用下式计算较低的还原度：

$$RVI = \frac{dR_t}{dt}(\text{O/Fe} = 0.9) = \frac{K}{t_y - t_{30}} \quad (8-8)$$

式中：t_y——还原度达到 y 时的时间，$\min$；

K——取决于 $y\%$ 的常数。

$y = 50\%$ 时，$K = 20.2$；$y = 55\%$ 时，$K = 26.5$。

GB 13241 国家标准规定，以 180 $\min$ 的还原度指数（RI）作为考核指标，还原速率（RVI）作为参考指标。

还原度指数（RI）的允许误差，对同一试样的平行试验结果的绝对值之差，烧结矿 < 5%，球团矿 < 3%，天然矿由供需双方商定。若平行试验结果的差值不在上述范围内，则应按 GB 13241 标准方法中的附录所规定的程序重复试验。

3）国际标准（ISO）检测方法：有 ISO 4695 及 ISO 7215 两种方法，ISO 4695 采用双壁反应管、$CO/N_2 = 40/60$、流量 50 $Nl/\min$。ISO 7215 采用单壁反应管（见图 8-4）、$CO/N_2 = 30/70$、流量 15 $Nl/\min$。

各国对铁矿石还原性测定方法并不完全相同。几种主要测定方法及有关设备、试验参数及指标列于表 8-5。

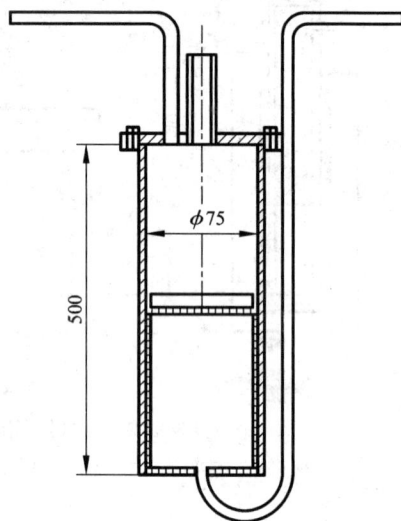

图 8-4 ISO7215 单壁反应管

8.3.2 铁矿石低温还原粉化率的测定

铁矿石进入高炉炉身上部在 500~600℃ 区间，由于受气流冲击及铁矿石还原 Fe_2O_3—Fe_3O_4—FeO 过程发生晶形变化，导致块状含铁矿物的粉化，大量粉末直接影响炉内气流分布和炉料顺行。低温还原粉化性的测定，就是模拟高炉上部条件进行的，是评价铁矿石冶金性能的重要指标。

低温还原粉化性的检测方法有静态法和动态法两种。

表8-5 各国还原性测定方法的有关参数

项目		国际标准 ISO 4695	国际标准 ISO 7215	中国标准 GB 13241	日本 JISM—8713	西德 V·D·E
设备		双壁反应管 $\Phi_{内}75$	单壁反应管 $\Phi_{内}75$	双壁反应管 $\Phi_{内}75$	单壁反应管 $\Phi_{内}75$	双壁反应管 $\Phi_{内}75$
试样	质量/g	500 ± 1	500 ± 1	500 ± 1	500 ± 1	500 ± 1
	粒度/mm 烧结矿	$10.0 \sim 12.5$	$10.0 \sim 12.5$	$10.0 \sim 12.5$	$10.0 \sim 12.5$	$10.0 \sim 12.5$
	球团矿	$10.0 \sim 12.5$	$10.0 \sim 12.5$	$10.0 \sim 12.5$	$10.0 \sim 12.5$	$10.0 \sim 12.5$
还原气体	成分/%，CO	40.0 ± 0.5	30.0 ± 0.5	30.0 ± 0.5	30.0 ± 0.5	40.0 ± 0.5
	%，N_2	60.0 ± 0.5	70.0 ± 0.5	70.0 ± 0.5	70.0 ± 0.5	60.0 ± 0.5
	流量/$(Nl \cdot min^{-1})$	50	15	15	15	50
还原温度/℃		950 ± 10	900 ± 10	900 ± 10	900 ± 10	950 ± 10
还原时间/min		直到还原度60% 最大240 min	180	180	180	到还原度60% 最大240 min
还原性 表示方法		1 失氧量—时间 曲线 R_1 2 $\left(\dfrac{dR}{dt}\right)_{40}$	$K = \dfrac{W_0 - W_F}{w_1(0.43TFe - 0.112FeO) \times 10^4\%}$	$Rt = \left[\dfrac{0.11W_1}{0.43W_2} - \dfrac{m_1 - m_t}{m_0 + 0.43W_2} \times 100\right]100\%$ $RVI = \left(\dfrac{dR}{dt}\right)$	同 ISO 7215	同 ISO 4695

（1）中华人民共和国国家标准 GB 13242 检测方法（静态法）

本标准参照采用国际标准 ISO 4696《铁矿石低温粉化试验——静态还原后使用冷转鼓的方法》。将一定粒度范围的试样，在固定床中（500℃）用 CO，CO_2 和 N_2 组成的气体等温还原 60 min，经冷却后用转鼓（ϕ130 mm×200 mm）转 10 min，自转鼓取出试样，用 6.3 mm，3.15 mm，0.5 mm 的方孔筛筛分。用还原粉化指数表示铁矿石的粉化程度。

①试验装备。本试验设备包括还原装置和转鼓两部分组成。还原装置同 GB 13241，转鼓是一个内径为 ϕ130 mm、长 200 mm 的钢质容器，鼓内有二块沿轴向对称配置的提料板（200 mm×20 mm×2 mm），转鼓转速 30r/min。

②试验条件见表 8-6。

③试验结果表示。还原粉化指数（RDI）表示还原后铁矿石通过转鼓试验的粉化程度。分别用转鼓后筛分得到大于 6.3 mm，大于 3.15 mm 和小于 0.5 mm 的质量百分数表示，用下列公式计算。

$$RDI_{+6.3} = \frac{m_{D1}}{m_{D_0}} \times 100\% \tag{8-9}$$

$$RDI_{+3.15} = \frac{m_{D_1} + m_{D_2}}{m_{D_0}} \times 100\% \tag{8-10}$$

$$RDI_{-0.5} = \frac{m_{D_0} - (m_{D_0} + m_{D_2} + m_{D_3})}{m_{D_0}} \times 100\% \tag{8-11}$$

式中：m_{D_0}——还原后转鼓前试样的质量，g；

m_{D_1}——转鼓后大于 6.3 mm 的质量，g；

m_{D_2}——转鼓后 3.15 ~ 6.3 mm 的质量，g；

m_{D_3}——转鼓后 0.5 ~ 3.15 mm 的质量，g。

本标准规定以大于 3.15 mm 粒级的产出量 $RDI_{+3.15}$ 作为低温还原粉化的考核指标，$RDI_{+6.3}$ 和 $RDI_{-0.5}$ 为参考指标。

表 8 - 6 列出各国有关低温还原粉化测定的试验设备、试验参数和结果表示方法。与国际标准 ISO 4696 比较，我国国家标准 GB 13242，仅还原气体流量由 20 Nl/min 变为 15 Nl/min，其他参数完全相同。日本工业标准 JIS—M8714 是采用单壁还原管，在 500 ± 10℃ 下恒温还原 30 min，以小于 3 mm 的粒级质量百分数表示（$RDI_{-3.0}$），对于烧结矿一般要求 $RDI_{-3.0} < 40\%$。

表 8 - 6 低温还原粉化率测定方法

项 目		国际标准 ISO 4696	国际标准 ISO 4697	中国标准 GB 13242	日本 JIS - M8714	美国 ASTME1072
设备	还原反应管 /mm	双壁管 $\Phi_{内}75$		双壁管 $\Phi_{内}75$	单壁管 $\Phi_{内}75$	单壁管或双壁 $\Phi_{内}75$
	转鼓 尺寸/mm	$\phi130 \times 200$	$\phi130 \times 200$	$\phi130 \times 200$	$\phi130 \times 200$	$\phi130 \times 200$
	转速/(r·min⁻¹)	30	10	30	30	30
试样	数量/g	500	500	500	500	500
	粒度/mm 烧结矿	10.0 ~ 12.5	10.0 ~ 12.5	10.0 ~ 12.5	20 ± 1 或 15 ~ 20	9.5 ~ 12.5
	球团矿	10.0 ~ 12.5	10.0 ~ 12.5	10.0 ~ 12.5	12 ± 1	9.5 ~ 12.5
还原气体	组成/% $CO/CO_2/N_2$	20/20/60	20/20/60	20/20/60	26/14/60 或 30/0/70	
	流量/(Nl·min⁻¹)	20	20	15	20 或 15	
还原温度/℃		500 ± 10	500 ± 10	500 ± 10	550 或 500	500 ± 10
还原时间/min		60	60	60	30	60
转鼓时间/min		10		10	30	10
结果表示		$RDI_{+6.3}$ $RDI_{+3.15}$ $RDI_{-0.5}$	同 ISO 4696	$RDI_{+3.15}$ 考核指标 $RDI_{+6.3}$ $RDI_{-0.5}$ 参考指标	$RDI_{-3.0}$ $RDI_{-0.5}$	$LTB_{-6.3}$ $LTB_{+3.15}$ $LTB_{-0.5}$

（2）国际标准 ISO 4697 检测方法（动态法）

本试验方法是将试样直接装入转鼓内，在升温同时通入保护性气体（如 N_2），转鼓转速 10r/min，当温度升至 500℃ 时，改用还原气体（$CO/CO_2/N_2$）= 20/20/60 恒温还原 60 min，经冷却后取出，分别用 6.3 mm，3.15 mm，0.5 mm 的方孔筛分级、测定各粒级产出量。试验结果表示同 ISO 4696 标准。

其他国家也拟订了本国检测方法，如原西德奥特弗莱森（Othfresen）研究协会则采用 $\phi150$ mm × 500 mm 的转鼓，前苏联国家标准 ГOCT 19575 则采用 $\phi145$ mm × 500 mm。其他试验参数与 ISO 4697 也有差异，可参看有关资料。

试验研究表明，静态法与动态法都用于评价铁矿石低温还原粉化性能，而且两种方法的测定结果，存在良好的线性关系，如中南大学对国内 13 种烧结矿进行两种方法的对比试验，得到下列关系式：

$$S_{-3.0} = 3.49 + 1.003D_{-3.0} \qquad (8-12)$$

西德 A·科特曼试验所得结果：

$$S_{-0.5} = 0.22 + 0.66D_{-0.5} \qquad (8-13)$$

$$S_{+6.3} = 22 + 0.77D_{-6.3} \qquad (8-14)$$

静态法与动态法比较具有如下优点：

(1)静态法的还原可与还原性测定使用同一装置，气流分布均匀，测温点更接近试样的实际温度，误差小。

(2)转鼓试验在常温下进行，密封性好，操作方便，检验结果稳定。

因此大多数国家都采用静态还原后使用冷转鼓的方法(简称静态法)评价铁矿低温还原粉化性能。

8.3.3 铁矿球团相对自由膨胀指数测定

铁矿球团在还原过程中，由于 $Fe_2O_3 \rightarrow Fe_3O_4$ 时发生晶格转变以及浮士体还原可能出现的铁晶须，使其体积膨胀。若发生异常膨胀，球团碎裂直接影响炉料顺行和还原过程，目前球团矿的还原膨胀指数已被作为评价球团矿质量的重要指标。

以相对自由膨胀指数表示的球团矿膨胀性能的测定方法有多种，但无论哪种测定方法都应满足如下要求：①试样在还原过程中应处于自由膨胀状态；②应在 900~1000℃下还原到浮士体，进而还原成金属铁；③应保证在密封条件下，还原气体与球团矿试样充分反应；④能充分反映还原前后球团矿总体积的变化。

世界各国测定球团矿自由膨胀的方法列于表 8-7。

表 8-7 球团矿相对自由膨胀指数测定方法

项目		国际标准 ISO 4698	中国 GB 13240	日本 JIS—M8715	瑞典 LKAB 法	西德 Lussion 法
装置		竖式加热炉 反应管 $\Phi_内75 \times 800$ 三层容器	竖式加热炉 反应管 $\Phi_内75 \times 800$ 三层容器	卧式加热炉 反应管 $\phi30 \times 360$ 石英舟 $70 \times 20 \times 5$	竖式加热炉 反应管 $\Phi_内75 \times 640$ 三层容器	反应管 $\phi60 \times 650$
试样	球团尺寸/mm	10.0~12.5	10.0~12.5	>5	10.0~12.5	10.0~12.5
	球团数量/个	3×6	3×6	2×3	3×6, 或 60 g	60 g
还原气体	组成/%					
	CO/N$_2$	30/70	30/70	30/70	40/60	40/60
	流量/(Nl·min^{-1})	15	15	5	20	15
	还原温度/℃	900±10	900±10	900±10	1000±5	900, 950, 1000

续表 8－7

项目	国际标准 ISO 4698	中国 GB 13240	日本 JIS—M8715	瑞典 LKAB 法	西德 Lussion 法
还原时间/min	60	60	60	15，40，70，120	15，30，45， 60，90
球团体测定法	OKG 法 排汞法	OKG 法 排水法	排汞法	排汞法	直径法
试验结果表示	还原膨胀 指数，% $S_w = \dfrac{V_1 - V_0}{V_0} \times 100$	还原膨胀 指数，% $RSI = \dfrac{V_1 - V_0}{V_0} \times 100$	S_w	S_w	S_w

下面介绍中华人民共和国国家标准 GB 13240 的检测方法。本方法是参照国际标准 ISO 4698 拟订的。将一定粒度 10.0 ~ 12.5 mm 的铁矿球团，在 900℃ 下等温还原，球团矿发生体积变化，测定还原前后球团矿体积变化的相对值，用体积百分数表示。

测定步骤分球团矿还原和球团矿体积测定两部分。

（1）球团矿还原试验

采用 GB 13241 还原性测定同一装置，同时，为保证球团矿在还原过程处于自由状态，管内分三层放置由不锈钢板制作的试样容器。随机取 10.0 ~ 12.5 mm 的无裂缝球 18 个，每层 6 个成自由状放在容器上（见图 8－5）。

（2）还原球的体积测定

常用的有 OKG 法、排汞法、排水法和直径法。

①OKG 法。先使球团矿表面形成一层疏水的油酸钠水溶液薄膜，并用煤油稳定这层薄膜后，分别测定球团在空气中和水中的质量，计算球团矿体积。

这一测定方法按图 8－6 中（a），（b），（c）的顺序进行。

a. 把球团矿装在吊篮内，放入油酸钠的水溶液中浸泡 30 min，然后取出球团用泡沫塑料吸去黏附在球团表面的残留物。

b. 将已形成油酸钠薄膜的球团放入吊篮，在煤油中浸泡 10 s，以稳定油酸钠薄膜。自煤油中取出球团，同一方法去除球团表面的煤油残留物。

c. 将经油酸钠和煤油处理后的球团试样，在水中称出其质量 m_1。

从水中取出球团试样同一方法去除表面的残留水，称出球团矿在空气中的质量 m_2，吊篮的质量为 m_3。用下式计算球团的体积 V。

$$V = \frac{m_2 - (m_1 - m_3)}{\rho} \qquad (8-15)$$

式中：V——球团试样体积，cm^3；

$\quad\quad m_1$——吊篮和球团和试样在水中的质量，g；

$\quad\quad m_2$——球团试样在空气中的质量，g；

$\quad\quad m_3$——吊篮在水中质量，g；

$\quad\quad \rho$——测量温度下水的密度，g/cm^3。

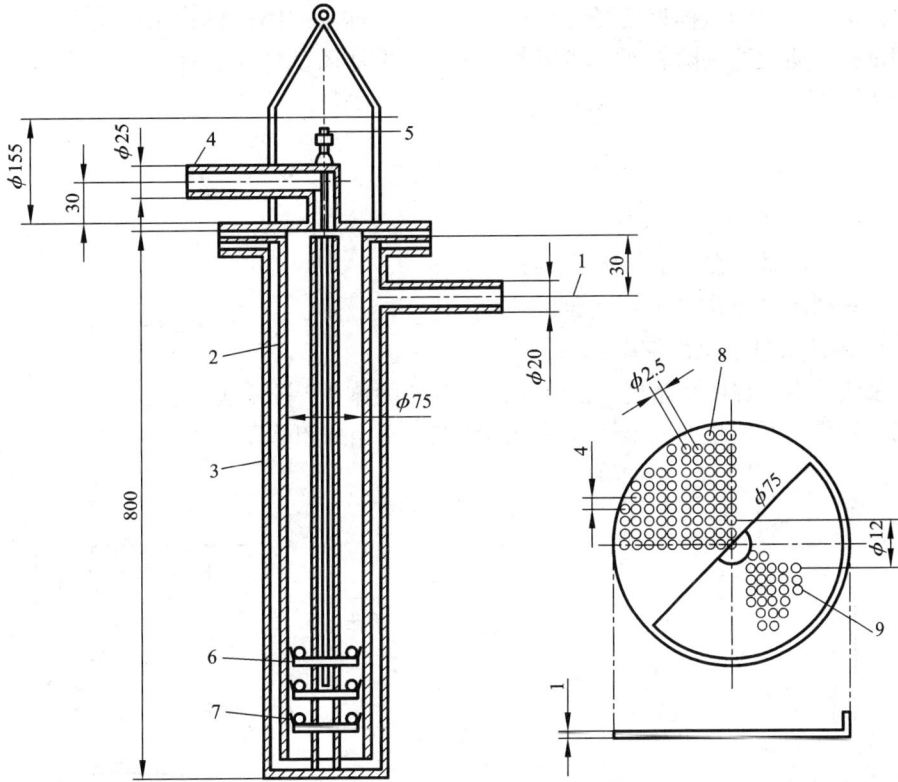

图 8-5 球团矿还原度及膨胀率的检验装置

1—气体入口；2—反应管内管；3—反应管外管；4—气体出口；5—热电偶；
6—支架；7—试验样品；8—放置钢丝篮的多孔板设计；9—放置支架的多孔板设计

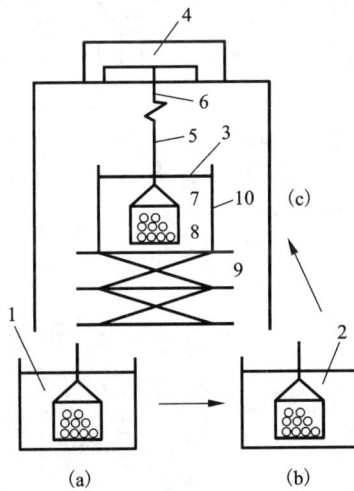

图 8-6 OKG 法操作程序

1—油酸钠水溶液；2—煤油；3—水；4—天平；5—沉锤；
6—钓鱼线；7—吊篮；8—球团矿；9—支架；10—烧杯

OKG 法测量精度高，但操作比较复杂。

②水浸法。将球团试样直接浸泡在水中 20 min，称出球团试样在水中质量 m_1。从水中取出球团试样用吸收器去除表面的残留水，然后称出球团试样在空气中的质量 m_2。用下式计算球团体积 V。

$$V = \frac{m_2 - m_1}{\rho} \tag{8-16}$$

式中：V——球团试样体积，cm^3；

    m_1——球团试样在水中的质量，g；

    m_2——球团试样在空气中的质量，g；

    ρ——测量温度下水的密度，g/cm^3。

③排汞法。在比球团矿密度大的水银中测定球团体积，排汞法有容积法和重量法，容量法是球团试样排出同体积的水银计算球团的体积。常用球团体积计如图 8-7。

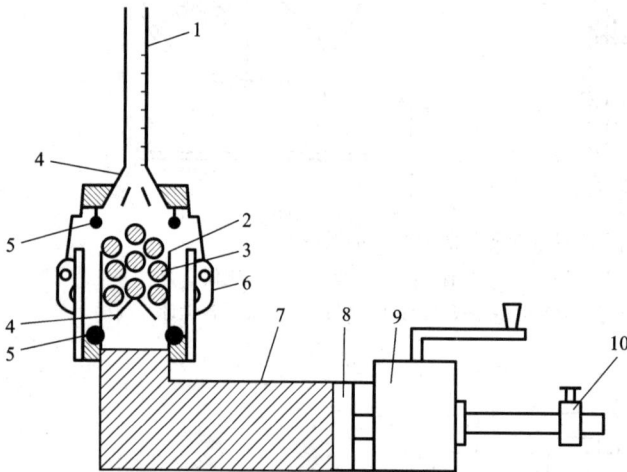

图 8-7　容量法测定球团体积装置

1—计量管；2—样品容器；3—试样；4—试样支架；5—密封；
6—卡扣；7—水银容器；8—活塞；9—手柄；10—止动器

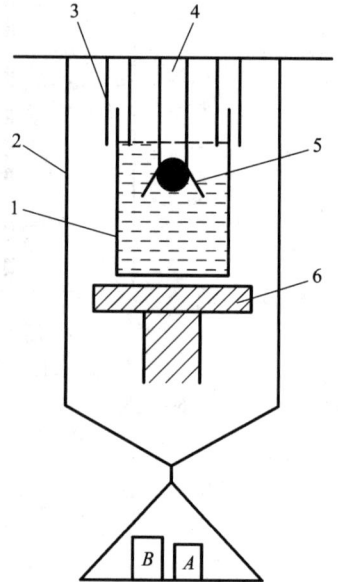

图 8-8　重量法测定球团体积装置

1—水银容量；2—吊架；3—导向棒；
4—压杆；5—球团试样；6—支架

重量法则是以球团试样在水银中所受浮力的大小计算体积，图 8-8 为重量法球团体积计。测得结果按正式计算：

$$V = \frac{m_B - m_0}{\rho_{Hg}} \tag{8-17}$$

式中：V——球团试样体积，cm^3；

    m_B——砝码 B 的质量，g；

    m_0——球团矿在空气中的质量，g；

    ρ_{Hg}——水银的密度，g/cm^3。

实践证明，排汞法与水浸法测定结果相近，但对于含有裂纹的球团，由于水银渗入会影响测定准确性，而且水银对人体有害，排汞法逐渐被淘汰。我国国际推荐 OKG 法和水浸法。

④直径法。将一次试验的试样排成一行，球之间接触而不挤压，按三个方向测出直径和，算出平均直径再换算成体积。直径法操作简单，适用于多球的体积测定。与水浸法相比，对于不裂或微裂纹的球团矿，即使膨胀很大，两者结果一致。但对外形不规则的球团矿，其测定误差较大。

也有用光学投影法测球团矿直径，此法可在动态条件下观察到球团体积变化，便于过程研究。

8.3.4　铁矿石还原软化—熔融性的测定

高炉内软熔带的形成及其位置，对炉内气流分布和还原过程都将产生明显的影响。为此，许多国家对铁矿石的软熔性能进行了广泛深入研究，各种有关软熔性的测定方法也相继出现。但到目前为止都没有统一的标准，对软熔性的评价指标也不尽相同。一般以软化温度及软化区间、软熔带的透气性、熔融滴下物的性状作为评价指标。近年来我国在这方向也开始进行大量研究工作。下面介绍两种测试方法。

（1）荷重软化—透气测定

本试验方法模拟炉内的高温熔融带，在一定荷重和还原气氛下，按一定升温制度，以试样在加热过程中的某一收缩值的温度表示起始的软化温度、终了温度和软化区间，以气体通过料层的压差变化，表示熔融带对料层透气性的影响。

图 8 - 9 为荷重软化—熔滴试验装置简图。该装置包括如下主要组成部分。

①反应管为高纯 Al_2O_3 管，试样容器为石墨坩埚，其底部有小孔，坩埚尺寸取决于试样量，从 $\phi48$ mm 至 $\phi120$ mm，推荐尺寸 $\phi70$ mm。装料高度 70 mm。

②加热炉使用硅化钼或碳化硅等高温发热元件，要求最高加热温度可达 1600℃，采用程序升温自动控制系统。

③上部设有荷重器及荷重传感器记录仪。

④底部设有集样箱（见图 8 - 10），用于接受熔融滴落物。

⑤设有温度、收缩率及气体通过料层时的压力损失等自动记录仪表。

图 8 - 11 为某高碱度烧结矿熔滴试验的加热曲线，以及该升温制度下所获得的熔滴

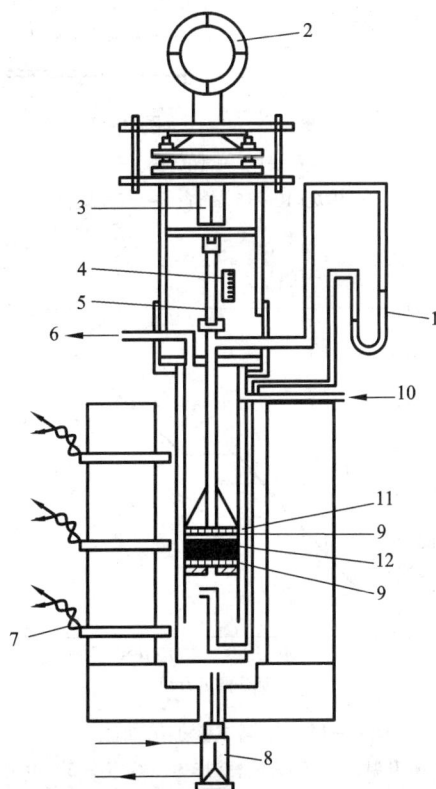

图 8 - 9　O.伯格哈特测定物料在高温还原荷重条件下料层的透气性装置

1—压力降；2—秤；3—活塞气缸；4—料层高度指示；
5—活塞杆；6—气体出口；7—热电偶；8—活塞气缸；
9—氧化铝球；10—煤气入门；11—带孔压板；12—试样

特性曲线图 8 – 12，当压差上升转而下降时的温度即为开始滴落温度。

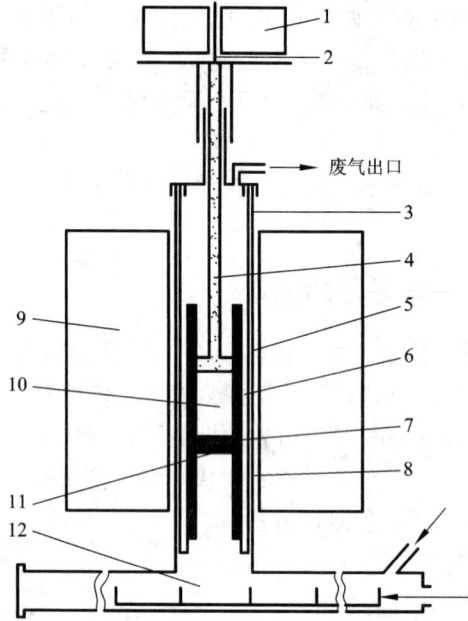

图 8 – 10 铁矿石熔化特性的试验装置

1—荷重块；2—热电偶；3—氧化铝管；4—石墨棒；5—石墨盘；6—石墨坩埚(ϕ48 mm)；
7—焦炭(10 ~ 15 mm)；8—石墨架；9—塔曼炉；10—试样；11—孔(ϕ8 mm×5)；12—试样盒

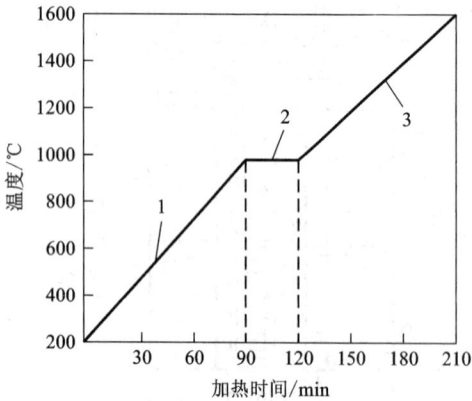

图 8 – 11 熔滴试验加热曲线

1—100% N_2升温；2—100% N_2恒温；3—CO/N_2 = 30/70 升温

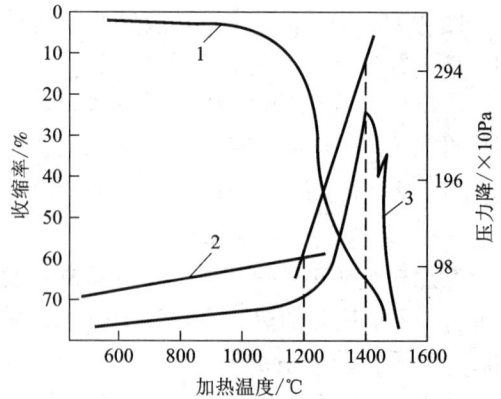

图 8 – 12 高碱度烧结矿熔滴特性

1—收缩率；2—透气性指数；3—压力降

表8-10 几种铁矿石荷重软化入熔滴特性测定方法

项 目		国际标准 ISO/DP7992	中国 中南大学	日本 神户制钢所	德国 阿亨大学	英国 钢铁协会
试样容器/mm		ϕ125 耐热炉管	ϕ70 带孔 石墨坩埚	ϕ75 带孔 石墨坩埚	ϕ60 带孔 石墨坩埚	ϕ90 带孔 石墨坩埚
试样	预处理	不预还原	不预还原	不预还原	不预还原	预还原度60%
	重量/g	1200	料高 70 mm	500	400	料高 70 mm
	粒度/mm	10.0~12.5	10.0~12.5	10.0~12.5	7~15	10.0~12.5
加热	升温制度	1000℃恒温 30 min >1000℃, 3℃/min	1000℃恒温 30 min >1000℃, 3℃/min	1000℃恒温 60 min >1000℃, 6℃/min	900℃恒温 >900℃, 4℃/min	950℃恒温 >950℃, 3℃/min
	最高温度/℃	1100	1600	1500	1600	1350
还原气体	组成/% CO/N_2	40/60	30/70	30/70	30/70	40/60
	流量(Nl·min^{-1})	85	15	20	30	60
荷重 980×10^2 Pa		0.5	0.5~1.0	0.5	0.6~1.1	0.5
测定项目 评定标准		ΔH, ΔP, T $R=80\%$时 ΔP $R=80\%$时 ΔH	ΔH, ΔP, T $T_{1,4,10,40\%}$ T_s, T_m, ΔT	ΔH, ΔP, T $T_{10\%}$ T_s, T_m, ΔT	ΔH, ΔP, T T_s, T_m ΔT	ΔH, ΔP, T $\Delta P - T$ 曲线 T_s, T_m, ΔT

$T_{10,40}$—收缩率10%, 40%时的温度; T_s, T_m—压差陡升温度及滴落开始温度;

ΔT—软熔区间; ΔP—压差; ΔH—形变量; R—还原度。

比较有代表性的是德国奥特弗莱森研究院伯格哈特(O. Burghardt)等人研制的高温还原荷重—透气性测定装置,该装置由加热炉、荷重器、反应管及料层压力差、料层收缩率记录仪组成。该装置采用带孔板的 ϕ125 mm 的反应管,试样置于孔板上的两层氧化铝球之间,荷重通过气动活塞传给试样,还原气体经双壁管被预热后从孔板下部进入料层。反应管吊挂在天平上,还原过程的质量变化可以从天平称量读出。

试验条件:试样 1200 g,粒度 10.0~12.5 mm,还原气体 CO/N_2 = 40/60,流量 85 Nl/min,荷重 5 N/cm²,等温还原温度 1050℃(或1100℃)。

试验结果表示:①以还原度80%时收缩率(ΔH)和压力降(ΔP)作软化性评定标准;②以 $\left(\dfrac{dR}{dt}\right)_{40}$ 作为还原度的评定标准。

本试验方法能较好地模拟高炉生产,已由国际标准化组织修改,于1984年拟订 ISO/DP7992 铁矿石荷重还原—软化性的检测方法试行草案,其流量为 85 Nl/min,温度 1050±5℃。

(2)荷重软化—溶滴性测定

当炉料从软化带进入熔融状态时,试验温度仅为1050℃(或1100℃),已不能真正反映高炉下部炉料的特性,因而要求在更高温度(1500~1600℃)下,把测定软化特性与熔融滴落特性结合起来考虑。熔融滴落特性一般用熔融过程中物料形变量、气体压差变化及滴落温度来表示。

第 9 章　造块产品微观结构与矿相分析

在钢铁冶金试验研究中，通常把烧结矿、球团矿、炉渣、耐火材料等称之为人造矿。矿物的宏观性质与微观结构是紧密相连的，从微观着手对其物相组成和显微结构进行分析和鉴定可深入了解人造矿的性能。因此，要研究某些物质性能，往往需从微观着手，对矿物的形态、结构和组成进行研究，作出客观评价，找出其形成规律并通过控制工艺过程生产出优质的人造矿物。

这些分析，一般借助于微观分析仪，常用的有光学显微镜、电子探针、扫描电镜和 X 射线衍射仪等。各类仪器都有它的特点和局限性，研究中可根据物相分析的对象和目的合理选用。

对于从事钢铁冶炼工艺的科技人员来说，应了解各种仪器的工作原理、特点、测试内容及对样品要求。

9.1　光学显微镜分析

光学显微镜按其功能分：岩相显微镜和矿（金）相显微镜。

镜下矿物经光学系统的放大，可观察到所鉴定矿物的物相形态、大小、数量及分布情况，并结合物相的物理和化学性质确定各种矿物的物相组成和结构特征，作为显微鉴定矿物的依据。

9.1.1　鉴定试样的制备

人造矿中要鉴定的矿物可以划分为不透明矿物、透明矿物和半透明矿物。

不透明矿物主要是指金属矿物，如磁铁矿、赤铁矿、黄铜矿、黄铁矿等。这些不透明矿物可在反光显微镜下进行识别鉴定。

透明矿物主要是指非金属矿物，如石英、云母、方解石、萤石等这些透明矿物可在透光显微镜下进行识别鉴定。

半透明矿物是指那些介于不透明矿物与透明矿物二者之间的矿物，也就是说，既含有不透明矿物的成分，又含有透明矿物的成分。如铁酸钙（$CaO \cdot Fe_2O_3$）、铁橄榄石（$2FeO \cdot SiO_2$）等矿物均属半透明矿物。半透明矿物在反光和透光显微镜下都会显示相应的光学性质，可以选择进行识别鉴定。如铁酸钙大多数是在反光显微镜下进行鉴定，铁橄榄石大多数是在透光显微镜下进行鉴定。它们各自在不同的显微镜下显示自己的特征。

为适用在显微镜下观察不同类型的矿物，人造矿在进行显微鉴定时，必须将样品分别磨片制成：光片、光薄片和薄片。

（1）光片的磨制

光片用于鉴定不透明矿物。选取有代表性矿物，用切片机切割成 30 mm × 20 mm × 10

mm 的长方形块以便磨制。对于致密紧硬的样品可直接磨制，对以松散的样品需先用树枝胶结成块后再进行磨制。光片磨制步骤：

$$粗\ 磨\ →\ 中\ 磨\ →\ 细\ 磨\ →\ 精\ 磨\ →\ 抛\ 光$$

磨片材料：金刚砂　　金刚砂　　金刚砂　　氧化铝粉　　氧化铬粉

$$120\sim150^{\#}\quad 400\sim500^{\#}\quad 800\sim1000^{\#}$$

设　　备：磨片机　　磨片机　　磨片机　　玻璃板　　　抛光布

直到样品磨制面很光亮为止，然后用水洗净，用干丝绒布擦干，切勿用手触摸。经编号后放置在干燥器内，防止光片粉化或氧化。

（2）光薄片的磨制

当需要鉴定人造矿中的透明矿物和半透明矿物（如硅酸钙、橄榄石和铁酸钙等）时，样品必须磨制成 0.03 mm 的光薄片。先将样品切割成 30 mm×20 mm×5 mm 的长方形，将其一面磨光洗净，然后用固体光学树胶将光面贴紧在玻璃片上，再反过来将样品磨制其厚度 0.03 mm 为止，进行抛光洗净、编号备用。这种光薄片既可以作光片用，又可作薄片用。

（3）薄片的磨制

薄片用来研究透明矿物、在偏光显微镜下进行鉴定。样品的磨制过程基本与光薄片相同，只是样品磨制到 0.03 mm 后不必抛光，然后用液体光学树胶盖玻璃粘在矿片的表面上。样品在磨成薄片前，将其浸在树胶中煮胶，然后再磨制成薄片。

9.1.2　岩相显微镜

岩相显微镜带有偏光镜，又叫偏光显微镜如图9－1，偏光显微镜在透射光下测定透明矿物的光学性质的光学仪器，所用样品需磨成可 0.03 mm 的薄片才能观察。

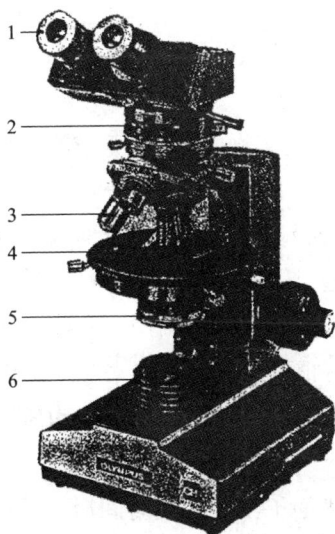

图9－1　岩相显微镜

1—目镜；2—上偏光镜；3—物镜；
4—载物台；5—下偏光镜；6—光源

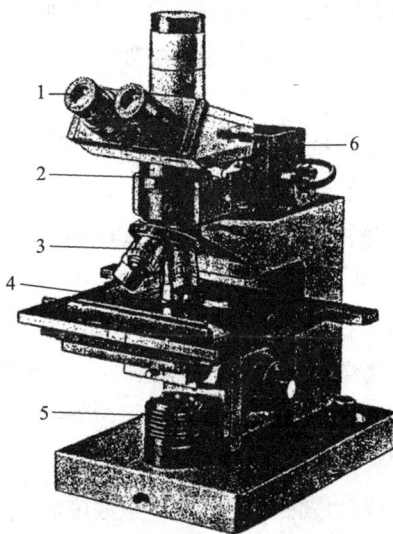

图9－2　岩相矿相两用的显微镜

1—目镜；2—上偏光镜；3—物镜；
4—载物台；5—透射光源；6—反射光源

铁矿粉造块的原料中 Fe_2O_3，FeO，CaO，MgO，SiO_2，Al_2O_3 等在高温造块过程中发生一系列物理化学变化，形成硅灰石（$CaO \cdot SiO_2$）、辉石（$CaO \cdot MgO \cdot SiO_2$）、长石（$CaO \cdot Al_2O_3 \cdot SiO_2$）、铁橄榄石（$FeO \cdot 2SiO_2$）、铁酸钙（$CaO \cdot Fe_2O_3$）等各种类型的胶结相或固熔体。这些矿物都是透明矿物或半透明矿物，需要在偏光显微镜下进行鉴定。系统鉴定由下面三部分组成。

①单偏下观察。所谓单偏光就是只用一个偏光镜观察，通常用下偏光镜，观察晶形和解理；识别颜色和多色性；比较矿物折射率的高低，可作为鉴定矿物依据。

②正交偏光下观察。就是同时使用上偏光镜和下偏光镜，可得到一个相互垂直且近于平行的光束，即正交偏光。薄片试样在正偏光下，因矿物性质和切片方向不同，可根据其消光现象、干涉色及干涉角来鉴定矿物。

③锥光下观察。在正偏光镜的基础上，在载物台和下偏光镜之间加上聚光镜，换用高倍的物镜，推入勃氏镜或取掉目镜，便构成锥光系统。在锥光下可观察到矿物干涉图，根据其图形特点来鉴定矿物。

9.1.3 矿相显微镜

矿相显微镜，主要是鉴定不透明矿物的光学仪器，它与岩相显微镜的最大不同是带有垂直照明器和前偏光镜，光源是通过照明器的反射器，将光线向下投射到矿物光片的表面，再从光片的表面向上反射到目镜进行观察。图 9-2 是岩相矿相两用的显微镜，即在同一台显微镜上可同时进行岩相和矿相鉴定。

人造矿中存在大量的不透明矿物，如 Fe_3O_4，Fe_2O_3，FeO，FeT_iO_3，FeS，MnO，CuO 等，这些矿物需在反光显微镜下进行鉴定。鉴定内容包括：矿物形态（结晶）的观察；矿物双色反射和反射多色性的观测；光片的浸蚀鉴定。

矿相显微镜的鉴定方法如下：

①明视场下观察。光线由照明器引入垂直照射到光片样品上，再由样品反射到目镜以供观察（见图 9-3），这种叫明视场观察。在明视场下可观察到矿物的组织、形状、颗粒大小及其分布、数量、色彩、反射能力，还可以测显微硬度。

②暗视场下观察。光线斜照在光片上。当斜射的光线投到不透明矿物上时就向一侧反射如图 9-4 中 1，6，7 光束，这些光不进入目镜，视域黑暗，称暗视场。部分斜光照在透明或半透明矿物时，有的遇到反射体而产生暗场下垂直的反射光如图 9-4 中 2，3，4，5 光束进入目镜，这样在暗场下可观察到透明矿物的内反射现象。可根据内反射特点来鉴定矿物。

③偏光镜下观察。当插入前偏光镜和上偏光镜时，在正偏光下可鉴别矿物均质性和非均质性。

④光片浸蚀鉴定。把一定浓度的化学试剂涂在光片表面上浸蚀一段时间后，在明视场下观察各种矿物对不同试剂的反应特征作为矿物鉴定的依据。

采用光学显微镜通过上述各种方法对样品进行物相鉴定，结合样品的化学及其物理性状的测定观察，经过综合分析比较，一般能对矿物做出准确鉴定。这对于人造矿的化学组成、形成条件及性质，都有实际意义和理论价值。

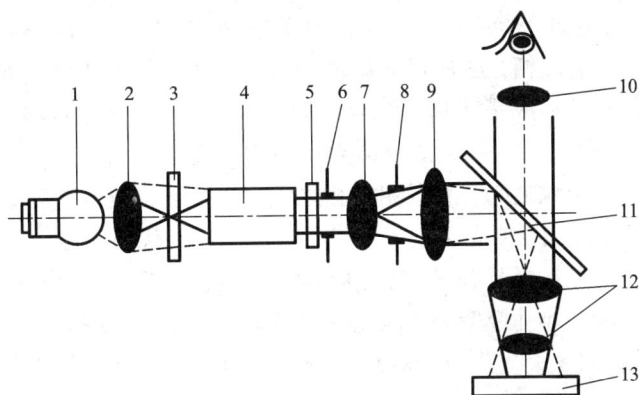

图 9-3 矿相显微镜垂直照明器的光路图

1—灯泡；2—光源聚光镜；3—滤光片；4—前偏光镜；5—固定毛玻璃；6—口径光圈；7—透镜；
8—视野光圈；9—校准透镜；10—目镜透镜；11—玻璃片反射镜；12—物镜透镜系统；13—矿石光片

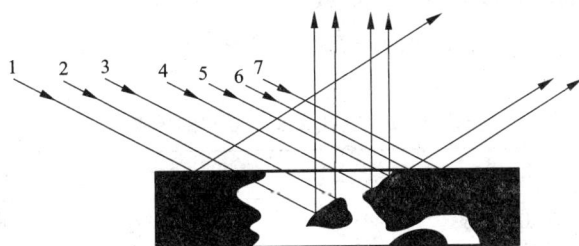

图 9-4 倾斜照明下的光线图示

9.2 人造矿矿物组成与显微结构特征

(1)矿物组成

烧结矿和球团矿中常见含铁的矿物组成有磁铁矿(Fe_3O_4)、赤铁矿(Fe_2O_3)、富氏体(Fe_xO)。黏结相矿物有硅酸钙($CaO \cdot SiO_2$)、铁橄榄石($2FeO \cdot SiO_2$)、钙铁橄榄石($CaO \cdot FeO \cdot SiO_2$)、铁酸钙($CaO \cdot Fe_2O_3$)、镁橄榄石($2MgO \cdot SiO_2$)、镁蔷薇辉石($2CaO \cdot MgO \cdot SiO_2$)、镁黄长石($2CaO \cdot MgO \cdot 2SiO_2$)等。同时当原料含有其他矿物成分时，人造矿的矿物组成也会发生改变。如含氟化钙(CaF_2)时，烧结矿中会出枪晶石($2CaO \cdot 2SiO_2 \cdot CaF_2$)、如原料中含有 TiO_2 矿物时，就会出现钙钛矿($CaO \cdot TiO_2$)。

(2)显微结构

人造矿物特性不仅仅取决于矿物的元素含量及其矿物组成，还与矿物的结构紧密相连。在显微镜下观察人造矿结构包括各种矿物形态、颗粒大小及其分布、各组分的嵌布状况。

1)矿物形态。又称晶形，矿物的晶形与矿物所属的晶系及矿物结晶时的物理化学条件有关，所以晶形是矿物的一种特征。矿物在集合体中的形态按其晶形发育程度不同分为自形晶、半自形晶和他形晶三种。

2)胶结。烧结矿是黏结相和液相冷凝固结，球团矿是铁矿颗粒间再结晶连接。因此，人造矿的集合体中相与相、颗粒与颗粒间的胶合作用是决定烧结矿、球团矿获得高强度的前提条件。

在高碱度烧结矿中由于铁酸钙大量生成，铁酸盐液相量较多，磁铁矿常受侵蚀与铁酸钙熔蚀在一起，形成新的熔蚀相，这种相互渗透的熔蚀结构，是矿物之间的一种极好胶结，其胶结力最大。另一种胶结形成是同相交织与异相交织，如铁酸钙呈针状，常与磁铁矿或赤铁矿相互交织在一起，这种胶结结构，其胶结力也很大。还有一种胶结是以填充的形式出现，即胶结相填充在颗粒与颗粒之间，或者相与相之间，其胶结力较大。胶结力较差的是那种晶粒之间少胶结或者假象胶结，独立相较多。优质烧结矿需要优质胶结。

3）气孔。在显微视域中，烧结矿呈现大大小小的气孔，按气孔结构分：大孔薄壁、中孔薄壁、大孔厚壁、中孔厚壁、小孔厚壁等不同孔壁的结构，其强度依次排列为：小孔厚壁 > 中孔厚壁 > 大孔厚壁 > 中孔薄壁 > 大孔薄壁，根据有关研究，烧结矿强度与气孔率有如下关系：

$$\delta = \delta_0 e^{-np}$$

式中：δ——强度；

δ_0——没有气孔时的强度；

P——气孔率；

n——与气孔率的形状取向有关的常数，烧结矿 $n = 6$。

取不同的气孔率，可以计算不同的强度值，见表 9-1。

表 9-1　气孔率 p 与 e^{-pn} 的关系

气孔率 P/%	10	20	30	40	50
e^{-pn} 值	0.5488	0.3012	0.1653	0.0907	0.0498

从强度的角度上讲，烧结矿气孔率越大强度越差。从还原性能的角度上讲，烧结矿气孔率越大还原性能越好，气孔率越小，还原性能越差，在相互矛盾中，必须二者兼顾，取一适宜的值，烧结矿气孔率一般在 35% ~ 40% 较好。

4）裂纹。在烧结矿存在着不同程度的裂纹。裂纹是一种破坏性行为，有微细裂纹破坏性较小、粗裂纹破坏性较大、贯穿性的裂纹破坏性最大，它可以把烧结矿分成许多小块，导致烧结矿中的粉末量增加。

9.3　电子显微分析

电子显微分析是将聚焦到很细的高速电子束打到试样上的微小区域上，把产生的不同信息加以收集、整理和分析，得出被观察对象的微观形貌、结构和成分等有用的相关资料的仪器。电子与物质的交互作用和产生的各种信息，就是电子光学微观分析的基本原理；而信息的处理和应用，就是分析器的特点。根据这些特点，把分析器分为透射电子显微镜、扫描电子显微镜、电子探针等。

9.3.1　透射式电子显微镜(TEM)

电子显微镜是利用电子光原理制成的一种显微镜，它的基本构造与光学显微镜相似，主要是由电子枪、聚光镜、物镜、投影镜(目镜)、真空系统、物镜、投影等都是轴对称的磁场，它能折射并会聚电子，可起到与透镜相似的作用，统称为电子透镜或磁透镜。真空系统是为了防止电子与大量气体分子碰撞而损耗能量的装置，确保电子有效利用。图9-5是电子显微镜工作原理图，从电子枪发射出具有一定波长的高速电子流，由聚光镜收缩成极细的电子束，并轰击在很薄的样品上。由于电子质量远远小于矿物的原子和分子的质量，所以轰击样品的电子遇到样品内的原子时，就发生散射。这样，样品中原子所在地方穿过电子数较少，在样品后面就形成了电子穿不透的暗区。只有在样品内原子与原子之间的间隙中，才有大量的电子穿透，从而形成电子穿不透的亮区。这些反映样品内部结构的透射电子，经过物镜、第一中镜、第二中镜和投影镜四级放大的成象，最后投射在荧光屏上。它的特点是具有极大的分辨本领，放大倍数最高可达80万倍。线分辨本领可达到1.44Å，已接近原子的直径，在荧光屏上可直接观察到晶体的晶格图象。

提供样品的注意事项：

①样品厚度不得超过数百埃(Å)；

②因样品在处于高真空条件下观察，对其所含水分和其他挥发分及酸碱物质应预先处理；

③样品应具有良好的化学稳定性及强度，以保证在电子束轰击下不致于分解、损坏或发生其他变化，样品也不能因此而荷电；

④应保证样品绝对清洁，以保证图象质量和真实性。

9.3.2 扫描电子显微镜(SEM)

扫描电镜由电子光学系统、信号接受处理显示系统、供电系统、真空系统四部分组成。图9-6示出它的前两部分的结构原理。电子光学部分只有起聚焦作用的会聚透镜，而没有透射电镜里起成像放大作用的物镜、中间镜和投影镜。它们的作用是用信息接受处理显示系统来完成的。

在扫描电镜中，电子枪发出的电子束经过三个电磁透镜聚焦后，成为直径20 μm～2.5 nm的电子束，末级透镜上的扫描线圈能使电子束在试样表面上扫描，试样在电子束作用下激发出上述各种信息，设在试样附近的探测器把信息接受下来，经过调制放大系统，输送到显像管栅极以调制显像管理的亮度。由于显像管中的电子束和镜筒中电子束是同步扫描的，显像管上各点的亮度由试样上各点激发出的电子停息强度来调制，即试样表面任一点收集的信息强度与显像屏上相应点亮度之间是相对应的，由此得到的像是试样状态的反映。放置在试样斜上方的波谱仪和能谱仪是用来收集X射线，以实现X射线微区成分分析。

扫描电镜是一种快速、直观、综合性的大型分析仪器，其特点是：

①分辨率高，通过二次电子成歇脚能观察到试样表面6nm左右的微区状况；

②仪器观察、记录图像放大倍数范围大，从10倍到15万倍连续可调；

③观察景深大，富有立体感，可以直接观察起伏较大的粗糙表面；

④制样简单，图像可近于试样真实状态；

⑤为适应不同分析目的要求，在扫描电镜上可以配备多种专用附件，从而使扫描电镜同时具有透射电子显微镜(TEM)、电子探针X射线显微分析仪(EPMA)、电子衍射仪(ED)等多功能的分析仪器，加上适当的附件后，可以动态观察在加热、冷却、形变、还原、氧化条件下显微结构形态变化。

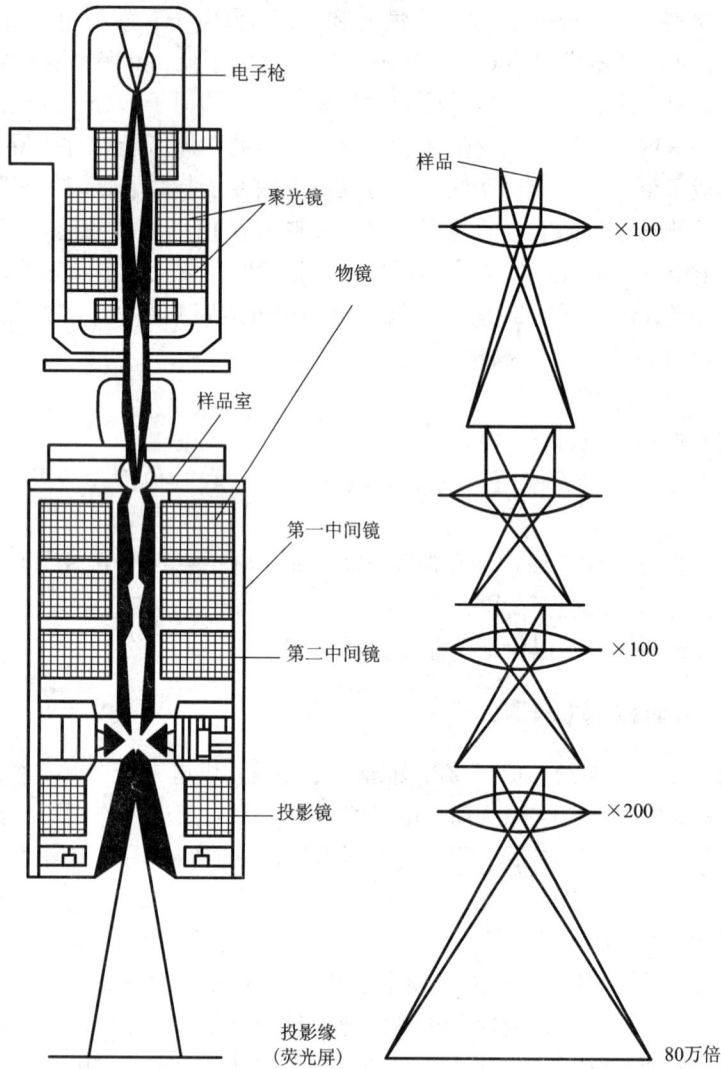

图 9-5　电子显微镜原理图

9.3.3　电子探针微区分析

电子探针实质上是由扫描电镜与 X 射线分光光度计两种仪器组合而成。由于用来激发 X 射线的电子束很细(约 1 μm)，婉如针状，因此常简称为电子探针。它是一种测量微区微量成分的仪器，可直接分析块状试样直径为 1 μm 区域的成分，相对灵敏度为万分之一到万分之五，分析范围为原子序数 4 以上的元素，利用柯塞尔(Kossel)效应还可以进行晶体学分析。由于它与扫描电镜具有同样结构，因此具有扫描电镜功能。现代电子探针是以成分分析精度高为特点，显微像观察作为辅助手段，因为两者的电子束电流、直径及工作距离存在着差异，如表 9-2 所示，同一台仪器上不能同时满足高精度成分分析及高分辨率显像对电子束的要求。

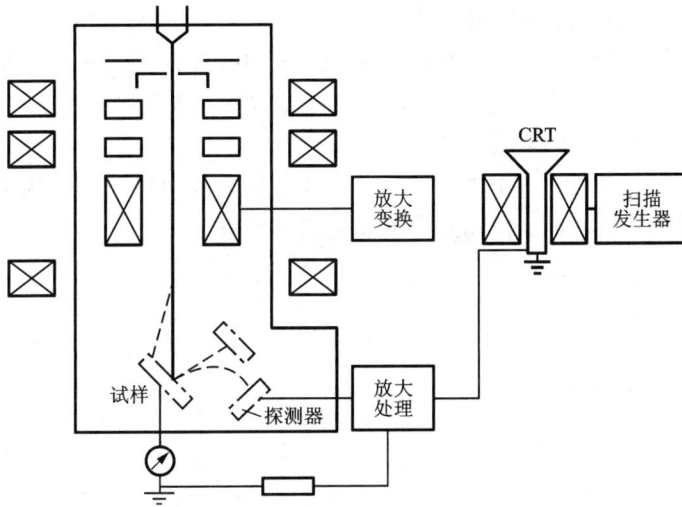

图 9 - 6　扫描电镜结构原理

表 9 - 2　微区成分分析与高分辨显像电子束工作参数

工作内容	束流/A	束直径/μm	工作距离
微区成分分析	$10^{-8} \sim 10^{-7}$	$0.1 \sim 1$	小
高分辨显微像	$10^{-12} \sim 10^{-11}$	$0.01 \sim 0.005$	大

图 9 - 7 为电子探针 X 射线显微分析仪示意图。

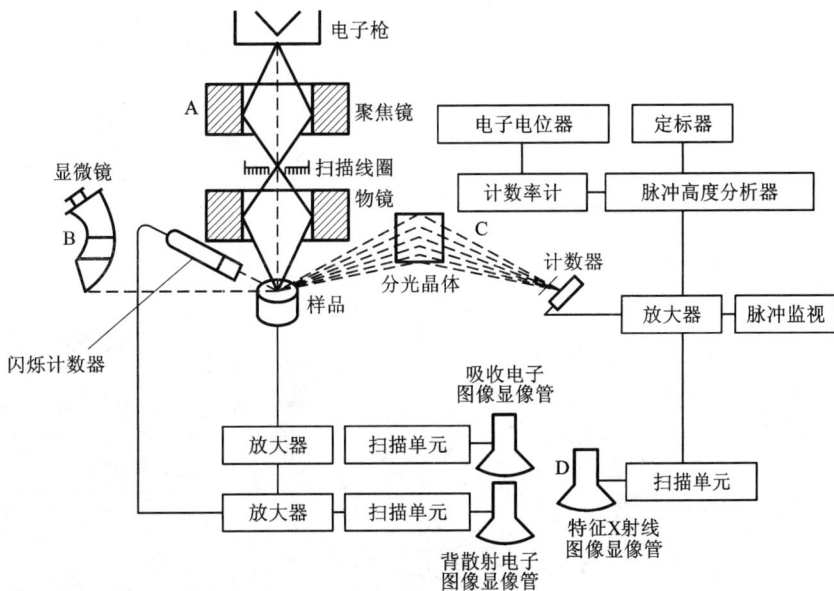

图 9 - 7　电子探针 X 射线显微分析仪装置

现代电子探针是用 X 射线、背散射电子象和吸收电子象进行成分分析的。前者不但能定性，而且能定量。后两者只能给出定性结果。

X 射线分析是借助于分析试样发出的元素特征 X 射线波长和强度来实现的，根据波长定出试样所含的元素，根据强度定出元素的相对含量。对特征 X 射线波长的测定有波谱分析法和能谱分析法，现代电子探针两者都用。

电子探针另一个用途是把它作为一个细聚焦 X 射线管，用来进行微区 X 射线结构分析，测定 50 μm 的晶粒之间的取向，精确测出单晶的点阵参数。

附 录

附录1 具有 V 个自由度的 t 分布概率点

V \ $\alpha/2$	0.4	0.25	0.1	0.05	0.025	0.01	0.005	0.0025	0.001	0.0005
1	0.325	1.000	3.078	6.314	12.706	31.82	63.657	127.32	318.326	636.62
2	0.289	0.816	1.886	2.920	4.303	6.965	9.925	14.089	22.326	31.598
3	0.277	0.756	1.638	2.353	3.182	4.541	5.841	7.453	10.213	12.924
4	0.271	0.741	1.533	2.132	2.776	3.747	4.604	5.598	7.173	8.610
5	0.267	0.727	1.476	2.015	2.571	3.365	4.032	4.773	5.893	6.869
6	0.265	0.718	1.440	1.943	2.447	3.143	3.707	4.317	5.208	5.959
7	0.263	0.711	1.415	1.895	2.365	2.998	3.499	4.029	4.785	5.408
8	0.262	0.706	1.397	1.860	2.306	2.896	3.355	3.833	4.501	5.041
9	0.261	0.703	1.383	1.832	2.262	2.821	3.250	3.690	4.297	4.781
10	0.260	0.700	1.372	1.812	2.228	2.764	3.169	3.581	4.144	4.587
11	0.260	0.697	1.363	1.796	2.201	2.718	3.106	3.497	4.025	4.437
12	0.259	0.695	1.356	1.782	2.197	2.681	3.055	3.428	3.930	4.318
13	0.259	0.694	1.350	1.771	2.160	2.650	3.017	3.372	3.852	4.221
14	0.258	0.692	1.345	1.761	2.145	2.624	2.977	3.326	3.787	4.140
15	0.258	0.691	1.341	1.753	2.131	2.602	2.947	3.286	3.733	4.073
16	0.258	0.690	1.337	1.746	2.120	2.583	2.921	3.252	3.686	4.015
17	0.257	0.689	1.333	1.740	2.110	2.567	2.898	3.222	3.646	3.965
18	0.257	0.688	1.330	1.734	2.101	2.552	2.878	3.197	3.610	3.922
19	0.257	0.688	1.328	1.729	2.093	2.539	2.861	3.174	3.579	3.883
20	0.257	0.687	1.325	1.725	2.086	2.528	2.845	3.153	3.552	3.850
21	0.257	0.686	1.323	1.721	2.080	2.518	2.831	3.135	3.527	3.819
22	0.856	0.686	1.321	1.717	2.074	2.508	2.819	3.119	3.505	3.792
23	0.256	0.685	1.319	1.714	2.069	2.500	2.807	3.104	3.485	3.767
24	0.256	0.685	1.318	1.711	2.064	2.492	2.797	3.091	3.467	3.745
25	0.256	0.684	1.316	1.708	2.060	2.485	2.787	3.078	3.450	3.725
26	0.256	0.684	1.315	1.706	2.056	2.479	2.779	3.067	3.435	3.707
27	0.256	0.684	1.314	1.703	2.052	2.473	2.771	3.057	3.421	3.690
28	0.256	0.683	1.313	1.701	2.048	2.467	2.763	3.047	3.408	3.674
29	0.256	0.683	1.311	1.699	2.045	2.462	2.756	3.038	3.396	3.650

续上表

V \ $\alpha/2$	0.4	0.25	0.1	0.05	0.025	0.01	0.005	0.0025	0.001	0.0005
30	0.256	0.683	1.310	1.697	2.042	2.457	2.750	0.030	3.385	3.646
40	0.255	0.681	1.303	1.684	2.021	2.323	2.704	2.971	3.307	3.551
60	0.254	0.679	1.296	1.671	2.000	2.390	2.660	2.915	3.232	3.460
120	0.254	0.677	1.289	1.658	1.980	2.358	2.617	2.860	3.160	3.373
∞	0.253	0.674	1.282	1.645	1.960	2.326	2.576	2.807	3.090	3.291

附录2 F 检验临界值表，$P(F > F_\alpha) = \alpha$

（一）$\alpha = 0.01$

f_2 \ f_1	1	2	3	4	5	6	7	8	9	10	20	30	∞
1	4052	4999	5403	5625	5764	5859	5928	5981	6022	6056	6208	6258	6366
2	98.49	99.01	99.17	99.25	99.30	99.33	99.34	99.36	99.38	99.40	99.45	99.47	99.50
3	34.12	30.81	29.46	28.71	28.24	27.91	27.67	27.40	27.34	27.25	26.69	26.50	26.12
4	21.20	18.00	16.69	15.90	15.52	15.21	14.98	14.80	14.66	14.54	14.02	13.83	13.16
5	16.25	13.27	12.06	11.39	10.97	10.67	10.45	10.27	10.15	10.05	9.55	9.38	9.02
6	13.74	10.92	9.78	9.15	8.75	8.47	8.26	8.10	7.98	7.87	7.39	7.23	6.88
7	12.25	9.55	8.45	7.85	7.46	7.19	7.00	6.84	6.71	6.62	6.15	5.98	5.65
8	11.26	8.65	7.59	7.01	6.63	6.37	6.19	6.03	5.91	5.82	5.36	5.20	4.86
9	10.56	8.02	6.99	6.42	6.06	5.80	5.62	5.47	5.35	5.26	4.80	4.64	4.31
10	10.04	7.56	6.55	5.99	5.64	5.39	5.21	5.06	4.95	4.85	4.41	4.25	3.91
11	9.65	7.20	6.22	5.67	5.32	5.07	4.88	4.74	4.63	4.54	4.10	3.94	3.60
12	9.33	6.93	5.95	5.41	5.06	4.82	4.65	4.50	4.39	4.30	3.86	3.70	3.36
13	9.07	6.70	5.74	5.20	4.85	4.62	4.44	4.30	4.19	4.10	3.67	3.51	3.16
14	8.86	6.51	5.56	5.03	4.69	4.46	4.28	4.14	4.03	3.94	3.51	3.34	3.00
15	8.68	6.36	5.42	4.89	4.56	4.32	4.14	4.00	3.89	3.80	3.36	3.20	2.87
16	8.53	6.23	5.29	4.77	4.44	4.20	4.03	3.39	3.78	3.69	3.26	3.10	2.75
17	8.40	6.11	5.18	4.67	4.34	4.10	3.93	3.79	3.68	3.59	3.16	3.00	2.65
18	8.28	6.01	5.09	4.58	4.25	4.01	3.85	3.71	3.60	3.51	3.07	2.91	2.57
19	8.18	5.95	5.01	4.50	4.17	3.94	3.77	3.63	3.52	3.43	3.00	2.84	2.49
20	8.10	5.84	4.94	4.43	3.10	3.87	3.71	3.56	3.45	3.37	2.94	2.77	2.42
30	7.59	5.39	4.51	4.02	3.70	3.47	3.30	3.17	3.06	2.98	2.55	2.38	2.01
40	7.31	5.18	4.31	3.83	3.51	3.29	3.12	2.99	2.88	2.80	2.37	2.20	1.81
50	7.17	5.06	4.20	3.72	3.41	3.18	3.02	2.88	2.78	2.70	2.26	2.10	1.68
∞	6.64	4.60	3.78	3.32	3.02	2.80	2.64	2.51	2.41	2.32	1.87	1.69	1.00

（二）$\alpha = 0.05$

f_2 \ f_1	1	2	3	4	5	6	7	8	9	10	20	30	∞
1	161	200	216	225	230	234	237	239	241	242	248	250	254
2	18.15	19.00	19.16	19.25	19.30	19.33	19.36	19.37	19.38	19.39	19.44	19.46	19.50
3	10.13	9.55	9.28	9.12	9.01	8.94	8.88	8.84	8.81	8.78	8.66	8.62	8.53
4	7.71	6.94	6.59	6.39	6.26	6.16	6.09	6.04	6.00	5.96	5.80	5.74	5.63
5	6.61	5.79	5.41	5.19	5.05	4.95	4.88	4.82	4.78	4.74	4.56	4.50	4.36
6	5.99	5.14	4.76	4.53	4.39	4.28	4.21	4.15	4.10	4.06	3.87	3.81	3.67
7	5.59	4.74	4.35	4.12	3.97	3.87	3.79	3.73	3.68	3.63	3.44	3.38	3.23
8	5.32	4.46	4.07	3.84	3.69	3.58	3.50	3.44	3.89	3.34	3.15	3.08	2.93
9	5.12	4.26	3.86	3.63	3.48	3.37	3.29	3.23	3.18	3.13	2.96	2.86	2.71
10	4.96	4.40	3.71	3.48	3.33	3.22	3.14	3.07	3.02	2.97	2.77	2.70	2.54
11	4.84	3.98	3.59	3.36	3.20	3.09	3.01	2.95	2.90	2.86	2.65	2.57	2.40
12	4.75	3.88	3.45	3.26	3.11	3.00	2.92	2.85	2.80	2.76	2.54	2.46	2.30
13	4.67	3.80	3.41	3.18	3.02	2.92	2.84	2.77	2.72	2.67	2.46	2.38	2.21
14	4.60	3.74	3.34	3.11	2.96	2.85	2.77	2.70	2.65	2.60	2.39	2.31	2.13
15	4.54	3.68	3.29	3.06	2.90	2.79	2.70	2.64	2.59	2.55	2.33	2.25	2.07
16	4.49	3.63	3.24	3.01	2.85	2.74	2.66	2.57	2.54	2.49	2.28	2.20	2.01
17	4.45	3.59	3.20	2.96	2.81	2.70	2.62	2.55	2.50	2.45	2.23	2.15	1.96
18	4.41	3.55	3.16	2.93	2.77	2.66	2.58	2.51	2.46	2.41	2.19	2.11	1.92
19	4.38	3.52	3.13	2.90	2.74	2.63	2.55	2.48	2.43	2.38	2.15	2.07	1.88
20	4.35	3.49	3.10	2.87	2.71	2.60	2.52	2.45	2.40	2.35	2.12	2.04	1.84
30	4.17	3.32	2.92	2.69	2.53	2.42	2.34	2.27	2.21	2.16	1.93	1.84	1.62
40	4.08	3.23	2.84	2.61	2.45	2.34	2.25	2.18	2.12	2.07	1.84	1.74	1.51
50	4.03	3.18	2.79	2.55	2.40	2.29	2.20	2.13	2.17	2.02	1.78	1.69	1.44
∞	3.84	2.99	2.60	2.37	2.21	2.09	2.01	1.94	1.88	1.83	1.57	1.46	1.00

（三）$\alpha = 0.10$

f_2 \ f_1	1	2	3	4	5	6	7	8	9	10	20	30	∞
1	39.1	49.5	53.6	55.8	57.2	58.2	58.9	59.4	59.9	60.2	61.7	62.3	63.3
2	8.53	9.00	9.16	9.24	0.29	9.33	9.35	9.37	9.38	9.39	9.44	9.46	9.49
3	5.54	5.46	5.39	5.34	5.31	5.28	5.27	5.25	5.24	5.23	5.18	5.17	5.13
4	4.54	4.32	4.19	4.11	4.05	4.01	3.98	3.95	3.94	3.92	3.84	3.82	3.76
5	4.06	3.78	3.62	3.52	3.45	3.40	3.67	3.34	3.32	3.28	3.21	3.17	3.11
6	3.78	3.46	2.29	3.18	3.11	3.05	3.01	2.98	2.6	2.94	2.84	2.80	2.72
7	3.59	3.26	3.07	2.96	2.88	2.83	2.78	2.75	2.72	2.70	2.59	2.56	2.49
8	3.46	3.11	2.92	2.81	2.73	2.67	2.62	2.59	2.56	2.54	2.42	2.38	2.29

续上表

f_2＼f_1	1	2	3	4	5	6	7	8	9	10	20	30	∞
9	3.35	3.01	2.81	2.69	2.61	2.55	2.51	2.47	2.44	2.42	2.30	2.25	2.16
10	3.29	2.92	2.73	2.61	2.52	2.46	2.41	2.38	2.35	2.32	2.20	2.16	2.06
11	3.23	2.86	2.66	2.54	2.45	2.39	2.34	2.30	2.27	2.25	2.12	2.08	1.97
12	3.17	2.81	2.61	2.48	2.39	2.33	2.28	2.24	2.21	2.19	2.06	2.01	1.90
13	3.14	2.76	2.56	2.43	2.35	2.28	2.23	2.20	2.16	2.14	2.01	1.96	1.85
14	3.10	2.73	2.52	2.39	2.31	2.24	2.19	2.15	2.12	2.10	1.96	1.91	1.80
15	3.07	2.70	2.49	2.36	2.27	2.21	2.16	2.12	2.09	2.06	1.92	1.87	1.76
16	3.05	2.67	2.46	2.33	2.24	2.18	2.13	2.09	2.06	2.03	1.89	1.84	1.72
17	3.03	2.64	2.44	2.31	2.20	2.15	2.10	2.06	2.03	2.00	1.86	1.81	1.69
18	3.01	2.62	2.42	2.29	2.20	2.13	2.08	2.04	2.00	1.98	1.84	1.78	1.66
19	2.99	2.61	2.40	2.27	2.18	2.11	2.06	2.02	1.98	1.96	1.81	1.76	1.63
20	2.97	2.59	2.38	2.25	2.16	2.09	2.04	2.00	1.96	1.94	1.79	1.74	1.61
30	2.88	2.49	2.28	2.14	2.03	1.98	1.93	1.88	1.85	1.82	1.67	1.61	1.46
40	2.84	2.44	2.23	2.09	1.97	1.93	1.87	1.83	1.79	1.76	1.61	1.54	1.38
60	2.79	2.39	2.18	2.04	1.95	1.87	1.82	1.77	1.74	1.71	1.54	1.48	1.29
∞	2.71	2.30	2.08	1.94	1.85	1.77	1.72	1.67	1.63	1.60	1.42	1.34	1.00

（四）$\alpha = 0.25$

f_2＼f_1	1	2	3	4	5	6	7	8	9	10	20	30	∞
1	5.83	7.56	8.20	8.58	8.82	8.98	9.10	9.19	9.26	9.32	9.58	9.67	9.85
2	2.57	3.00	3.15	3.23	3.28	3.31	3.34	3.35	3.37	3.38	3.43	3.44	3.48
3	2.02	2.28	2.36	2.39	2.41	2.42	2.43	2.44	2.44	2.44	2.46	2.47	2.47
4	1.81	2.00	2.05	2.06	2.07	2.08	2.08	2.08	2.08	2.08	2.08	2.08	2.08
5	1.69	1.85	1.88	1.89	1.89	1.89	1.89	1.89	1.89	1.89	1.88	1.88	1.87
6	1.62	1.76	1.78	1.79	1.79	1.78	1.78	1.78	1.77	1.77	1.76	1.75	1.74
7	1.57	1.70	1.72	1.72	1.71	1.71	1.70	1.70	1.69	1.69	1.67	1.66	1.65
8	1.54	1.66	1.67	1.66	1.66	1.65	1.64	1.64	1.64	1.63	1.61	1.60	1.58
9	1.51	1.62	1.63	1.63	1.62	1.61	1.60	1.60	1.59	1.59	1.56	1.55	1.53
10	1.49	1.60	1.60	1.59	1.59	1.58	1.57	1.56	1.56	1.55	1.52	1.51	1.48
11	1.47	1.58	1.58	1.57	1.56	1.55	1.54	1.53	1.53	1.52	1.49	1.48	1.45
12	1.46	1.56	1.56	1.55	1.52	1.53	1.52	1.51	1.51	1.50	1.49	1.45	1.42
13	1.45	1.55	1.55	1.53	1.52	1.51	1.50	1.49	1.49	1.48	1.45	1.43	1.40
14	1.44	1.53	1.53	1.52	1.61	1.50	1.49	1.48	1.47	1.46	1.43	1.41	1.38
15	1.43	1.52	1.52	1.51	1.49	1.48	1.47	1.46	1.46	1.45	1.41	1.40	1.36
16	1.42	1.51	1.51	1.50	1.48	1.47	1.46	1.45	1.44	1.44	1.40	1.38	1.34
17	1.42	1.51	1.50	1.49	1.47	1.46	1.45	1.44	1.43	1.43	1.39	1.37	1.33
18	1.41	1.50	1.49	1.48	1.46	1.45	1.44	1.43	1.42	1.42	1.38	1.36	1.32

续上表

f_2＼f_1	1	2	3	4	5	6	7	8	9	10	20	30	∞
19	1.41	1.49	1.49	1.47	1.46	1.44	1.43	1.42	1.41	1.41	1.37	1.35	1.30
20	1.40	1.49	1.48	1.47	1.45	1.44	1.43	1.42	1.41	1.40	1.36	1.34	1.29
30	1.38	1.45	1.44	1.42	1.41	1.39	1.38	1.37	1.36	1.35	1.30	1.28	1.23
40	1.36	1.44	1.42	1.40	1.39	1.37	1.36	1.35	1.34	1.33	1.28	1.25	1.19
60	1.35	1.42	1.41	1.38	1.37	1.35	1.33	1.32	1.31	1.30	1.25	1.22	1.15
∞	1.32	1.39	1.37	1.35	1.33	1.31	1.29	1.28	1.27	1.25	1.19	1.16	1.00

附录3　常用正交表

$$L_4(2^3)$$

试验号/列号	1	2	3
1	1	1	1
2	1	2	2
3	2	1	2
4	2	2	1

［注］：任意二列间的交互作用出现于另一列

$$L_8(2^7)$$

试验号/列号	1	2	3	4	5	6	7
1	1	1	1	1	1	1	1
2	1	1	1	2	2	2	2
3	1	2	2	1	1	2	2
4	1	2	2	2	2	1	1
5	2	1	2	1	2	1	2
6	2	1	2	2	1	2	1
7	2	2	1	1	2	2	1
8	2	2	1	2	1	1	2

$$L_8(2^7)：二列间的交互作用表$$

列号/列号	1	2	3	4	5	6	7
1	(1)	3	2	5	4	7	6
2		(2)	1	6	7	4	5
3			(3)	7	6	5	4
4				(4)	1	2	3
5					(5)	3	2
6						(6)	1

$L_{12}(2^{11})$

试验号/列号	1	2	3	4	5	6	7	8	9	10	11
1	1	1	1	1	1	1	1	1	1	1	1
2	1	1	1	1	1	2	2	2	2	2	2
3	1	1	2	2	2	1	1	1	2	2	2
4	1	2	1	2	2	1	2	2	1	1	2
5	1	2	2	1	2	2	1	2	1	2	1
6	1	2	2	2	1	2	2	1	2	1	1
7	2	1	2	2	1	1	2	2	1	2	1
8	2	1	2	1	2	2	2	1	1	1	2
9	2	1	1	2	2	2	1	2	2	1	1
10	2	2	2	1	1	1	1	2	2	1	2
11	2	2	1	2	1	2	1	1	1	2	2
12	2	2	1	1	2	1	2	1	2	2	1

［注］：任意两列的交互作用列都不列在表内。

$L_{16}(2^{15})$

试验号/列号	1	2	3	4	5	6	7	8	9	10	11	12	13	14	15
1	1	1	1	1	1	1	1	1	1	1	1	1	1	1	1
2	1	1	1	1	1	1	1	2	2	2	2	2	2	2	2
3	1	1	1	2	2	2	2	1	1	1	1	2	2	2	2
4	1	1	1	2	2	2	2	2	2	2	2	1	1	1	1
5	1	2	2	1	1	2	2	1	1	2	2	1	1	2	2
6	1	2	2	1	1	2	2	2	2	1	1	2	2	1	1
7	1	2	2	2	2	1	1	1	1	2	2	2	2	1	1
8	1	2	2	2	2	1	1	2	2	1	1	1	1	2	2
9	2	1	2	1	2	1	2	1	2	1	2	1	2	1	2
10	2	1	2	1	2	1	2	2	1	2	1	2	1	2	1
11	2	1	2	2	1	2	1	1	2	1	2	2	1	2	1
12	2	1	2	2	1	2	1	2	1	2	1	1	2	1	2
13	2	2	1	1	2	2	1	1	2	2	1	1	2	2	1
14	2	2	1	1	2	2	1	2	1	1	2	2	1	1	2
15	2	2	1	2	1	1	2	1	2	2	1	2	1	1	2
16	2	2	1	2	1	1	2	2	1	1	2	1	2	2	1

$$L_{16}(2^{15})$$

列号	1	2	3	4	5	6	7	8	9	10	11	12	13	14	15
	(1)	3	2	5	4	7	6	9	8	11	10	13	12	15	14
		(2)	1	6	7	4	5	10	11	8	9	14	15	12	13
			(3)	7	6	5	4	11	10	9	8	15	14	13	12
				(4)	1	2	3	12	13	14	15	8	9	10	11
					(5)	3	2	13	12	15	14	9	8	11	10
						(6)	1	14	15	12	13	10	11	8	9
							(7)	15	14	13	12	11	10	9	8
								(8)	1	2	3	4	5	6	7
									(9)	3	2	5	4	7	6
										(10)	1	6	7	4	5
											(11)	7	6	5	4
												(12)	1	2	3
													(13)	3	2
														(14)	1

$$L_9(3^4)$$

试验号/列号	1	2	3	4
1	1	1	1	1
2	1	2	2	2
3	1	3	3	3
4	2	1	2	3
5	2	2	3	1
6	2	3	1	2
7	3	1	3	2
8	3	2	1	3
9	3	3	2	1

［注］：任意二列间的交互作用出现于另外二列。

$$L_{18}(3^7)^{[注]}$$

试验号/列号	1	2	3	4	5	6	7	1′
1	1	1	1	1	1	1	1	1
2	1	2	2	2	2	2	2	1
3	1	3	3	3	3	3	3	1
4	2	1	1	2	2	3	3	1
5	2	2	2	3	3	1	1	1
6	2	3	3	1	1	2	2	1
7	3	1	2	1	3	2	3	1
8	3	2	3	2	1	3	1	1
9	3	3	1	3	2	1	2	1

续上表

试验号/列号	1	2	3	4	5	6	7	1'
10	1	1	3	3	2	2	1	2
11	1	2	1	1	3	3	2	2
12	1	3	2	2	1	1	3	2
13	2	1	3	3	1	3	2	2
14	2	2	1	1	2	1	3	2
15	2	3	2	2	3	2	1	2
16	3	1	2	2	3	1	2	2
17	3	2	3	3	1	2	3	2
18	3	3	1	1	2	3	1	2

[注]：把两水平的列 1' 排进 $L_{18}(3^7)$，便得混合型 $L_{18}(2^1 \times 3^7)$。交互作用 $1' \times 1$ 可从两列的二元表求出，在 $L_{18}(2^1 \times 3^7)$ 中把列 1' 和列 1 的水平组合 11，12，13，21，22，23 分别换成 1，2，3，4，5，6 便得混合型 $L_{18}(6^1 \times 3^6)$。

$$L_{27}(3^{13})$$

试验号/列号	1	2	3	4	5	6	7	8	9	10	11	12	13
1	1	1	1	1	1	1	1	1	1	1	1	1	1
2	1	1	1	1	2	2	2	2	2	2	2	2	2
3	1	1	1	1	3	3	3	3	3	3	3	3	3
4	1	2	2	2	1	1	1	2	2	2	3	3	3
5	1	2	2	2	2	2	2	3	3	3	1	1	1
6	1	2	2	2	3	3	3	1	1	1	2	2	2
7	1	3	3	3	1	1	1	3	3	3	2	2	2
8	1	3	3	3	2	2	2	1	1	1	3	3	3
9	1	3	3	3	3	3	3	2	2	2	1	1	1
10	2	1	2	3	1	2	3	1	2	3	1	2	3
11	2	1	2	3	2	3	1	2	3	1	2	3	1
12	2	1	2	3	3	1	2	3	1	2	3	1	2
13	2	2	3	1	1	2	3	2	3	1	3	1	2
14	2	2	3	1	2	3	1	3	1	2	1	2	3
15	2	2	3	1	3	1	2	1	2	3	2	3	1
16	2	3	1	2	1	2	3	3	1	2	2	3	1
17	2	3	1	2	2	3	1	1	2	3	3	1	2
18	2	3	1	2	3	1	2	2	3	1	1	2	3
19	3	1	3	2	1	3	2	1	3	2	1	3	2
20	3	1	3	2	2	1	3	2	1	3	2	1	3
21	3	1	3	2	3	2	1	3	2	1	3	2	1
22	3	2	1	3	1	3	2	2	1	3	3	2	1
23	3	2	1	3	2	1	3	3	2	1	1	3	2
24	3	2	1	3	3	2	1	1	3	2	2	1	3
25	3	3	2	1	1	3	2	3	2	1	2	1	3
26	3	3	2	1	2	1	3	1	3	2	3	2	1
27	3	3	2	1	3	2	1	2	1	3	1	3	2

$L_{27}(3^{13})$：二列间的交互作用表

列号	1	2	3	4	5	6	7	8	9	10	11	12	13
	(1)	3	2	2	6	5	5	9	8	8	12	11	11
		4	4	3	7	7	6	10	10	9	13	13	11
		(2)	1	1	8	9	10	5	6	7	5	6	7
			4	3	11	12	13	11	12	13	8	9	10
			(3)	1	9	10	8	7	5	6	6	7	5
				2	13	11	12	12	13	11	10	8	9
				(4)	10	8	9	6	7	5	7	5	6
					12	13	11	13	11	12	9	10	8
					(5)	1	1	2	3	4	2	4	3
						7	6	11	13	12	8	10	9
						(6)	1	4	2	3	3	2	4
							5	13	12	11	10	9	8
							(7)	3	4	2	4	3	2
								12	11	13	9	8	10
								(8)	1	1	2	3	4
									10	9	5	7	6
									(9)	1	4	2	3
										8	7	6	5
										(10)	3	4	2
											6	5	7
											(11)	1	1
												13	12
												(12)	1
													11

$L_{36}(3^{13})$

试验号/列号	1	2	3	4	5	6	7	8	9	10	11	12	13	1′	2′	3′
1	1	1	1	1	1	1	1	1	1	1	1	1	1	1	1	1
2	1	2	2	2	2	2	2	2	2	2	2	2	2	1	1	1
3	1	3	3	3	3	3	3	3	3	3	3	3	3	1	1	1
4	1	1	1	1	2	2	2	3	3	3	3	3	3	1	2	2
5	1	2	2	2	3	3	3	1	1	1	1	1	1	1	2	2
6	1	3	3	3	1	1	1	2	2	2	2	2	2	1	2	2
7	1	1	1	2	3	1	2	2	3	1	2	3	3	2	1	2
8	1	2	2	3	1	2	3	1	1	2	3	3	1	2	1	2
9	1	1	3	3	1	2	2	1	2	2	3	1	2	2	1	2

续上表

试验号/列号	1	2	3	4	5	6	7	8	9	10	11	12	13	1'	2'	3'
10	1	1	1	3	2	1	3	2	3	2	1	3	2	2	2	1
11	1	2	2	1	3	2	1	3	1	3	2	1	3	2	2	1
12	1	3	3	2	1	3	2	1	2	1	3	2	1	2	2	1
13	2	1	2	3	1	3	2	1	3	3	2	1	2	1	1	1
14	2	2	3	1	2	1	3	2	1	1	3	2	3	1	1	1
15	2	3	1	2	3	2	1	3	2	2	1	3	1	1	1	1
16	2	1	2	3	2	1	1	3	3	3	2	1	1	2	2	2
17	2	2	3	1	3	2	2	1	3	1	1	3	2	1	2	2
18	2	3	1	2	1	3	3	2	1	2	2	1	3	1	2	2
19	2	1	2	1	3	3	3	1	2	2	1	2	3	2	1	2
20	2	2	3	2	1	1	1	2	3	3	2	3	1	2	1	2
21	2	3	1	3	2	2	2	3	1	1	3	1	2	2	1	2
22	2	1	2	2	3	3	1	2	1	1	3	3	2	2	2	1
23	2	2	3	3	1	1	2	3	2	2	1	1	3	2	2	1
24	2	3	1	1	2	2	3	1	3	3	2	2	1	2	2	1
25	3	1	3	2	1	2	3	3	1	3	1	2	2	1	1	1
26	3	2	1	3	2	3	1	1	2	1	2	3	3	1	1	1
27	3	3	2	1	3	1	2	2	3	2	3	1	1	1	1	1
28	3	1	3	2	2	2	1	1	3	2	3	1	3	1	2	2
29	3	2	1	3	3	3	2	2	1	3	1	2	1	1	2	2
30	3	3	2	1	1	1	3	3	2	1	2	3	2	1	2	2
31	3	1	3	3	3	2	2	2	2	1	1	1	2	2	1	2
32	3	2	1	1	1	3	1	3	3	2	3	2	2	2	1	2
33	3	3	2	2	2	1	2	1	1	3	1	3	3	2	1	2
34	3	1	3	1	2	3	2	3	2	1	2	3	1	2	2	1
35	3	2	1	2	3	1	3	1	2	3	3	1	2	2	2	1
36	3	3	2	3	1	2	1	2	3	1	1	2	3	2	2	1

[注]：把两水平的列1,2和3排进$L_{36}(3^{13})$，便得混合型$L_{36}(2^3 \times 3^{13})$。这时交互作用1×2出现于3，并且交互作用1×1,2×1和3×1可分别从各自的二元表求出。

$$L_{32}(4^9)$$

试验号/列号	1	2	3	4	5	6	7	8	9	1'
1	1	1	1	1	1	1	1	1	1	1
2	1	2	2	2	2	2	2	2	2	1
3	1	3	3	3	3	3	3	3	3	1
4	1	4	4	4	4	4	4	4	4	1
5	2	1	1	2	2	3	3	4	4	1

续上表

试验号/列号	1	2	3	4	5	6	7	8	9	1'
6	2	2	2	1	1	4	4	3	3	1
7	2	3	3	4	4	1	1	2	2	1
8	2	4	4	3	3	2	2	1	1	1
9	3	1	2	3	4	1	2	3	4	1
10	3	2	1	4	3	2	1	4	3	1
11	3	3	4	1	2	3	4	1	2	1
12	3	4	3	2	1	4	3	2	1	1
13	4	1	2	4	3	3	4	2	1	1
14	4	2	1	3	4	4	3	1	2	1
15	4	2	4	2	1	1	2	2	3	1
16	4	4	3	1	2	2	1	3	4	1
17	1	1	4	1	4	2	3	2	3	2
18	1	2	3	2	3	1	4	1	4	2
19	1	3	2	3	2	4	1	4	1	2
20	1	4	1	4	1	3	2	3	2	2
21	2	1	4	2	3	4	1	3	2	2
22	2	2	3	1	4	3	2	4	1	2
23	2	3	2	4	1	2	3	1	4	2
24	2	4	1	3	2	1	4	2	3	2
25	3	1	3	3	1	2	4	4	2	2
26	3	2	4	4	2	1	3	3	1	2
27	3	3	1	1	3	4	2	2	4	2
28	3	4	2	2	4	3	1	1	3	2
29	4	1	3	4	2	4	2	1	3	2
30	4	2	4	3	1	3	1	2	4	2
31	4	3	1	2	4	2	4	3	1	2
32	4	4	2	1	3	1	3	4	2	2

[注]：把两水平的列 1 排进 $L_{32}(4^9)$，便得混合型 $L_{32}(2^1 \times 4^9)$，这里交互作用 1×1 可从二元表求出，把列 1 和列 1 的水平组合 11，12，13，14，21，22，23，24，分别换成 1，2，3，4，5，6，7，8 便得混合型 $L_{32}(8^1 \times 4^8)$。

$$L_{16}(4^5)$$

试验号/列号	1	2	3	4	5
1	1	1	1	1	1
2	1	2	2	2	2
3	1	3	3	3	3
4	1	4	4	4	4
5	2	1	2	3	4

续上表

试验号/列号	1	2	3	4	5
6	2	2	1	4	3
7	2	3	4	1	2
8	2	4	3	2	1
9	3	1	3	4	2
10	3	2	4	3	1
11	3	3	1	2	4
12	3	4	2	1	3
13	4	1	4	2	3
14	4	2	3	1	4
15	4	3	2	4	1
16	4	4	1	3	2

[注]：任意二列间的交互作用出现于其他三列。

$$L_{25}(5^6)$$

试验号/列号	1	2	3	4	5	6
1	1	1	1	1	1	1
2	1	2	2	2	2	2
3	1	3	3	3	3	3
4	1	4	4	4	4	4
5	1	5	5	5	5	5
6	2	1	2	3	4	5
7	2	2	3	4	5	1
8	2	3	4	5	1	2
9	2	4	5	1	2	3
10	2	5	1	2	3	4
11	3	1	3	5	2	4
12	3	2	4	1	3	5
13	3	3	5	2	4	1
14	3	4	1	3	5	2
15	3	5	2	4	1	3
16	4	1	4	2	5	3
17	4	2	5	3	1	4
18	4	3	1	4	2	5
19	4	4	2	5	3	1
20	4	5	3	1	4	2
21	5	1	5	4	3	2
22	5	2	1	5	4	3
23	5	3	2	1	5	4
24	5	4	3	2	1	5
25	5	5	4	3	2	1

[注]：任意二列间的交互作用出现于其他四列。

附录4　相关系数 r 检验表

$n-2/\alpha$	0.05	0.01	$n-2/\alpha$	0.05	0.01
1	0.997	1.000	21	0.413	0.520
2	0.850	0.990	22	0.404	0.515
3	0.878	0.959	23	0.396	0.505
4	0.811	0.917	24	0.388	0.496
5	0.754	0.874	25	0.381	0.487
6	0.707	0.834	26	0.374	0.478
7	0.666	0.798	27	0.367	0.470
8	0.632	0.765	28	0.361	0.463
9	0.602	0.735	29	0.355	0.456
10	0.576	0.708	30	0.349	0.449
11	0.553	0.684	35	0.325	0.418
12	0.532	0.661	40	0.304	0.393
13	0.514	0.641	45	0.288	0.372
14	0.497	0.623	50	0.273	0.354
15	0.482	0.606	60	0.250	0.325
16	0.468	0.590	70	0.232	0.302
17	0.456	0.575	80	0.217	0.283
18	0.444	0.561	90	0.205	0.267
19	0.433	0.549	100	0.195	0.254
20	0.423	0.537	200	0.138	0.181

附录 5　各国试验筛筛孔尺寸现行标准

国际标准化组织 ISO 565—1983			西德国家标准 DIN 4188—1977			法国国家标准 AFNOR X11—504—1975 R10、20/2 /mm	苏联国家标准 ГОСТ 3584—1973 R10、20 /mm	英国国家标准 BS410—1976 /mm	美国(加拿大)国家标准 ANSI/ASTM E11—1970(77)		美国泰勒筛制				日本工业标准 JIS Z8801—1982	
主序列 R20/3 /mm	辅序号 R20 /mm	辅序号 R40/3 /mm	主序列 R10 /mm	辅序号 R20/3 /mm	辅序号 R20 /mm				目数或英寸	/mm	筛号/目数	筛孔尺寸 英寸	现行标准 /mm	旧标准 /mm	R20 /mm	R40/3 /mm
125.0	125.0	125.0	125.0	125.0	125.0	125.0		125.0	5	125.0					125.0	125.0
	112.0	106.0			112.0	(112.0)		106.0	4.24	106.0					112.0	106.0
	100.0		100.0		100.0	100.0			4	(100.0)					100.0	
90.0	90.0	90.0		90.0	90.0	(90.0)		90.0	3½	90.0					90.0	90.0
	80.0		80.0		80.0	80.0									80.0	
	71.0	75.0			71.0	(71.0)		75.0	3	75.0					71.0	75.0
63.0	63.0	63.0	63.0	63.0	63.0	63.0		63.0	2½	63.0					63.0	63.0
	56.0				56.0	(56.0)			2.12	53.0					56.0	
	50.0	53.0	50.0		50.0	50.0		53.0	2	(50.0)					50.0	53.0
45.0	45.0	45.0		45.0	45.0	(45.0)		45.0	1¾	45.0					45.0	45.0
	40.0		40.0		40.0	40.0									40.0	
	35.5	37.5			35.5	(35.5)		37.5	1½	38.1					35.5	37.5
31.5	31.5	31.5	31.5	31.5	31.5	31.5		31.5	1¼	31.5					31.5	31.5
	28.0				28.0	(28.0)			1.06	26.5					28.0	
	25.0	26.5	25.0		25.0	25.0		26.5	1	(25.0)		1.05	26.5	26.67	25.0	26.5
22.4	22.4	22.4		22.4	22.4	(22.4)		22.4	⅞	22.4		0.883	22.4	22.43	22.4	22.4
	20.0		20.0		20.0	20.0									20.0	
	18.0	19.0			18.0	(18.0)		19.0	¾	19.0		0.742	19.0	18.85	18.0	19.0
16.0	16.0	16.0	16.0	16.0	16.0	16.0		16.0	⅝	16.0		0.624	16.0	15.85	16.0	16.0
	14.0				14.0	(14.0)			0.530	13.2					14.0	

续上表

ISO 565—1983 主序列 R20/3 /mm	ISO 辅序号 R20 /mm	ISO 辅序号 R40/3 /mm	DIN 4188—1977 主序列 R10 /mm	DIN 辅序号 R20 /mm	DIN 辅序号 R20/3 /mm	AFNOR X11—504—1975 R10、20/2 /mm	ГОСТ 3584—1973 R10、20 /mm	BS410—1976 /mm	ANSI/ASTM E11—1970(77) /mm	ANSI (目数或英寸)	美国泰勒 筛号/目数	美国泰勒 /英寸	美国泰勒 现行标准 /mm	美国泰勒 旧标准 /mm	JIS Z8801—1982 R20 /mm	JIS R40/3 /mm
	12.50	13.20	12.50	12.50		12.50		13.20	12.50	½		0.525	13.20	13.33	12.50	13.20
11.20	11.20	11.20		11.20	11.20	(11.20)		11.20	11.20	⅞		0.441	11.20	11.20	11.20	11.20
	10.00		10.00	10.00		10.00									10.00	
	9.00	9.50		9.00		(9.00)		9.50	9.50	⅜		0.371	9.50	9.423	9.00	9.50
8.00	8.00	8.00	8.00	8.00	8.00	8.00		8.00	8.00	5/16	2.5	0.312	8.00	7.925	8.00	8.00
	7.10			7.10		(7.10)									7.10	
	6.30	6.70	6.30	6.30		6.30		6.70	6.70	0.265	3	0.263	6.70	6.68	6.30	6.70
									(6.30)	1/4英寸						
5.60	5.60	5.60		5.60	5.60	(5.60)		5.60	5.60	3.50	3.5	0.221	5.60	5.613	5.60	5.60
	5.00		5.00	5.00		5.00									5.00	
	4.50	4.75		4.50		(4.50)		4.75	4.75	4	4	0.185	4.75	4.699	4.50	4.75
4.00	4.00	4.00	4.00	4.00	4.00	4.00		4.00	4.00	5	5	0.156	4.00	3.962	4.00	4.00
	3.55			3.55		(3.55)									3.55	
	3.15	3.35	3.15	3.15		3.15		3.35	3.35	6	6	0.131	3.35	3.327	3.15	3.55
2.80	2.80	2.80		2.80	2.80	(2.80)		2.80	2.80	7	7	0.110	2.80	2.974	2.80	2.80
	2.50		2.50	2.50		2.50	2.50								2.50	
	2.24	2.36		2.24		(2.24)		2.36	2.36	8	8	0.093	2.36	2.362	2.24	2.36
2.00	2.00	2.00	2.00	2.00	2.00	2.00	2.00	2.00	2.00	10	9	0.078	2.00	1.981	2.00	2.00
	1.80			1.80		(1.80)									1.80	
	1.60	1.70	1.60	1.60		1.60	1.60	1.70	1.70	12	10	0.065	1.70	1.651	1.60	1.70
1.40	1.40	1.40		1.40	1.40	(1.40)		1.40	1.40	14	12	0.055	1.40	1.397	1.40	1.40
	1.25		1.25	1.25		1.25	1.25								1.25	
	1.12	1.18		1.12		(1.12)		1.18	1.18	16	14	0.046	1.18	1.168	1.12	1.18

续上表

国际标准化组织 ISO 565—1983 主序列 R20/3 /mm	ISO 辅序号 R20 /mm	ISO 辅序号 R40/3 /mm	西德国家标准 DIN 4188—1977 主序列 R10 /mm	DIN 主序列 R20/3 /mm	DIN 辅序号 R20 /mm	法国国家标准 AFNOR X11—504—1975 R10、20/2 /mm	苏联国家标准 ГОСТ 3584—1973 R10、20 /mm	英国国家标准 BS410—1976 /mm	美国（加拿大）国家标准 ANSI/ASTM E11—1970(77) (目数或英寸)	ANSI/ASTM /mm	美国泰勒筛制 筛号/目数	泰勒 筛孔尺寸 /英寸	泰勒 现行标准 /mm	泰勒 旧标准 /mm	日本工业标准 JIS Z8801—1982 R20 /mm	JIS R40/3 /mm
1.000	1.000	1.000	1.000	1.000	1.000	1.000	1.000	1.000	18	1.000	16	0.0390	1.000	0.991	1.000	1.000
	0.900				0.900	(0.900)	0.900								0.900	
		0.850						0.850	20	0.850	20	0.0328	0.850	0.833		0.850
	0.800		0.800		0.800	0.800	0.800								0.800	
0.710	0.710	0.710		0.710	0.710	(0.710)	0.710	0.710	25	0.710	24	0.0276	0.710	0.701	0.710	0.710
	0.630		0.630		0.630	0.630	0.630								0.630	
		0.600						0.600	30	0.600	28	0.0232	0.600	0.589		0.600
	0.560				0.560	(0.560)	0.560								0.560	
0.500	0.500	0.500	0.500	0.500	0.500	0.500	0.500	0.500	35	0.500	32	0.0195	0.500	0.495	0.500	0.500
	0.450				0.450	(0.450)	0.450								0.450	
		0.425						0.425	40	0.425	35	0.0164	0.425	0.417		0.425
	0.400		0.400		0.400	0.400	0.400								0.400	
0.355	0.355	0.355		0.355	0.355	(0.355)	0.355	0.355	45	0.355	42	0.0138	0.355	0.351	0.355	0.355
	0.315		0.315		0.315	0.315	0.315								0.315	
		0.300						0.300	50	0.300	48	0.0116	0.300	0.295		
	0.280				0.280	(0.280)	0.280								0.280	
0.250	0.250	0.250	0.250	0.250	0.250	0.250	0.250	0.250	60	0.250	60	0.0097	0.250	0.246	0.250	0.250
	0.224				0.224	(0.224)	0.224								0.224	
		0.212						0.212	70	0.212	65	0.0082	0.212	0.208		0.212
	0.200		0.200		0.200	0.200	0.200								0.200	
0.180	0.180	0.180		0.180	0.180	(0.180)	0.180	0.180	80	0.180	80	0.0069	0.180	0.175	0.180	0.180
	0.160		0.160		0.160	0.160	0.160								0.160	
		0.150						0.150	100	0.150	100	0.0058	0.150	0.147		0.150
	0.140				0.140	(0.140)	0.140								0.140	
0.125	0.125	0.125	0.125	0.125	0.125	0.125	0.125	0.125	120	0.125	115	0.0049	0.125	0.124	0.125	0.125
	0.112				0.112	(0.112)	0.112								0.112	
		0.106						0.106	140	0.106	150	0.0041	0.106	0.104		0.106
	0.100		0.100		0.100	0.100	0.100								0.100	
0.090	0.090	0.090		0.090	0.090	(0.090)	0.090	0.090	170	0.090	170	0.0035	0.090	0.088	0.090	0.090

续上表

ISO 565—1983 主序列 R20/3 /mm	ISO 辅序号 R20 /mm	ISO 辅序号 R40/3 /mm	DIN 4188—1977 主序列 R10 /mm	DIN 辅序号 R20/3 /mm	DIN 辅序号 R20 /mm	AFNOR X11—504—1975 R10、20/2 /mm	ГОСТ 3584—1973 R10、20 /mm	BS410—1976 /mm	ANSI/ASTM E11—1970(77)（目数或英寸）	ANSI/ASTM /mm	泰勒 筛号/目数	泰勒 筛孔尺寸 /英寸	泰勒 现行标准 /mm	泰勒 旧标准 /mm	JIS Z8801—1982 R20 /mm	JIS R40/3 /mm
	0.080		0.080		0.080	0.080	0.080								0.080	
	0.071	0.075			0.071	(0.071)	0.071	0.075	200	0.075	200	0.0029	0.075	0.074	0.071	0.075
0.063	0.063	0.063	0.063	0.063	0.063	0.063	0.063	0.063	230	0.063	250	0.0024	0.063	0.063	0.063	0.063
	0.056				0.056	(0.056)	0.056								0.056	
	0.050	0.053	0.050		0.050	0.050	0.050	0.053	270	0.053	270	0.0021	0.053	0.053	0.050	0.053
0.045	0.045	0.045		0.045	0.045	(0.045)	0.045	0.045	325	0.045	325	0.0017	0.045	0.044	0.045	0.045
(R 10)	0.040		0.040		0.040	0.040	0.040								0.040	
	0.036	0.038			0.036	(0.036)			400	0.038	400	0.0015	0.038	0.037	0.036	0.038
0.032	0.032	0.032	0.032		0.032	0.032									0.032	0.032
	0.028				0.028	(0.028)									0.028	
0.025	0.025	0.026	0.025		0.025	0.025									0.025	0.026
	0.022	0.022			0.022	(0.022)									0.022	0.022
0.020	0.020		0.020		0.020	0.020									0.020	
0.016																
0.0125																
0.010																
0.008																
0.0063																
0.0050																

参考文献

［1］徐南平. 钢铁冶金实验技术及研究方法. 北京：冶金工业出版社，1995
［2］张玉清. 化工工艺与工程研究方法. 北京：科学出版社，2008
［3］王常珍. 冶金物理化学研究方法. 北京：冶金工业出版社，2002
［4］费德君. 化工实验研究方法及技术. 北京：化学工业出版社，2008
［5］黄建彬. 工业气体手册. 北京：化学工业出版社，2002